普通高等教育土建学科专业『十一五』规划教材
全国高职高专教育土建类专业教学指导委员会规划推荐教材

园林工程（二）

（园林工程技术专业适用）

本教材编审委员会组织编写

吴卓珈 主编

季 翔 主审

中国建筑工业出版社

图书在版编目（CIP）数据

园林工程（二）/本教材编审委员会组织编写. —北京：中国建筑工业出版社，2008

普通高等教育土建学科专业"十一五"规划教材. 全国高职高专教育土建类专业教学指导委员会规划推荐教材. 园林工程技术专业适用

ISBN 978-7-112-10141-2

Ⅰ. 园… Ⅱ. 本… Ⅲ. 园林-工程施工-高等学校：技术学校-教材 Ⅳ. TU986.3

中国版本图书馆CIP数据核字（2008）第171299号

本书为建设部"十一五"规划教材，全书共7章，即：土方工程施工、园林给水排水工程施工、园林砌体工程施工、园林水景工程施工、园路工程施工、假山工程施工、栽植工程施工。内容充实，结合生产实际，体现当代科技成果，贯彻最新规范和标准，使园林工程设计与施工得以结合。

本书主要作为高职高专院校园林工程技术专业及相关专业的教材，也可用于在职培训或供有关工程技术人员参考。

* * *

责任编辑：朱首明　杨　虹
责任设计：董建平
责任校对：刘　钰　王雪竹

普通高等教育土建学科专业"十一五"规划教材
全国高职高专教育土建类专业教学指导委员会规划推荐教材

园林工程（二）

（园林工程技术专业适用）

本教材编审委员会组织编写

吴卓珈　主编

季　翔　主审

*

中国建筑工业出版社出版、发行（北京西郊百万庄）
各地新华书店、建筑书店经销
北京嘉泰利德公司制版
廊坊市海涛印刷有限公司印刷

*

开本：787×1092毫米　1/16　印张：16¼　字数：400千字
2009年1月第一版　2016年7月第三次印刷
定价：**28.00**元
ISBN 978-7-112-10141-2
（16944）

版权所有　翻印必究
如有印装质量问题，可寄本社退换
（邮政编码100037）

序

全国高职高专教育土建类专业教学指导委员会建筑类专业指导分委员会是建设部受教育部委托，由建设部聘任和管理的专家机构。其主要工作任务是，研究如何适应建设事业发展的需要设置高等职业教育专业，明确建设类高等职业教育人才的培养标准和规格，构建理论与实践紧密结合的教学内容体系，构筑"校企合作、产学结合"的人才培养模式，为我国建设事业的健康发展提供智力支持。

在建设部人事教育司和全国高职高专教育土建类专业教学指导委员会的领导下，自成立以来，全国高职高专教育土建类专业教学指导委员会建筑类专业指导分委员会的工作取得了多项成果，编制了建筑类高职高专教育指导性专业目录；在重点专业的专业定位、人才培养方案、教学内容体系、主干课程内容等方面取得了共识；制定了"建筑装饰技术"等专业的教育标准、人才培养方案、主干课程教学大纲；制定了教材编审原则；启动了建设类高等职业教育建筑类专业人才培养模式的研究工作。

全国高职高专教育土建类专业教学指导委员会建筑类专业指导分委员会指导的专业有建筑设计技术、室内设计技术、建筑装饰工程技术、园林工程技术、中国古建筑工程技术、环境艺术设计等6个专业。为了满足上述专业的教学需要，我们在调查研究的基础上制定了这些专业的教育标准和培养方案，根据培养方案认真组织了教学与实践经验较丰富的教授和专家编制了主干课程的教学大纲，然后根据教学大纲编审了本套教材。

本套教材是在高等职业教育有关改革精神指导下，以社会需求为导向，以培养实用为主、技能为本的应用型人才为出发点，根据目前各专业毕业生的岗位走向、生源状况等实际情况，由理论知识扎实、实践能力强的双师型教师和专家编写的。因此，本套教材体现了高等职业教育适应性、实用性强的特点，具有内容新、通俗易懂、紧密结合实际、符合高职学生学习规律的特色。我们希望通过这套教材的使用，进一步提高教学质量，更好地为社会培养具有解决工作中实际问题的有用人才打下基础。也为今后推出更多更好的具有高职教育特色的教材探索一条新的路子，使我国的高职教育办的更加规范和有效。

全国高职高专教育土建类专业教学指导委员会建筑类专业指导分委员会
2007年6月

前　言

　　本书是根据高等职业技术教育的特点，结合园林工程技术专业高等职业技术应用性人才的培养要求编写的，面向 21 世纪高等职业教育的专业教材。全书立足于教育部关于"培养与社会主义现代化建设相适应、德智体美等全面发展，具有综合职业能力，在生产、服务、技术和管理第一线工作的应用型专门人才和劳动者"的培养目标，符合人才培养规律和教学规律，注意学生知识能力和素质的全面发展。

　　为了满足高职高专园林工程技术专业人才培养目标的要求，本书内容包括土方工程施工、园林给水排水工程施工、园林砌体工程施工、园林水景工程施工、园路工程施工、假山工程施工、栽植工程施工等 7 章。内容充实，结合生产实际，体现当代科技成果，贯彻最新规范和标准，使园林工程设计与施工得以结合。

　　本书由浙江省建设职业技术学院吴卓珈任主编，林滨滨、吴冰草任副主编。具体编写情况如下：林滨滨编写了第 1 章、第 3 章；吴卓珈、孔杨勇、周劲松、徐萍萍编写了绪论、第 2 章、第 4 章、第 7 章；潘岳峰、吴冰草编写了第 5 章、第 6 章。

　　本书由徐州建筑职业技术学院季翔教授任主审，在此一并表示感谢。

　　在编写过程中，参考了有关著作和资料，在此向有关作者表示衷心的谢意。

　　由于我们水平有限，书中难免会出现错误或不妥之处，恭请各兄弟学校和读者给予批评指正。我们深表谢意！

编者

2007 年 12 月

目　录

绪　论 ……………………………………………………………………………… 1
　0.1　园林工程施工与管理技术研究的内容和目的 ……………………………… 2
　0.2　园林工程施工与管理技术的发展 ……………………………………………… 5
　本章小结 …………………………………………………………………………… 10

第1章　土方工程施工 …………………………………………………………… 11
　1.1　园林土方调配方案 …………………………………………………………… 12
　1.2　土方工程施工 ………………………………………………………………… 33
　1.3　土方工程施工机械 …………………………………………………………… 50
　本章小结 …………………………………………………………………………… 61
　复习思考题 ………………………………………………………………………… 62
　习题 ………………………………………………………………………………… 62
　实训1　园林土方花坛的施工放样 ……………………………………………… 63
　实训2　土方工程施工机械选择与实地参观 …………………………………… 65

第2章　园林给水排水工程施工 ………………………………………………… 67
　2.1　园林给水管网施工 …………………………………………………………… 68
　2.2　园林排水工程施工 …………………………………………………………… 85
　2.3　园林喷灌工程施工 …………………………………………………………… 101
　本章小结 …………………………………………………………………………… 114
　复习思考题 ………………………………………………………………………… 115
　实训3　给水管道施工 …………………………………………………………… 115
　实训4　喷灌系统水压、泄水试验 ……………………………………………… 116

第3章　园林砌体工程施工 ……………………………………………………… 118
　3.1　花坛施工 ……………………………………………………………………… 120
　3.2　挡土墙施工 …………………………………………………………………… 132
　3.3　挡土墙排水处理 ……………………………………………………………… 140
　本章小结 …………………………………………………………………………… 141
　复习思考题 ………………………………………………………………………… 142
　习题 ………………………………………………………………………………… 142
　实训5　砌体施工 ………………………………………………………………… 142
　实训6　调查分析 ………………………………………………………………… 146

第4章　园林水景工程施工 … 149
4.1　水体在造园中的作用、形式与分类 … 150
4.2　一般水景工程的施工工艺 … 152
4.3　水体岸坡工程施工 … 160
4.4　水池喷泉工程施工 … 167
4.5　室内水景工程施工 … 173
本章小结 … 175
复习思考题 … 175
实训7　人工瀑布、溪流施工 … 176
实训8　水池喷泉工程施工 … 176
实训9　室内水景工程施工 … 177

第5章　园路工程施工 … 179
5.1　概述 … 180
5.2　园路的线形设计 … 182
5.3　园路的典型结构 … 185
5.4　园路施工 … 187
本章小结 … 192
复习思考题 … 193
实训10　园路施工——鹅卵石铺装道路施工 … 193

第6章　假山工程施工 … 194
6.1　概述 … 196
6.2　假山材料 … 199
6.3　置石 … 203
6.4　掇山 … 211
6.5　假山工程施工 … 221
6.6　园林塑山 … 226
本章小结 … 228
复习思考题 … 228
实训11　假山工程施工 … 228

第7章　栽植工程施工 … 229
7.1　乔灌木栽植 … 230
7.2　大树移植 … 236
7.3　花坛栽植 … 247
本章小结 … 249
复习思考题 … 249
实训12　乔灌木栽植工程施工 … 250
实训13　花坛栽植工程施工 … 250

参考文献 … 252

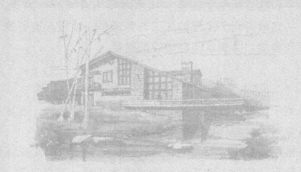

园 林 工 程 (二)

绪 论

0.1 园林工程施工与管理技术研究的内容和目的

近年来，随着人们对保护环境、改善环境觉悟的提高，城市建设进入生态环境建设阶段，园林绿化行业逐渐成为热门行业，绿化事业呈现出前所未有的蓬勃之势。广场绿地、景观大道、小游园、花园小区……层出不穷，其规模日趋大型化；而且，园林工程项目内容多、结构复杂、涉及面广，施工周期相对较短，不仅涉及水文、地质、气候、材料等方面的因素，还涉及建设程序、设计水平和施工队伍的设备、技术水平以及管理、监理人员的素质等因素。因此，切实做好园林工程的施工与管理是一项极其重要的工作，有利于工程项目的顺利实施，并满足园林建设的需要。

0.1.1 园林工程施工与管理技术研究的内容

关于园林工程的分类，现有的分法多种多样，各具特点，这也是现代园林工程复杂、多样、广泛性的体现之一。

根据园林工程兴建的程序，结合园林工程的实际操作情况，常见的园林工程大致可以包括土方工程，给水排水工程，砌体工程，水景工程，园路工程，假山工程，栽植工程等七大部分。

（1）土方工程

在园林工程建设中，土方工程量最大。开池筑山、平整场地、挖沟埋管、开槽铺路、安装园林设施和构件、修建园林建筑等均需动用土方。土方工程根据其使用期限和施工目标可分为永久性和临时性两种。不论是哪一种，都要求具有足够的稳定性和密实度，使工程质量和艺术造型都符合原设计的要求。

同时，要按土壤性质划分土壤工程类别，并在施工中遵守有关的技术规范和原设计的各项要求，然后做好土壤施工前的各项准备工作，再按原设计进行挖土、运土、填土和堆山、压实等工序施工。施工时应尽量相互利用，减少不必要的搬运，以提高效率。

（2）给水排水工程

城市市政建设和园林工程建设施工中都存在给、排水工程的施工，而在任何一项建筑工程中都有防水的技术要求，因而在与园林工程建设有关的基础性建设施工中就必定存在一种施工类型，即给、排水工程的施工和需要防水的工程的防水施工。

园林工程建设产品大多是供群众休息、游览、观赏，进行各类公益活动的公共场所，离不开水；同时，以植物为主体的特点又决定了其对水的更多要求；在复杂多变的地形及构件的高低、形状各异的园林工程建设中，往往还有大量的造景用水、排水和自然水分的排除等问题。这就决定了园林工程建设的给、用、排、防水成为各类园林工程建设的带共性的基础工程。

（3）砌体工程

园路园景工程施工中最常见的砌体工程是花坛砌体与挡土墙。花坛砌体在庭院、园林绿地中广为存在，常常成为局部空间环境的构图中心和焦点，对活跃庭院空间环境、点缀环境绿化景观起到十分重要的作用。挡土墙砌体是在园林建设上用以支持并防止土体坍塌的工程结构体，目的是在土坡外侧人工修建防御墙来维持边坡稳定，作为园林施工的基本内容，砌体施工也应引起高度重视。园林工程砌体主要介绍花坛与挡土墙砌体施工的内容。

（4）水景工程

水景工程是各类园林工程建设中采用自然或人工方式而形成的各类景观的相关工程的总称。其施工内容包括水系规划、小型水闸设计与建设、主要水景工程（驳岸、护坡和水池、喷泉、瀑布）等。

水景工程施工中既要充分利用可利用的自然山水资源，又不可产生大的水资源浪费；既要保证各类水景工程的综合应用，又要与自然地形景观相协调；既要符合一般工程中给、用、排水的施工规范，又要符合水利工程的施工要求。在整个施工过程中，还要对防止水资源污染和水景工程完成、使用期间的安全等方面引起高度重视。

常见的园林水体多种多样，根据水体的形式可将其分为自然式、规则式和混合式3种；又可按其所处状态将其分为静态水体、动态水体和混合水体3种。

（5）园路工程

园路在风景园林中起着连接各个景点，构成园景的重要作用。它能够引导游人按照园林设计者的意图对园景在最佳角度进行欣赏；同时，它也起着疏导游客，满足园林绿化施工、养护、管理等园林建设与养护管理工作等需要的作用。因此，园路的设计、施工及管理水平对园景的整体景观及建成后的管理养护有着重要作用。

园路一般由路基、路面和道牙三部分组成。常见的园路类型有：

①整体路面。包括水泥混凝土路面、沥青混凝土路面等。

②块料路面。包括条石路、砖铺地、预制水泥混凝土方砖路等。

③碎料路面。包括卵石路、小料石铺地、花街铺地等。

④其他路面。包括小砾石路面、松屑铺地等。

园路的施工程序一般包括施工放线、开挖路槽、铺筑基层、铺筑结合层、铺砌面层等。

（6）假山工程

假山是中国传统园林的重要组成部分，因具有中华民族文化艺术魅力而在各类园林中得到广泛应用。通常所说的假山，包括假山和置石两部分。

1）假山

假山是以造景、游览为主要目的，以自然山水为蓝本，经过艺术概括、提炼和夸张，以自然山石为主要材料，人工再造的山景或山水景物的统称。

假山工程施工包括假山工程目的与意境的表现手法的确定、假山材料的选择与采运、假山工程的布置方案的确定、假山结构的设计与落实、假山与周围园林山水的自然结合等内容。

在假山工程施工中始终遵循既要贯彻施工图设计，又要有所创新、创造的原则，应遵循工程结构基本原理，充分考虑安全、耐久等因素，严格执行施工规范，以确保工程质量。

2）置石

置石是以具有一定观赏价值的自然山石进行独立造景或作为配景布置。其是主要表现山石的个体美或局部美，而不具备完整山形的山石景物。

置石工程施工则包括置石目的与意境的表现手法的确定，置石材料的选用与采运，置石方式的确定，置石周围景、色、字、画的搭配等内容。

3）塑山

近年来，园林工程中流行应用的园林塑山，即采用石灰、砖、水泥等非石质性材料经过人工塑造的假山。

园林塑山又可分为塑山和塑石两类。根据其骨架材料的不同又可分为两种：砖骨架塑山，即以砖作为塑山的骨架，适用于小型塑山及塑石；钢骨架塑山，即以钢材作为塑山的骨架，适用于大型塑山。

随着科技的不断创新与发展，会有更多、更新的材料和技术、工艺应用于假山工程中，而形成更加现代化的园林假山产品。

（7）栽植工程

栽植工程是园林工程建设的主要组成部分，按照园林工程建设施工程序，先理山水，改造地形，修筑道路，铺装场地，营造建筑，构筑工程设施，而后实施绿化。栽植工程就是按照设计要求，植树、栽花、铺（种）草坪，使其成活、尽早发挥效果。根据工程施工过程，可将栽植工程分为种植和养护管理两大部分。种植属短期施工工程，养护管理则属于长期、周期性施工工程。

栽植工程施工包括一般树木花卉的栽植、大树移植、草坪的铺充及播种草坪等内容。其施工工序包括如下几方面：苗木的选择、包装、运输、贮藏、假植；树木花卉的栽植（定点放线、挖坑、栽植和养护）；辅助设施施工的完成及种植；树木、花卉、草坪栽种后的修剪、防病虫害、灌溉、除草、施肥等。

栽植工程的对象是植物——植物材料的有生命性，决定了施工的技术要求，只有掌握了有关植物材料的不同季节的种植、植物的不同特性、植物造景、植物与土质的相互关系、依靠专业技术人员施工以及防止树木植株枯死的相应技术措施等，才能按照绿化设计进行具体的植物栽植与造景，使其尽早发挥效果。所以在栽植工程开始前，均需要认真研究，以发挥良好的绿化效益。

①首先按照园林规划设计标高对绿地进行地形改造，以符合造园对地形的要求，再根据图纸上的种植设计按比例放样于地面，确定各树木的种植点。

②定点放线之后，即可根据树种根系特点（或土球大小）、土壤类型来决定挖坑的规格。

③树木栽植时，应剪去在运输中不慎造成的断枝、断根，在不影响整体树形的情况下，进行疏剪枝条。造园过程中，园林植物的栽植程序有很高的要求，一般先栽居主导地位的主景植物（乔木），然后栽植居次要地位的稍矮灌木，最后铺以地被植物。

④树木栽植后，养护管理工作尤为重要。栽植是一时之事，而养护则是长期之事，即"三分栽，七分管"。如保持土壤湿润，但也要注意防止根部积水；注意植物养分的供应；及时防治病虫害的发生等。

0.1.2 园林工程施工与管理技术研究的目的

园林工程施工与管理是一门技术性很强的课程，它不仅包括了一般工程中的相关施工和管理技术，还包括了使园林艺术与工程技术融为一体、使工程园林化、使园林和工程相结合的诸多技术内容，这就使其技术性更强、更复杂。在实际工作中既要掌握工程原理，又要具备指导现场施工等方面的技能，只有这样才能在保证工程质量的前提下，较好地把园林绿化工程的科学性、技术性、艺术性等有机地结合起来，建造出既经济又实用，且美观的园林作品。

现代园林工程已经发展成为融现代科学技术和多种艺术形式为一体的综合性、大规模园林工程建设为主体，集改善人的生活和生存环境为一体的多功能、复合型园林为目的，以实现精品园林工程产品，实现社会、生态、经济三大效益的共同发展。为此，就要求学习者掌握把三者融为一体并运用于施工与管理技术当中，作为学习研究的主要目的，才能在不断的运用、提高中创造出现代园林工程精品。

0.2 园林工程施工与管理技术的发展

园林艺术品的产生是靠园林工程建设来完成的。园林工程建设主要通过新建、扩建、改建和重建一些工程项目，特别是新建和扩建工程项目以及与其有关的工作来实现的。

在园林工程施工中，我们要充分了解园林施工的特点，学习、研究、发掘历代园林艺匠们积累下来的精湛施工技术、巧妙手工工艺与现代科学技术和管理手段相结合，遵照现代园林施工特有的施工程序，创造出符合人们审美要求的园林艺术精品，美化我们的工作和生活环境。

0.2.1 园林工程施工与管理技术的发展历史

园林工程施工与管理是伴随着园林艺术和园林工程建设的产生而产生、发展而发展的。无论是一点一滴的园林造景活动，还是具有一定规模的各种类型的园林工程建设，都是一定水平园林工程施工技术和组织管理水平的具体体现。

中华民族园林文化源远流长、独具风格，在长期的发展过程中积累了丰富的理论和实践经验。这些丰富的理论和实践经验，既是古今园林艺术精湛的施工技艺和造园手段的结晶，又是园林艺术通过工程生产过程得以实现的有力证明。园林的发展史表明，一切园林艺术品的产生就是园林工程建设随之产生的例证，也是园林工程施工与管理产生的表现。

(1) 春秋战国时期

春秋战国时期，已出现人工造山之事。《尚书》记载："为山九仞，功亏一篑"，说明当时已有篑土为山的做法，但当时只是为治水患、兴修水利、治冢等，而不是单纯的造园。而周代囿中的灵台、灵沼已有明确的凿低筑高的改造地形地貌的意图。

(2) 秦汉时期

秦汉时期，山水宫苑逐渐发展成大规模的挖湖堆山的土方工程，奠定了"一池三山"的模式；同时在埋设下水管道、铺地、栽植工程方面都有相应的发展。例如，当时已出现用石莲喷水（水景设施）、五边形的下水管道、秦砖汉瓦等。

(3) 唐代

在唐代，文化和工程技术方面有了更大的发展。如唐代出现的花面砖，砖体材纯工精、质细而坚；断面上大下小，既有足够空间灌浆，面层又严丝合缝；顶面有凹凸的各式花纹，既具装饰性，又能防滑；砖底有深陷的绳纹，使之易于稳定。由于上口交接紧密，可减少地面水渗入基层，从而使铺地结构不易受水蚀和冻胀的破坏。

(4) 宋代

宋代时，造园工程达到了历史上的一个高峰。如宋徽宗赵佶在汴京（今开封）建寿山艮岳，把江南名石通过运河运至河南，以"花石纲"为旗号。其中号称"万寿峰"的特置山石"广百围，高六仞"，在跋涉数千里后完好无损地傲立于山顶之上，说明当时已有了一套相石、采石、运石、安石的成熟技艺和相关的管理技术。

(5) 明清时期

明清时期，造园技艺更加成熟。如北京的颐和园，昆明湖的水位比东面的地面高出许多，却很少有渗漏，说明当时的驳岸施工技术已相当精湛；而此时的"花街铺地"、掇山和置石也得到了迅猛的发展。私家园林的后花园中常有奇花异草、怪石分布。

(6) 新中国成立后

新中国成立后，造园技术更是获得了长足发展，如园林塑山及各种先进材料和新技术的运用，使得园林的风貌更上一层楼。新技术、新材料、新工艺已深入园林工程的各个领域，如集光、电、声为一体的大型音乐喷泉；而传统的木结构园林建筑，已逐渐被钢筋混凝土仿古建筑所取代。

综上所述，园林从古到今不断发展的过程是从事园林工程施工建设的生产实践技能和经验形成的过程，也是不断总结、提炼并形成园林工程施工与管理理论的过程。

0.2.2　园林工程施工的特点

　　园林工程施工是一种独特的工程建设，它不仅要满足一般建设工程的使用功能要求，还要满足园林造景的要求，要在实施过程中与园林环境实现密切结合，造就出一种各类人造景观相融为一体的特殊工程，从而满足人们对实用性、美观性、愉悦性的需求。园林工程建设施工的特点主要体现在以下六个方面：

　　（1）园林工程的施工准备工作复杂多样

　　我们国家的园林除了在市区外，还有很多布局在城镇，或者位于自然景色较好的山、水之间。城镇地区地理位置的特殊性和大多山、水地形的复杂多变，给园林工程施工提出了更高的要求。特点是在施工准备中，要重视工程施工场地的科学布置，以便尽量减少工程施工用地，减少施工对周围居民生活生产的影响。其他各项准备工作也要充分，才能确保各项施工手段得以运用。

　　（2）园林工程施工工艺要求严，标准高

　　要建设成具有游览、观赏和游憩的功能，从而达到既能改善人的生活环境，又能改善生态环境的精品园林工程，就必须用高水平的施工工艺才能实现。因此，园林工程施工工艺比一般工程施工的工艺更复杂，要求更严，标准更高。

　　（3）园林工程施工的专业覆盖面广，协作性要求高

　　园林工程建设的内容繁多，因而专业覆盖面广，且各种工程的专业性较强，从而对施工人员的专业性要求高。不仅园林工程中各建筑设施和构件（如亭、榭、廊等建筑）的内容复杂各异，施工难度大，假山、置石、水景、园路、栽植等园林工程的施工要求也非常高，这就要求施工人员具备一定的专业知识及独特的专门施工技艺。

　　正因为园林工程规模大、综合性强，因而要求各工种人员相互配合，密切协作。现代园林工程的规模化发展趋势和集园林绿化、社会、生态、环境、休闲、娱乐、游览于一体的综合性建设目标的要求，使园林工程建设涉及众多的工程类别和工种技术。在同一工程项目施工过程中，往往要由不同的施工单位和不同工种的技术人员相互配合、协作才能完成；而各施工单位和不同工种的技术差异一般又较大，相互配合协作有一定的难度。这就要求园林工程施工人员不仅要掌握自己的专门施工技术，还必须具有相当高的配合协作精神和方法。同一工种内各工序施工人员要高度统一协调、相互监督与制约，才能保证施工的顺利进行。

　　（4）营造工程的艺术性

　　园林工程在于水体、小品、植物配置、古典建筑等方面更讲究艺术性，其景观效果要给人以美的感受。这就需要在实际施工过程中通过工程技术人员创造性的发挥，去实现设计的最佳理念与境界。比如假山堆叠、驳岸处理、微地

形处理、多种植物配置等等，同一张设计图纸，在不同的工地上，由于施工技术管理人员技能、实际经验不同，施工出来的艺术效果、品位档次、气势就完全不同，感觉就完全不一样，这就给现场施工技术人员提出了专业上的深层次要求和对于园林艺术美的特殊要求。

（5）实施对象大部分是活体

许多园林工程大部分的实施对象，都是有生命的活体。通过各种乔灌木、地被植物、花卉的栽植与配置，利用各种苗木的绿化和生态功能，来净化空气、吸尘降温、减噪杀菌，营造和美化环境空间。作为艺术精品的园林，其工程施工人员不仅要有一般的工程施工技术水平，同时还要具有较高的艺术修养。作为植物造景为主的园林，其工程施工人员更应掌握大量与树木、花卉、草坪相关的知识和施工技术。没有较高的施工技术和管理水平，就很难达到园林工程的建设要求。

（6）养护管理的长期性

"三分种，七分管"，种是短暂的，管是长期的。只有长期的精心养护管理，才能确保各种苗木的成活和良好长势；否则，难以达到生态园林环境景观的较高要求和效果。园林绿化工程建成后，必须提供长期的管护计划和必要的资金投入。

0.2.3 园林工程施工组织设计的编制

园林工程施工组织设计是规划、指导园林工程投标，签订承包合同，施工准备和施工全过程的技术经济文件，是施工技术与施工项目管理的相关文件。其具有既解决技术问题，又考虑经济效果，并且有组织、计划和据以指挥、协调、控制等作用。在市场经济条件下从投标开始，签订承包合同，到工程竣工结束，整个管理经营过程都应当发挥作用，这是工程全过程施工活动能有序、高效、科学合理地进行的保证。

园林工程施工组织设计编制的特点是以单个园林工程项目为对象进行编制，按照建筑工程建设的基本规律、施工工艺和经营管理规律，制定科学合理的组织方案、施工方案，合理安排施工顺序和实施计划，有效利用施工场地，优化配置和节约使用人力、物力、资金、技术等生产要素，协调各个方面的工作；同时也必须符合国家有关法律、法规、标准及地方规范要求；适应工程项目业主、设计和监理的技术要求。最终，就是要求对施工过程能起到指导和控制作用，在一定的资源条件下，使在竞争中取胜，经营科学有效，施工有计划、有节奏，能够保证质量，并进行安全、文明施工，最终实现工程项目取得良好的经济效益、社会效益和环境效益。

编制施工组织设计之前应深刻领会设计图纸的各项要求和规定，仔细分析设计图纸中各个景点之间的相互关系，以及材质的构成、植物的搭配等；认真勘察施工现场的环境，仔细研究设计的主题立意，提炼设计的中心与重点内容，分析项目的技术难点，并说明解决技术难点的详细步骤；力求采用新材料、新方法、新工艺，以突出自身的技术优势。

园林工程主要在地面作业，高空作业、大型机械使用较少，危险性不高，但涉及专业范围较广，包括园林建筑、土方工程、给水排水工程、砌体工程、水景工程、园路工程、假山工程、栽植工程等各个方面。高质量的施工组织设计应全面覆盖工程的全部过程，保证内容的完整性，合理解决各专业工种之间的搭接和配合，并应有明确的针对性。

园林工程的施工现场范围相对较大，且与其他专业工程交叉施工是不可避免的。因此，园林工程施工组织设计的内容就是要根据不同工程的特点和要求，根据现有的可能创造施工条件，从实际出发，决定各种生产要素的结合方式，选择合理的施工方案，对设计图纸的合理性和经济性做出评估。

总之，要运用现代科学管理方法并结合工程项目的特点，从经济上及技术上进行相互比较，从中选出最合理的方案来编制施工组织设计，使技术上的可行性与经济上的合理性统一起来。

0.2.4　园林工程的施工程序

园林工程施工程序是指进入园林工程建设实施阶段后，在施工过程中应遵循的先后顺序。在园林工程施工过程中，能做到按施工程序进行施工，对提高施工速度、保证施工质量与安全、降低施工成本都具有重要作用。其施工过程一般可分为施工前的准备阶段、现场施工阶段两大部分。

（1）施工前的准备阶段

园林工程的建设，各工种在施工前，首先要有一个施工准备期。在施工准备期内，施工人员的主要任务是：领会设计图纸的意图、掌握工程特点、了解工程质量要求、熟悉施工现场、合理安排施工力量等，为顺利完成现场各项施工任务做好各项准备工作。

其内容一般分为技术准备、生产准备、施工现场准备、后勤保障准备和文明施工准备等几个方面。

（2）现场施工阶段

各项准备工作就绪后，就可按计划正式开展施工，即进入现场施工阶段。由于园林工程建设的类型繁多，涉及的工程种类多且要求高，对现场各工种、各工序施工提出了各自不同的目标，在现场施工中应注意：

①严格按照施工组织设计和施工图进行施工安排，若有变化，需经施工、设计双方及有关部门共同研究讨论，并以正式的施工文件形式决定后，方可实施变更。

②严格执行各有关工种的施工规程，确保各工种技术措施的落实，不得随意改变，更不能混淆工种施工。

③严格执行现场施工中的各类变更（工序变更、规格变更、材料变更等）的请示、批准、验收、签字的规定，不得私自变更和未经甲方检查、验收、签字而进入下一工序，并将有关文字材料妥善保管，作为竣工结算、决算的原始

依据。

④严格执行施工中各工序间的检查、验收、交接手续的签字、盖章要求，并将其作为现场施工的原始材料妥善保管，以明确责任。

⑤严格执行施工的阶段性检查、验收的规定，尽早发现施工中的问题，及时纠正，以免造成大的损失。

⑥严格执行施工管理人员对质量、进度、安全的要求，确保各项措施在施工过程中得以贯彻落实，以预防各类事故的发生。严格服从工程项目部的统一指挥、调配，确保工程计划的全面完成。

总之，园林工程施工与管理是一门实践性、技术性、艺术性很强的学科，在实际施工过程中既要掌握工程原理，又要具备现场施工实际经验、专业技术、管理知识，并不断反思、回顾、总结经验。只有这样，才能在保证工程质量的前提下，很好地把园林工程的科学性、技术性、艺术性、参与性、休闲娱乐性等有机地结合起来，创造出美观、舒适、自然和谐、经济实用的优秀园林作品。

环境建设是一项持久工程，需要全社会共同努力。随着社会经济的不断发展、科学技术的飞速进步，园林建设也应进一步走向市场化、规范化、科学化，也必将使我们的城市真正成为绿色生态、健康美丽的家园。

■ 本章小结

本章主要介绍了园林工程施工与管理技术研究的内容、目的和发展历史，园林工程施工的特点，园林工程施工组织设计的编制以及园林工程的施工程序等若干方面，并结合学科发展与工程实践情况，较为全面地向大家介绍了园林工程施工与管理所涉及的一系列相关内容，可以为以后更加深入地学习各章（节）的内容奠定良好的基础。

园林工程（二）

第 1 章 土方工程施工

园林建设的目的是模拟自然、表现生活，为人提供休息、娱乐和文化教育的场所，美化和保护生态环境。园林设计内容中除了绿化以外，还有一个至关重要的内容就是在拟定界限的原地形的基础上，从园林的使用功能出发，确定园林的地形地貌、园林建筑、道路、广场、绿地之间的用地坡度、控制点高程、规划地面形式及场地高程，使园林用地与四周环境之间、园林内部各组成要素之间，在高程上有一个合理关系，增强园林景观效果。使园林在景观上美妙生动、使用上美观舒适、工程上经济合理，这是我们经常遇到的园林竖向设计与施工问题，为了实现园林地形的竖向设计，很重要的一项施工内容就是以土方工程施工为手段来实现园林地形的改造目标。所以，园林土方工程施工与园林地形改造的需要有很大的关系。常见的土方工程施工一般包括挖、运、填、压四方面内容。其施工方法可有人力施工、机械化和半机械化施工等。园林土方工程按其使用年限与时间要求，可以分为临时性土方工程和永久性土方工程两种。

1.1 园林土方调配方案

在园林工程施工中，无论是筑坡挖池，还是平整场地，挖沟（槽）埋管，开槽筑路，安装园林设施、构件，建设园林建筑物，都会遇到土方工程的施工问题。为了使园林艺术造型和工程质量同时达到设计、规范的要求，土方工程都会涉及土的稳定性与压实性指标。从工程施工角度，园林施工需要施工人员熟悉土壤的性质、土的工程类别，在施工中需要遵守有关设计和技术标准、规范的要求。

一般在施工准备阶段，要熟悉土壤、土方施工前的各项准备工作；而在施工阶段，则要严格按照施工图纸与规范的要求进行挖土、运土、填土、堆坡（山）、压实等工序施工。在施工中为了提高效率、减少不必要的搬运，经常会涉及土方的调配与运输问题。

1.1.1 土方的基本知识

无论是园林建筑或构筑物，还是园林广场、道路的修建，都要从土方工程开始，通过挖沟槽、作基础，然后才能进行地面施工。其他的平整场地、挖湖堆山，都是建园中先行施工内，一些土方量大的项目，施工工期长，直接影响到工程进度，在园林工程建设中占有重要地位，必须做好施工调度与安排。

（1）土的工程分类与现场鉴别方法

土的种类繁多，其分类方法各异。土方工程施工中，按土的开挖难易程度分为八类，见表1-1，表中一至四类为土，五至八类为岩石。在选择施工挖土机械时要依据土的工程类别。

土的工程分类　　　　　　　　表1-1

土的分类	土的级别	土的名称	密度（kg/m³）	开挖方法及工具
一类土（松软土）	Ⅰ	砂土；粉土；冲积砂土层；疏松的种植土；淤泥（泥炭）	600~1500	用锹、锄头挖掘，少许用脚蹬
二类土（普通土）	Ⅱ	粉质黏土；潮湿的黄土；夹有碎石、卵石的砂；粉土混卵（碎）石；种植土；填土	1100~1600	用锹、锄头挖掘，少许用镐翻松
三类土（坚土）	Ⅲ	软及中等密实黏土；重粉质黏土；砾石土；干黄土；含有碎石卵石的黄土；粉质黏土；压实的填土	1750~1900	主要用镐，少许用锹、锄头挖掘，部分用撬棍
四类土（砂砾坚土）	Ⅳ	坚硬密实的黏性土或黄土；含碎石、卵石的中等密实的黏性土或黄土；粗卵石；天然级配砂石；软泥灰岩	1900	整个先用镐、撬棍，后用锹挖掘，部分用楔子及大锤
五类土（软石）	Ⅴ	硬质黏土；中密的页岩、泥灰岩、白垩土；胶结不紧的砾岩；软石灰岩及贝壳石灰岩	1100~2700	用镐或撬棍、大锤挖掘，部分使用爆破方法
六类土（次坚石）	Ⅵ	泥岩；砂岩；砾岩；坚实的页岩、泥灰岩；密实的石灰岩；风化花岗岩；片麻岩及正长岩	2200~2900	用爆破方法开挖，部分用风镐
七类土（坚石）	Ⅶ	大理岩；辉绿岩；玢岩；粗、中粒花岗岩；坚实的白云岩、砂岩、砾岩、片麻岩、石灰岩；微风化安山岩；玄武岩	2500~3100	用爆破方法开挖
八类土（特坚土）	Ⅷ	安山岩；玄武岩；花岗片麻岩；坚实的细粒花岗岩、闪长岩、石英岩、辉长岩、角闪岩、玢岩、辉绿岩	2700~3300	用爆破方法开挖

（2）土的基本性质

1）土的天然含水量

土的含水量 ω 是土中水的质量与固体颗粒质量之比的百分率，

即
$$\omega = \frac{m_w}{m_s} \times 100\% \tag{1-1}$$

式中　m_w——土中水的质量；

　　　m_s——土中固体颗粒的质量。

2）土的天然密度和干密度

土在天然状态下单位体积的质量，称为土的天然密度。土的天然密度用 ρ 表示：

$$\rho = \frac{m}{V} \tag{1-2}$$

式中　m——土的总质量；

　　　V——土的天然体积。

单位体积中土的固体颗粒的质量称为土的干密度，土的干密度用 ρ_d 表示：

$$\rho_d = \frac{m_s}{V} \tag{1-3}$$

式中　m_s——土中固体颗粒的质量；

　　　V——土的天然体积

土的干密度越大，表示土越密实。工程上常把土的干密度作为评定土体密实程度的标准，以控制填土工程的压实质量。土的干密度 ρ_d 与土的天然密度 ρ 之间有如下关系：

$$\rho = \frac{m}{V} = \frac{m_s + m_w}{V} = \frac{m_s + \omega m_s}{V} = (1+\omega)\frac{m_s}{V} = (1+\omega)\rho_d$$

即
$$\rho_d = \frac{\rho}{1+\omega} \tag{1-4}$$

3）土的可松性

土具有可松性，即自然状态下的土经开挖后，其体积因松散而增大，以后虽经回填压实，仍不能恢复其原来的体积。土的可松性程度用可松性系数表示，即

$$K_s = \frac{V_{松散}}{V_{原状}} \tag{1-5}$$

$$K'_s = \frac{V_{压实}}{V_{原状}} \tag{1-6}$$

式中　K_s——土的最初可松性系数；
　　　K'_s——土的最后可松性系数；
　　　$V_{原状}$——土在天然状态下的体积（m³）；
　　　$V_{松散}$——土挖出后在松散状态下的体积（m³）；
　　　$V_{压实}$——土经回填压（夯）实后的体积（m³）。

从上面的公式还可以推导出 $V_{松散} = K_s V_{压实}/K'_s$，令 $V_{压实} = 1$

得到 $V_{松散} = K_s/K'_s$，即回填 1m³ 基坑需要预留松土 K_s/K'_s（m³）。总松土量为 $K_s V_{原状}$，弃土量为总松土量减去预留松土量。

土的可松性对确定场地设计标高、土方量的平衡调配、计算运土机具的数量和弃土坑的容积，以及计算填方所需的挖方体积等均有很大影响。各类土的可松性系数见表 1-2。

各种土的可松性参考值　　　　表 1-2

土的类别	体积增加百分数		可松性系数	
	最初	最后	K_s	K'_s
一类土（种植土除外）	8~17	1~2.5	1.08~1.17	1.01~1.03
一类土（植物性土、泥炭）	20~30	3~4	1.20~1.30	1.03~1.04
二类土	14~28	2.5~5	1.14~1.28	1.02~1.05
三类土	24~30	4~7	1.24~1.30	1.04~1.07
四类土（泥灰岩、蛋白石除外）	26~32	6~9	1.26~1.32	1.06~1.09
四类土（泥灰岩、蛋白石）	33~37	11~15	1.33~1.37	1.11~1.15
五至七类土	30~45	10~20	1.30~1.45	1.10~1.20
八类土	45~50	20~30	1.45~1.50	1.20~1.30

4）土的渗透性

土的渗透性概念指的是水流通过土中孔隙的难易程度，水在单位时间内穿

透土层的能力称为渗透系数,用 k 表示,单位为 m/d。地下水在土中渗透速度一般按达西定律确定,其公式如下:

$$v = k\frac{H_1 - H_2}{L} = k\frac{h}{L} = ki \qquad (1-7)$$

式中　v——水在土中的渗透速度(m/d);

　　　i——水力坡度,$i = \frac{H_1 - H_2}{L}$,即 A、B 两点水头差与其水平距离之比;

　　　k——土的渗透系数(m/d)。

从达西公式可以看出渗透系数的物理意义:当水力坡度 i 等于 1 时的渗透速度 v 的数值即等于渗透系数 k,单位同样为 m/d。k 值的大小反映土体透水性的强弱,影响施工降水与排水的速度;土的渗透系数可以通过室内渗透试验或现场抽水试验测定。一般土的渗透系数见表1-3。

土渗透系数参考值　　　　　　　　　　　　　表1-3

土的种类	K(m/d)	土的种类	K(m/d)
黏土、粉质黏土	<0.1	含黏土的中砂及纯细砂	20~25
砂质粉土	0.1~0.5	含黏土的粗砂及纯中砂	35~50
含黏土的粉砂	0.5~1.0	纯粗砂	50~75
纯粉砂	1.5~5.0	粗砂夹砾石	50~100
含黏土的细砂	10~15	砾石	100~200

一般黏土、粉质黏土、粉砂渗透系数小,降水与排水的速度比较慢;含黏土的中砂及纯细砂,含黏土的粗砂及纯中砂的土层降水与排水的速度可以快很多。

1.1.2　园林地形及地形设计的原则、方法和要求

(1) 各类园林用地地形及地形设计的原则

园林工程中经常会设计地形景观。地形设计是指在一块场地上进行垂直于水平面方向的布置和处理。园林地形设计就是园中各个景点、各种设施及地貌等在高程上如何创造高低变化和协调统一的设计。它的实现与大型的土方施工密切相关。

园林用地地形设计应该遵循的原则如下:

①满足使用功能,发挥造景功能。不同类型、不同使用功能的园林绿地,对地形要求不同。如传统的自然山水园和安静休息区都要求地形比较复杂、富于变化,而规则式园林和儿童游乐区则要求地形比较简单、少变化。

②在利用的基础上,进行合理的改造。原地形的状况,直接影响园林景观的塑造。"高可筑台,低可凿池",恰恰说明了巧妙地利用原地形的有利条件,稍加整理便可成型,取得事半功倍的效果。

③就地就近,维持土方量的平衡。无论是挖湖堆山还是平整场地,都需要动用大量土方,投入大量人力、物力。为此,地形设计时,就尽量缩短土方运距,就地填挖,保持土方平衡,节省资金。

(2) 各类园林用地地形设计的方法和要求

1) 平地（坡度在3%以下）

由于排水的需要，园林中完全水平的平地是没有意义的。因此，园林中的平地是具有一定坡度的相对平整的地面。为避免水土流失及提高景观效果，单一坡度的地面不宜延续过长，应有小的起伏或设计成多个坡面。平地坡度的大小，可视植被和铺装情况以及排水要求而定。

①用于种植的平地

如游人散步草坪的坡度可大些，介于1%～3%较理想，以求快速排水，便于安排各项活动和设施。

②铺装平地

坡度可小些，宜在0.3%～1.0%之间，但排水坡面应尽可能多向，以加快地表排水速度。如广场、建筑物周围、平台等。

2) 坡地

坡地一般与山地、丘陵或水体并存。其坡向和坡度大小视土壤、植被、铺装、工程设施、使用性质以及其他地形地物因素而定。坡地的高程变化和明显的方向性（朝向）使其在造园用地中具有广泛的用途和设计灵活性，如用于种植，提供界面、视线和视点，塑造多级平台、围合空间等。但坡地坡角超过土壤的自然安息角时，为保持土体稳定，应当采取护坡措施，如砌挡土墙、种植地被植物及堆叠自然山石等。坡地根据坡度大小可分为缓坡地、中坡地、陡坡地、急坡地和悬崖、陡坎等。

①缓坡地

坡度在3%～10%之间（坡角为2°～6°），在地形中属陡坡与平地或水体间的过渡类型。道路、建筑布置均不受地形约束，可作为活动场地和种植用地，如作为篮球场（坡度i取3%～5%）、疏林草地（坡度i取3%～6%）等。

②中坡地

坡度在10%～25%之间（坡角为6°～14°）。在建筑区需设台阶。建筑群布置受限制，通车道路不宜垂直于等高线布置。坡角过长时，可与台阶及平台交替转换，以增加舒适性和平立面变化。

③陡坡地

坡度在25%～50%之间（坡角为14°～26°）。道路与等高线应斜交，建筑群布置受较大限制。陡坡多位于山地处，作活动场地比较困难，一般作为种植用地。25%～30%的坡度可种植草皮，30%～50%的坡度可种植树木。

④急坡地

坡度在50%～60%之间（坡角为26°～45°），是土壤自然安息角的极值范围。急坡地多位于土石结合的山地，一般用作种植林坡。道路一般需曲折盘旋而上，梯道需与等高线成斜角布置，建筑需作特殊处理。

⑤悬崖、陡坎

坡度大于100%，坡角在45°以上，已超出土壤的自然安息角。一般位于土石山或石山，种植需采取特殊措施（如挖鱼鳞坑、修树池等）保持水土、涵养水分。道路及梯道布置均困难，工程措施投资大。

3）山地

山地是地貌设计的核心，它直接影响到空间的组织、景物的安排、天际线的变化和土方工程量等。园林山地多为土山。

①园林中的土山按其在组景中的功能不同，分为以下几个种类：

A. 主景山：体量大，位置突出，山形变化丰富，构成园林主题，便于主景升高，多用于主景式园林，高10m以上。

B. 背景山：用于衬托前景，使其更加明显，用于纪念性园林，高8~10m。

C. 障景山：阻挡视线，用于分隔和围合空间，形成不同景区，增加空间层次，呈蜿蜒起伏丘陵状，高1.5m以上。

D. 配景山：用于点缀园景、登高远眺、增加山林之趣，一般园林中普遍运用，多为主山高度的1/3~2/3。

②山地的设计要点：

A. 未山先麓，陡缓相间。山脚应缓慢升高，坡度要陡缓相间，山体表面是凹凸不平状，变化自然。

B. 歪走斜伸，逶迤连绵。山脊线呈"之"字形走向，曲折有致，起伏有度，逶迤连绵，顺乎自然。忌对称均衡。

C. 主次分明，互相呼应。主山宜高耸、盘厚，体量较大，变化较多；客山则奔趋、拱状，呈余脉延伸之势。先立主位，后布辅从，比例应协调，关系要呼应，注意整体组合。忌孤山一座。

D. 左急右缓，勒放自如。山体坡面应有急有缓，等高线有疏密变化。一般朝阳和面向园内的坡面较缓，地形较为复杂；朝阴和面向园外的坡面较陡，地形较为简单。

E. 丘壑相伴，虚实相生。山脚轮廓线应曲折圆润，柔顺自然。山臃必虚其腹，谷壑最宜幽深，虚实相生，丰富空间。

4）丘陵

丘陵的坡度一般在10%~25%，在土壤的自然安息角以内不需工程措施，高度也多在1~3m变化，在人的视平线高度上下浮动。丘陵在地形设计中可视作土山的余脉、主山的配景、平地的外缘。

5）水体

理水是地形设计的主要内容，水体设计应选择低或靠近水源的地方，因地制宜，因势利导；山水结合，相映成趣。在自然山水园中，应呈山环水抱之势，动静交呈，相得益彰。配合运用园桥、汀步、堤、岛等的工程措施，使水体有聚散、开合、曲直、断续等变化。水体的进水口、排水口、溢水口及闸门的标高，因满足功能的需要，并与市政工程相协调。汀步、无护栏的园桥附近2m范围内的水深不大于0.5m；护岸顶与常水位的高差要兼顾景观、安全、游人近水心理和防治岸体冲刷等要求，合理确定。

1.1.3 土方计算与土方调配量计算

(1) 基坑、基槽土方量公式法计算

1) 土方边坡

在开挖基坑、沟槽或填筑路堤时，为了防止塌方，保证施工安全及边坡稳定，其边沿应考虑放坡。土方边坡的坡度以其高度 H 与底宽 B 之比（图1-1），

即　　土方边坡坡度 $= \dfrac{H}{B} = \dfrac{1}{\dfrac{B}{H}} = 1:m$（即三角函数中正切）

式中　$m = B/H$（三角函数中余切），称为坡度系数。其意义为：当边坡高度已知为 H 时，其底边宽度 B 则等于 mH。坡度与坡度系数互为倒数关系。

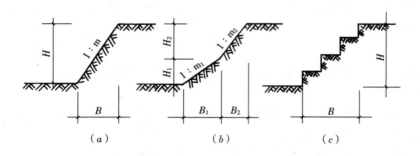

图1-1　高度 H 与底宽 B 之比
(a) 直线形；(b) 折线形；(c) 踏步形

2) 基坑、基槽土方量计算

土方工程在施工前，必须先进行土方工程量的计算。但是由于各种土方工程的外形复杂而且也很不规则，所以要想精确地计算出土方工程量往往比较困难。因此，我们在进行土方工程量计算时，都将其假设或是划分为一定的几何形状，并且采用具有一定精度而又和实际情况近似的方法进行计算。

基坑土方量按照立体几何中的棱柱体——由两个平行的平面作底的一种多面体（拟柱体）体积公式计算（图1-2）。

即　　$$V = \dfrac{H}{6}(A_1 + 4A_0 + A_2) \quad (1-8)$$

式中　H——基坑深度（m）；

A_1、A_2——基坑上、下底的底面积（m^2）；

A_0——基坑中间位置的截面面积（m^2）。

基槽和路堤的土方量可以沿长度方向分段后，再用同样的方法计算（图1-3）。

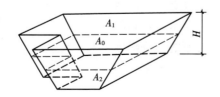 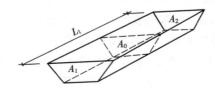

图1-2　基坑土方量计算（左）

图1-3　基槽土方量计算（右）

$$V_1 = \frac{L_1}{6}(A_1 + 4A_0 + A_2)$$

$$V_i = \frac{L_i}{6}(A_{i1} + 4A_{i0} + A_{i2})$$

……

$$V_n = \frac{L_n}{6}(A_{n1} + 4A_{n0} + A_{n2})$$

式中　V_1——第一段的土方量（m³）；

　　　V_n——第 n 段的土方量（m³）；

　　　L_1——第一段的长度（m）；

　　　L_n——第 n 段的长度（m）。

将各段土方量相加即得总土方量：

$$V = V_1 + V_2 + V_3 + \cdots + V_n$$

式中　V_1，V_2，…，V_n——各分段的土方量（m³）。

（2）场地平整土方量计算

土方工程的场地平整是将自然地面通过人工或机械挖填平整，改造成设计要求的平面。场地设计平面通常由设计单位在总图竖向设计中确定。通过设计平面的标高和自然地面的标高之差，可以得到场地各点的施工高度（填挖高度），由此可计算出场地平整的土方量。场地平整土方量计算的步骤如下：

1）场地设计标高的确定

对较大面积的场地平整，合理地确定场地的设计标高，对减少土方量和加速工程进度具有重要的经济意义。一般来说，选择场地设计标高时，应尽可能满足下列要求：

①场地以内的挖方和填方应达到相互平衡，以降低土方运输费用；

②尽量利用地形，以减少挖方数量；

③符合生产工艺和运输的要求；

④考虑最高洪水位的影响；

⑤要有一定泄水坡度（≥2‰），使场地能满足排水要求。

场地设计标高应在设计文件中给出规定数据，一般设计文件是按下述步骤来确定场地设计标高的：

①初步计算场地设计标高

初步计算场地设计标高的原则是场地内挖填方平衡，即场地内挖方总量等于填方总量。计算场地设计标高时，首先将场地的地形图根据要求的精度划分为 10～40m 的方格网，如图 1-4（a）所示。然后求出各方格角点的地面标高。地形平坦时，可根据地形图上相邻两等高线的标高，用线性插入法求得。地形起伏较大或无地形图时，可在地面用木桩打好方格网，然后用仪器直接测出。按照场地内土方的平整前及平整后相等，即挖填方平衡的原则，如图 1-4（b）所示，场地设计标高可按下式计算：

$$H_o na^2 = \sum \left(a^2 \frac{H_{11}+H_{12}+H_{21}+H_{22}}{4} \right) \tag{1-9}$$

$$H_o = \frac{\sum (H_{11}+H_{12}+H_{21}+H_{22})}{4n}$$

式中 H_o——所计算的场地设计标高（m）；

a——方格边长（m）；

n——方格数；

H_{11}、H_{12}、H_{21}、H_{22}——任一方格的四个角点的标高（m）。

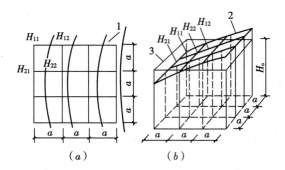

图 1-4 场地设计标高 H_o 计算示意图
(a) 方格网划分；
(b) 场地设计标高示意图
1—等高线；2—自然地面；3—场地设计标高平面

从图 1-4（a）可以看出，H_{11} 系一个方格的角点标高，H_{12} 及 H_{21} 系相邻两个方格的公共角点标高，H_{22} 系相邻的四个方格的公共角点标高。如果将所有方格的四个角点相加，则类似 H_{11} 这样的角点标高加一次，类似 H_{12}、H_{21} 的角点标高需加两次，类似 H_{22} 的角点标高要加四次。如令：

H_1——为一个方格仅有的角点标高；

H_2——为二个方格共有的角点标高；

H_3——为三个方格共有的角点标高；

H_4——为四个方格共有的角点标高。

则场地设计标高 H_o 的计算公式可改写为下列形式：

$$H_o = \frac{\sum H_1 + 2\sum H_2 + 3\sum H_3 + 4\sum H_4}{4n} \tag{1-10}$$

② 场地设计标高的调整

按上述公式计算的场地设计标高 H_o 仅为一理论值，在实际运用中还需考虑以下因素进行调整。

A. 土的可松性影响

由于土具有可松性，如按挖填平衡计算得到的场地设计标高进行挖填施工，填土多少有富余，特别是当土的最后可松性系数较大时更不容忽视。如图 1-5 所示，设 Δh 为土的可松性引起设计标高的增加值，则设计标高调整后的总挖方体积 V'_w 应为：

$$V'_w = V_w - F_w \times \Delta h \tag{1-11}$$

总填方体积 V'_T 应为：$V'_T = V'_w K'_s = (V_w - F_w \times \Delta h) K'_s \tag{1-12}$

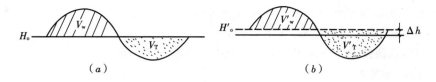

图 1-5 设计标高调整计算示意
(a) 理论设计标高；
(b) 调整设计标高

此时，填方区的标高也应与挖方区一样提高 Δh，

即
$$\Delta h = \frac{V'_T - V_T}{F_T} = \frac{(V_w - F_w \times \Delta h)\ K'_s - V_T}{F_T} \quad (1-13)$$

移项整理简化得（当 $V_T = V_w$）：$\Delta h = \dfrac{V_w(K'_s - 1)}{F_T + F_w K'_s} \quad (1-14)$

故考虑土的可松性后，场地设计标高调整为：$H'_o = H_o + \Delta h \quad (1-15)$

式中 V_w、V_T——按理论设计标高计算的总挖方、总填方体积；
F_w、F_T——按理论设计标高计算的挖方区、填方区总面积；
K'_s——土的最终可松性系数。

B. 场地挖方和填方的影响

由于场地内大型基坑挖出的土方、修筑路堤填高的土方，以及经过经济比较而将部分挖方就近弃土于场外或将部分填方就近从场外取土的做法均会引起挖填土方量的变化。必要时，亦需调整设计标高。

为了简化计算，场地设计标高的调整值 H'_o，可按下列近似公式确定，

即
$$H'_o = H_o \pm \frac{Q}{na^2} \quad (1-16)$$

式中 Q——场地根据 H_o 平整后，多余或不足的土方量的绝对值。

注意公式（1-16）套用时，多余土方量时 Q 前用加号，土方量不足时 Q 前用减号。

③场地泄水坡度的影响

按上述计算和调整后的场地设计标高平整后的场地是一个完全水平面。但实际施工时由于排水的需要，场地表面均有一定的泄水坡度，平整场地的表面坡度应符合设计规定，如无设计规定时，一般应向排水沟方向做成不小于2‰的坡度。所以，在计算的 H_o 或经调整后的 H'_o 基础上，要根据场地要求的泄水坡度，最后计算出场地内各方格角点实际施工时的实际设计标高。当场地为单向泄水及双向泄水时，场地各方格角点的设计标高求法如下：

A. 单向泄水时场地各方格角点的设计标高，（图 1-6a）

以计算出的设计标高 H_o 或调整后的设计标高 H'_o 作为场地中心线的标高，场地内任意一个方格角点的设计标高（以设计标高 H_o 为例）是：

$$H_{dn} = H_o \pm li \quad (1-17)$$

式中 H_{dn}——场地内任意一点方格角点的设计标高（m）；
l——该方格角点至整个场地中心线的水平距离（m）；
i——场地泄水坡度（坡度最低等于或大于2‰）；
±——该点比 H_o 高则取"+"号，反之取"-"号。

例如，图 1-6a 中场地内角点 10 的设计标高：$H_{10} = H_o - 0.5ai$

B. 双向泄水时场地各方格角点的设计标高，（图 1-6b）

以计算出的设计标高 H_o 或调整后的标高 H' 作为场地中心点的标高，场地内任意一个方格角点的设计标高为：

$$H_{dn} = H_o \pm l_x i_x \pm l_y i_y \tag{1-18}$$

式中　l_x、l_y——该点于 $x-x$、$y-y$ 方向上距场地中心线的距离（m）；
　　　i_x、i_y——场地在 $x-x$、$y-y$ 方向上泄水坡度。

例如，图 1-6b 中场地内角点 10 的设计标高：

$$H_{d10} = H_o - 0.5ai_x - 0.5ai_y$$

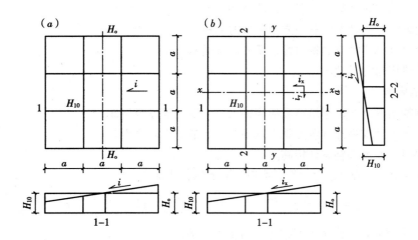

图 1-6　场地泄水坡度示意图
（a）单向泄水；（b）双向泄水

【例题 1】某大型园林广场的地形图和方格网如图 1-7 所示，方格边长为 20m×20m，$x-x$、$y-y$ 方向上泄水坡度分别为 3‰和 2‰。由于在设计、工艺设计和最高洪水位等方面均无特殊要求，试根据挖填平衡原则（不考虑可松性）确定场地中心设计标高，并根据 $x-x$、$y-y$ 方向上泄水坡度推算各角点的设计标高。

【解】a. 计算角点的自然地面标高

根据地形图上标设的等高线，用插入法求出各方格角点的自然地面标高。由于地形是连续变化的，可以假定两等高线之间的地面高低是呈直线变化的。如角点 4 的地面标高（H_4），从图 1-7 中可看出，是处于两等高线相交的 AB 直线上。由图 1-8 根据相似三角形特性，可写出：$h_x : 0.5 = x : l$，则 $h_x = \dfrac{0.5}{l} x$，得 $H_4 = 44.0 + h_x$

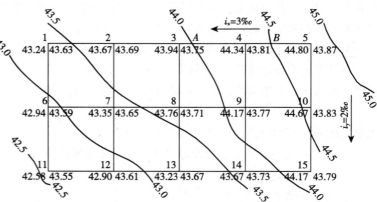

图 1-7　某园林广场场地方格网布置图

在地形图上,只要量出 x(角点4至44.0等高线的水平距离)和 l(44.0 等高线和44.5等高线与 AB 直线相交的水平距离)的长度,便可算出 H_4 的数值。但是,这种计算是烦琐的,所以,通常是采用图解法来求得各角点的自然地面标高。如图1-9所示,用一张透明纸,先在上面画出六根等距离的平行线(注意线条应该尽量画细些,以免影响读数的准确性),再把该透明纸放到标有方格网的地形图上,将六根平行线的最外两根线分别对准点 A 与点 B,这时六根等距离的平行线将 A、B 之间 $0.5m$ 的高差分成五等分,于是便可直接读得角点4的地面标高 $H_4 = 44.34m$。其余各角点的标高均可类此求出。用图解法求得的全部角点标高如图1-7所示。

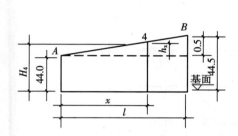
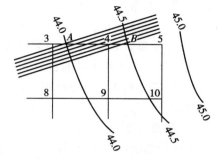

图1-8 插入法计算标高简图(左)

图1-9 插入法的图解法(右)

b. 计算场地设计标高 H_o

$\sum H_1 = 43.24 + 44.80 + 44.17 + 42.58 = 174.79m$

$2\sum H_2 = 2 \times (43.67 + 43.94 + 44.34 + 43.67 + 43.23 + 42.90 + 42.94 + 44.67)$
$= 698.72m$

$4\sum H_4 = 4 \times (43.35 + 43.76 + 44.17) = 525.12m$

$H_o = \dfrac{\sum H_1 + 2\sum H_2 + 4\sum H_4}{4n} = \dfrac{174.79 + 698.72 + 525.12}{4 \times 8} = 43.71m$

c. 按照要求的泄水坡度计算各方格角点的设计标高

以场地中心点即角点8为 H_o(图1-7),其余各角点的设计标高为:

$H_{d8} = H_o = 43.71m$

$H_{d1} = H_o - l_x i_x + l_y i_y = 43.71 + 40 \times 3‰ + 20 \times 2‰$
$= 43.71 - 0.12 + 0.04 = 43.63m$

$H_{d2} = H_{d1} + 20 \times 3‰ = 43.63 + 0.06 = 43.69m$

$H_{d5} = H_{d2} + 60 \times 3‰ = 43.69 + 0.18 = 43.87m$

$H_{d6} = H_o - 40 \times 3‰ = 43.71 - 0.12 = 43.59m$

$H_{d7} = H_{d6} + 20 \times 3‰ = 43.59 + 0.06 = 43.65m$

$H_{d11} = H_o - 40 \times 3‰ - 20 \times 2‰ = 43.71 - 0.12 - 0.04 = 43.55m$

$H_{d12} = H_{d11} + 20 \times 3‰ = 43.55 + 0.06 = 43.61m$

$H_{d15} = H_{d12} + 60 \times 3‰ = 43.61 + 0.18 = 43.79m$

其余各角点设计标高均可类此求出,详见图1-7中标示。

2）场地土方工程量计算

场地土方量的计算方法，通常有方格网法和断面法两种。方格网法适用于地形较为平坦、面积较大的场地，断面法则多用于地形起伏变化较大或地形狭长的地带。

①方格网法

结合前面【例题1】分解其计算步骤如下：

A. 划分方格网并计算场地各方格角点的施工高度

根据已有地形图（一般用1/500的地形图）划分成若干个方格网，尽量与测量的纵横坐标网对应，方格一般采用 $10m \times 10m \sim 40m \times 40m$，将角点自然地面标高和设计标高分别标注在方格网点的左下角和右下角（见图例）。角点设计标高与自然地面标高的差值即各角点的施工高度，表示为

$$h_n = H_{dn} - H_n \quad (1-19)$$

式中 h_n——角点的施工高度，以"+"为填，以"-"为挖，标注在方格网点的右上角；

H_{dn}——角点的设计标高（若无泄水坡度时，即为场地设计标高）；

H_n——角点的自然地面标高。

利用【例题1】的方格网继续步骤B计算。

B. 计算各方格网点的施工高度

$h_1 = H_{d1} - H_1 = 43.63 - 43.24 = +0.39m$

$h_2 = H_{d2} - H_2 = 43.69 - 43.67 = +0.02m$

……

$h_{15} = H_{d15} - H_{15} = 43.79 - 44.17 = -0.38m$

各角点的施工高度标注于下图1-10各方格网点右上角。

②计算零点位置

在一个方格网内同时有填方或挖方时，要先算出方格网边的零点位置，即不挖不填点，并标注于方格网上，由于地形是连续的，连接零点得到的零线即成为填方区与挖方区的分界线（图1-10）。零点的位置按相似三角形原理（图1-11）得下式计算：

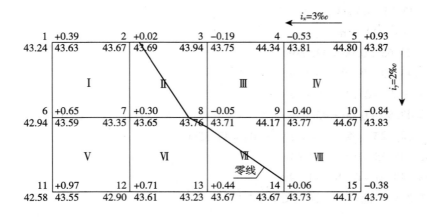

图1-10 某园林广场场地方格网挖填土方量计算图

$$x_1 = \frac{h_1}{h_1 + h_2} \times a, \quad x_2 = \frac{h_2}{h_1 + h_2} \times a \quad (1-20)$$

式中 x_1、x_2——角点至零点的距离（m）；

h_1、h_2——相邻两角点的施工高度（m），均用绝对值；

a——方格网的边长（m）。

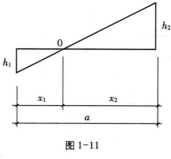

图 1-11

按【例题 1】继续 e 计算零点位置。

图 1-10 中 2—3 网格线两端分别是填方与挖方点，故中间必有零点，零点至 3 角点的距离：

$$x_{32} = \frac{h_3}{h_3 + h_2} \times a = \frac{0.19}{0.19 + 0.02} \times 20 = 18.10\text{m}, \quad x_{23} = 20 - 18.10 = 1.90\text{m}$$

同理 $x_{78} = \frac{0.30}{0.30 + 0.05} \times 20 = 17.14\text{m}, \quad x_{87} = 20 - 17.14 = 2.86\text{m}$

$$x_{138} = \frac{0.44}{0.44 + 0.05} \times 20 = 17.96\text{m}, \quad x_{813} = 20 - 17.96 = 2.04\text{m}$$

$$x_{914} = \frac{0.40}{0.40 + 0.06} \times 20 = 17.39\text{m}, \quad x_{149} = 20 - 17.39 = 2.61\text{m}$$

$$x_{1514} = \frac{0.38}{0.38 + 0.06} \times 20 = 17.27\text{m}, \quad x_{1415} = 20 - 17.27 = 2.73\text{m}$$

连接零点得到的零线即成为填方区与挖方区的分界线（图 1-10）。

③计算方格土方工程量

按方格网底面积图形和表 1-4 所列公式，计算每个方格内的挖方或填方量。

常用方格网计算公式 表 1-4

项 目	图 示	计 算 公 式
一点填方或挖方（三角形）	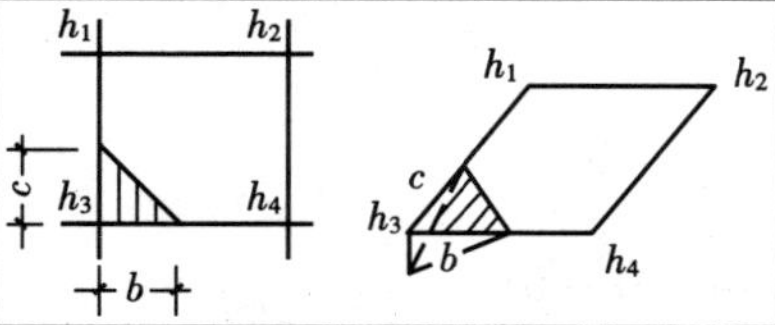	$V = \frac{1}{2}bc \frac{\sum h}{3} = \frac{bch_3}{6}$ 当 $b = c = a$ 时，$V = \frac{a^2 h_3}{6}$
二点填方或挖方（梯形）	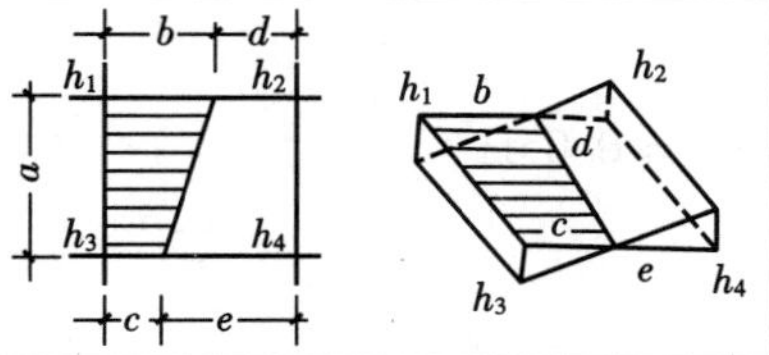	$V_+ = \frac{b+c}{2}a \frac{\sum h}{4} = \frac{a}{8}(b+c)(h_1+h_3)$ $V_- = \frac{d+e}{2}a \frac{\sum h}{4} = \frac{a}{8}(d+e)(h_2+h_4)$
三点填方或挖方（五边形）	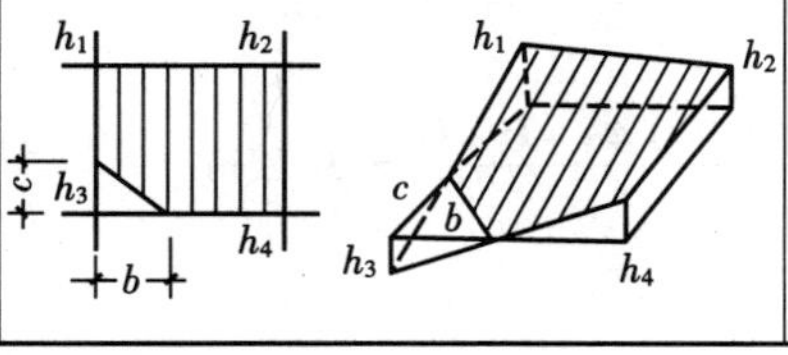	$V = \left(a^2 - \frac{bc}{2}\right) \frac{\sum h}{5}$ $= \left(a^2 - \frac{bc}{2}\right) \frac{h_1 + h_2 + h_4}{5}$

续表

项 目	图 示	计 算 公 式
四点填方或挖方（正方形）		$V = \dfrac{a^2}{4}\sum h = \dfrac{a^2}{4}(h_1 + h_2 + h_3 + h_4)$

注： a——方格网的边长（m）；
　　 b、c——零点到一角的边长（m）；
　　 h_1、h_2、h_3、h_4——方格网四个角点的施工高程（m），用绝对值代入；
　　 $\sum h$——填方或挖方施工高程的总和（m），用绝对值代入。

按【例题1】继续f计算方格土方量。

方格Ⅰ、Ⅲ、Ⅳ、Ⅴ底面为正方形，土方量为：

$$V_{\text{Ⅰ}+} = \frac{20^2}{4} \times (0.39 + 0.02 + 0.65 + 0.30) = 136\text{m}^3$$

$$V_{\text{Ⅲ}-} = \frac{20^2}{4} \times (0.19 + 0.53 + 0.05 + 0.40) = 117\text{m}^3$$

$$V_{\text{Ⅳ}-} = \frac{20^2}{4} \times (0.53 + 0.93 + 0.40 + 0.84) = 270\text{m}^3$$

$$V_{\text{Ⅴ}+} = \frac{20^2}{4} \times (0.65 + 0.30 + 0.97 + 0.71) = 263\text{m}^3$$

方格Ⅱ底面为两个梯形，土方量为：

$$V_{\text{Ⅱ}+} = \frac{x_{23} + x_{78}}{2} \times a \times \frac{\sum h}{4} = \frac{1.90 + 17.14}{2} \times 20 \times \frac{0.02 + 0.30 + 0 + 0}{4} = 15.23\text{m}^3$$

$$V_{\text{Ⅱ}-} = \frac{x_{32} + x_{87}}{2} \times 20 \times \frac{\sum h}{4} = \frac{18.10 + 2.86}{2} \times 20 \times \frac{0.19 + 0.05 + 0 + 0}{4} = 12.58\text{m}^3$$

方格Ⅵ底面为三角形和五边形，土方量为：

$$V_{\text{Ⅵ}+} = \left(a^2 - \frac{x_{87}x_{813}}{2}\right) \times \frac{\sum h}{5}$$

$$= \left(20^2 - \frac{2.86 \times 2.04}{2}\right) \times \left(\frac{0.30 + 0.71 + 0.44 + 0 + 0}{5}\right) = 115.15\text{m}^3$$

$$V_{\text{Ⅵ}-} = \frac{x_{87}x_{13}}{2} \times \frac{\sum h}{3} = \frac{2.86 \times 2.04}{2} \times \frac{0.05 + 0 + 0}{3} = 0.05\text{m}^3$$

方格Ⅶ底面为两个梯形，土方量为：

$$V_{\text{Ⅶ}+} = \frac{x_{138} + x_{149}}{2} \times a \times \frac{\sum h}{4} = \frac{17.96 + 2.61}{2} \times 20 \times \frac{0.44 + 0.06 + 0 + 0}{4} = 25.71\text{m}^3$$

$$V_{\text{Ⅶ}-} = \frac{x_{813} + x_{914}}{2} \times a \times \frac{\sum h}{4} = \frac{2.04 + 17.39}{2} \times 20 \times \frac{0.05 + 0.40 + 0 + 0}{4} = 21.86\text{m}^3$$

方格Ⅷ底面为三角形和五边形，土方量为：

$$V_{\text{Ⅷ}-} = \left(a^2 - \frac{x_{149}x_{1415}}{2}\right) \times \frac{\sum h}{5}$$

$$= \left(20^2 - \frac{2.61 \times 2.73}{2}\right) \times \left(\frac{0.40 + 0.84 + 0.38 + 0 + 0}{5}\right) = 128.44 \text{m}^3$$

$$V_{\text{VIII}+} = \frac{x_{149} x_{1415}}{2} \times \frac{\sum h}{3} = \frac{2.61 \times 2.73}{2} \times \frac{0.06 + 0 + 0}{3} = 0.07 \text{m}^3$$

方格网的总填方量 $\sum_{V+}$ = 136 + 263 + 15.23 + 115.15 + 25.71 + 0.07 = 555.16m³

方格网的总挖方量 $\sum_{V-}$ = 117 + 270 + 12.58 + 0.05 + 21.86 + 128.44 = 549.93m³

④边坡土方量计算

为了维持土体的稳定性，场地的边沿不管是挖方区还是填方区均需作成相应的边坡，因此在实际工程中还需要计算边坡的土方量。图 1-12 是一场地边坡的平面示意图。边坡土方量计算较简单，限于篇幅这里就不展开介绍了。

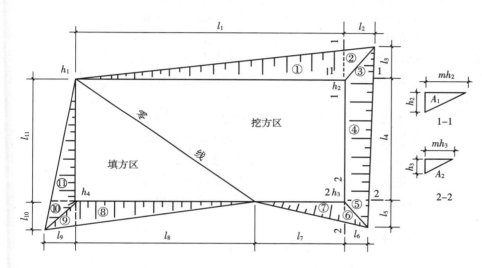

图 1-12　场地边坡平面图

（3）断面法土方量计算原理

沿场地的的纵向或相应方向取若干个相互平行的断面（可利用地形图定出或实地测量定出），将所取的每个断面（包括边坡）划分成若干个三角形和梯形，如图 1-13 所示。

断面法优点：对规划设计地点的自然地形有一个立体的、形象的概念，容易着手考虑对地形的整理和改造。

断面法缺点：设计过程较长，设计所花费的时间比较多。

采用纵横断面法的具体方法、步骤如下：

①绘制地形方格网：根据竖向设计所要求的精度和规划平面图的比例，在所设计区域的地形图上绘制方格网，方格的大小采用 10m×10m、20m×20m、30m×30m 等。设计精度高，方格网就小一些；反之，方格网则大一些。图纸比例为 1:500~1:200 时，方格网尺寸较小；比例为 1:2000~1:1000 时，采用的方格网尺寸比较大。

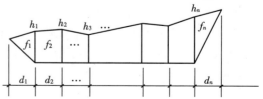

图 1-13　断面法计算图

②根据地形图中的自然等高线，用插入法求出方格网交叉点的自然标高。

③按照自然标高情况，确定地面的设计坡度和方格网每一交点的设计标高，并在每一方格交点上注明自然地形标高和设计标高。

④选定一标高点作为绘制纵横断面的起点，此标高应低于规划平面图中所有的自然标高。然后，在方格网纵轴方向将设计标高和自然标高之差，用统一比例标明，并将它们用线连接起来形成纵断面。沿横轴方向绘制横断面图的方法与纵断面相同。

⑤根据纵横断面标高和设计图所示自然地形的起伏情况，将原地面标高和设计标高逐一比较，考虑地面排水组织与建筑组合因素，对土方量进行粗略的平衡。土方平衡中，若填、挖土方总量不大，则可以认为所确定的设计标高和设计坡度是恰当的。若填、挖土方总量过大，则要修改设计标高，改变设计坡度，按照上述方法重新绘制竖向设计图。

⑥另外用一张纸，把最后确定的方格网交点设计标高和原有标高抄绘下来，标高标注方式采用分数式，设计标高写在分数线下方作为分母，原地面标高则写在分数线上方作为分子。

⑦绘制出设计地面线，即求出原有地形标高和设计标高之差。若自然标高仍大于设计标高，则为挖方；若自然标高小于设计标高，则为填方。在绘制纵横断面的时候，一般习惯的画法是：纵断面中反映填土部位的，要画在纵轴的左边；反映挖土部位的，要画在纵轴的右边。横断面中反映挖土部位的，画在横轴上方；反映填土部位的，画在横轴下方。纵横断面画出后，就可以反映出工程挖方或填方的情况。

对于某一断面，其中三角形和梯形的面积计算原理为：

$$f_1 = \frac{h_1}{2}d_1 \ ; \ f_2 = \frac{h_1 + h_2}{2}d_2 \ ; \ \cdots \ ; \ f_n = \frac{h_n}{2}d_n \quad (1-21)$$

该断面面积为：$F_i = f_1 + f_2 + \cdots + f_n$

若 $d_1 = d_2 = \cdots = d_n = d$

则 $F_i = d(h_1 + h_2 + \cdots + h_n)$ （1-22）

各个断面面积求出后，即可计算土方体积。设各断面面积分别为 F_1、$F_2 \cdots F_n$，相邻两断面之间的距离依次为 l_1、$l_2 \cdots l_n$，则所求土方体积为：

$$V = \frac{F_1 + F_2}{2}l_1 + \frac{F_2 + F_3}{2}l_2 + \cdots + \frac{F_n + F_{n+1}}{2}l_n \quad (1-23)$$

如图 1-14 所示，是用断面法求面积的一种简便方法，叫"累高法"。此法不需用公式计算，只要将所取的断面绘于普通坐标纸上（d 取等值），用透明纸尺从 h_1 开始，依次量出（用大头针向上拨动透明纸尺）各点标高（h_1、$h_2 \cdots$），累计得出各点标高之和，然后将此值与 d 相乘，即可得出所求断面面积。当然也可以利用计算机输入图形，借助程序来快速解决数字计算问题，还可以输出结果。

1.1.4 土方调配

（1）土方调配原则

土方工程量计算完成后，即可着手对土方进行平衡与调配。土方的平衡与调配是土方规划设计的一项重要内容，是对挖土的利用、堆弃和填土的取得这三者之间的关系进行综合平衡处理，达到使土方运输费用最小而又能方便施工的目的。土石方调配应该遵循的原则是：就近挖方，就近填方，使土石方的转运距离最短。因此，在实际进行土石方调配时，一个地点挖起的土，优先调动到与其距离最近的填方区；近处填满后，余下的土方才向稍远的填方区转运。土方调配原则具体要求有以下几个方面：

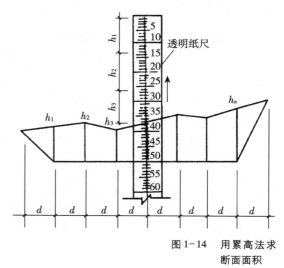

图1-14 用累高法求断面面积

①应力求达到挖、填平衡和运输量最小的原则。这样可以降低土方工程的成本。然而，仅限于场地范围的平衡，往往很难满足运输量最小的要求。因此还需根据场地和其周围地形条件综合考虑，必要时可在填方区周围就近借土，或在挖方区周围就近弃土，而不是只局限于场地以内的挖、填平衡，这样才能做到经济合理。

②应考虑近期施工与后期利用相结合的原则。当工程分期分批施工时，先期工程的土方余额应结合后期工程的需要而考虑其利用数量与堆放位置，以便就近调配。堆放位置的选择应为后期工程创造良好的工作面和施工条件，力求避免重复挖运。如先期工程有土方欠额时，可由后期工程地点挖取。

③尽可能与大型地下建筑物的施工相结合。当大型建筑物位于填土区而其基坑开挖的土方量又较大时，为了避免土方的重复挖、填和运输，该填土区暂时不予填土，待地下建筑物施工之后再行填土。为此，在填方保留区附近应有相应的挖方保留区，或将附近挖方工程的余土按需要合理堆放，以便就近调配。

④调配区大小的划分应满足主要土方施工机械工作面大小（如铲运机铲土长度）的要求，使土方机械和运输车辆的效率能得到充分发挥。

总之，进行土方调配，必须根据现场的具体情况、有关技术资料、工期要求、土方机械与施工方法，结合上述原则，予以综合考虑，从而作出经济合理的调配方案。

（2）土方调配

场地土方平衡与调配，需编制相应的土方调配图表，以便施工中使用。其方法如下：

1）划分调配区

在场地平面图上先划出挖、填区的分界线（零线），然后在挖方区和填方区适当地分别划出若干个调配区。划分时应注意以下几点：

①划分应与园林场地平面位置相协调，并考虑开工顺序、分期开工顺序；

②调配区的大小应满足土方机械的施工要求；

③调配区范围应与场地土方量计算的方格网相协调，一般可由若干个方格组成一个调配区；

④当土方运距较大或场地范围内土方调配不能达到平衡时，可考虑就近借土或弃土，一个借土区或一个弃土区可作为一个独立的调配区；

⑤计算各调配区的土方量，并将它标注于调配图上。

2）求出每对调配区之间的平均运距

平均运距即挖方区土方重心至填方区土方重心的距离。因此，求平均运距，需先求出每个调配区的土方重心。其方法如下：

取场地或方格网中的纵横两边为坐标轴，以一个角作为坐标原点，分别求出各区土方的重心坐标 x_o、y_o：

$$x_o = \frac{\sum (x_i V_i)}{\sum V_i}, y_o = \frac{\sum (y_i V_i)}{\sum V_i} \tag{1-24}$$

式中　x_i、y_i——i 块方格的重心坐标；

　　　V_i——i 块方格的土方量。

填、挖方区之间的平均运距 L_o 为：

$$L_o = \sqrt{(x_{oT} - x_{ow})^2 + (y_{oT} - y_{ow})^2} \tag{1-25}$$

式中　x_{oT}、y_{oT}——填方区的重心坐标；

　　　x_{ow}、y_{ow}——挖方区的重心坐标。

为了简化 x_i、y_i 的计算，可假定每个方格（完整的或不完整的）上的土方是各自均匀分布的，于是可用图解法求出形心位置以代替方格的重心位置。

各调配区的重心求出后，标于相应的调配区上，然后用比例尺量出每对调配区重心之间的距离，此即相应的平均运距（L_{11}、L_{12}、L_{13}……）。

所有填、挖方调配区之间的平均运距均需一一计算，并将计算结果列于土方平衡与运距表内。

当填、挖方调配区之间的距离较远，采用自行式铲运机或其他运土工具沿现场道路或规定路线运土时，其运距应按实际情况进行计算。

3）用"表上作业法"求解最优调配方案

最优调配方案的确定是以线性规划为理论基础的，常用"表上作业法"求解。现介绍如下：

【例题2】已知某广场场地的挖方区为 W_1、W_2、W_3，填方区为 T_1、T_2、T_3，其挖填方量如图 1-15 所示，其每一调配区的平均运距如图 1-15 和表 1-5 所示。

【解】①试用"表上作业法"求其土方的最优调配方案，并用位势法予以检验。

②绘出土方调配图。

4）用"最小因素法"编制初始调配方案

即先在运距 c_{ij} 表（小方格）中找一个最小数值，如 $W_2T_2 = W_4T_3 = 40$（任取其中一个，现取 W_4T_3），由于运距最短，经济效益明显，于是先确定调配土方量中 X_{43} 的值，使其尽可能地大，即 $X_{43} = \max(400、500) = 500$。由于 W_4 挖方区的土方全部调到 T_3 填方区，所以 X_{41} 和 X_{42} 都等于零。此时，将 500 填入 X_{43} 格内，同时将 X_{41}、X_{42} 格内画上一个"×"号，然后在没有填上数字和"×"号的方格内再选一个运距最小的方格，即 $W_2T_2 = 40$，便可确定 $X_{22} = 500$，同时使 $X_{21} = X_{23} = 0$。此时，又将 500 填入 X_{22} 格内，并在 X_{21}、X_{23} 格内画上"×"号。重复上述步骤，依次确定其余 X_{ij} 的数值，最后得出表 1-5 所示的初始调配方案。

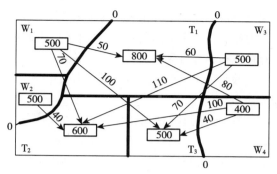

图 1-15 各调配区的土方量和平均运距

由于利用"最小因素法"确定的初始方案首先是让 c_{ij} 最小的方格内的 X_{ij} 取尽可能大的值，也就是符合"就近调配"常理，所以求得的总运输量是比较小的。但数学可以证明此方案不一定是最优方案，接下来我们采用简单的"表上作业法"来判别最优方案。

初 始 调 配 方 案　　　　　　　　　　　　表 1-5

挖方区＼填方区	T_1		T_2		T_3		挖方量（m³）
W_1	500	50 50	×− 	70 100	×+ 	100 60	500
W_2	×+ −10	70 	500	40 40	×+ 	90 0	500
W_3	300	60 60	100	110 110	100	70 70	500
W_4	×+ 30	80 	×+ 80	100 	400	40 40	400
填方量（m³）	800		600		500		1900

5）用最优方案判别方案是否需要调整

在"表上作业法"中，判别是否是最优方案有许多方法，采用"假想运距法"求检验数较清晰直观，以下介绍该判别方法。该判别方法的原理是设法求得无调配土方的方格的检验数 λ_{ij}，判别 λ_{ij} 是否非负，如所有 $\lambda_{ij} \geq 0$，则方案为最优方案，否则该方案不是最优方案，需要进行方案调整。

要计算 λ_{ij}，首先求出表中各个方格的假想运距 c'_{ij}。其中

有调配土方方格的假想运距　　$c'_{ij} = c_{ij}$　　　　　　　　　　（1-26）

无调配土方方格的假想运距　　$c'_{ef} + c'_{pq} = c'_{eq} + c'_{pf}$　　　　（1-27）

公式的意义即构成任一矩形的相邻四个方格内对角线上的假想运距之和相等。

利用已知的假想运距 $c'_{ij} = c_{ij}$，寻找适当的方格构成一个矩形，利用对角

线上的假想运距之和相等逐个求解未知的 c'_{ij}，最终求得所有的 c'_{ij}。见表 1-5 上的作业，其中未知的 c'_{ij}（黑体字）为通过如图（表 1-5 中的对角线图）的对角线和相等得到。

假想运距求出后，按下式求出表中无调配土方方格的检验数：

$$\lambda_{ij} = c_{ij} - c'_{ij} \qquad (1-28)$$

表 1-5 中只要把无调配土方的方格右边两小格的数字上下相减即可。如 $\lambda_{21} = 70 - (-10) = +80$，$\lambda_{12} = 70 - 100 = -30$。将计算结果填入表中无调配土方 "×" 的右上角，但只写出各检验数的正负号，因为根据前述判别法则，只有检验数的正负号才能判别是否是最优方案。表 1-5 中出现了负检验数，说明初始方案不是最优方案，需要进一步调整。

6）方案的调整，找出最优方案

①在所有负检验数中选一个（一般可选最小的一个），本例中唯一负的是 c_{12}，把它所对应的变量 X_{12} 作为调整对象。

②找出 X_{12} 的闭回路。其做法是：从 X_{12} 格出发，沿水平与竖直方向前进，遇到适当的有数字的方格作 90°转弯（也可不转弯），然后继续前进，如果路线恰当，有限步后便能回到出发点，形成一条以有数字的方格为转角点的、用水平和竖直线连起来的闭合回路，见表 1-5。

③从空格 X_{12}（其转角次数为零）出发，沿着闭合回路（方向任意，转角次数逐次累加）一直前进，在各奇数次转角点的数字中，挑出一个最小的（表 1-5 即为 500、100 中选 100），将它由 X_{32} 调到 X_{12} 方格中（即空格中）。

④将 "100" 填入 X_{12} 方格中，被挑出的 X_{32} 为 0（该格变为空格）；同时将闭合回路上其他奇数次转角上的数字都减去 "100"，偶数转角上数字都增加 "100"，使得填挖方区的土方量仍然保持平衡，这样调整后，便可得到表 1-6 的新调配方案。对新调配方案，再进行检验，看其是否已是最优方案。如果检验数中仍有负数出现，那就按上述步骤继续调整，直到找出最优方案为止。表 1-6 中所有检验数均为正号，故该方案即为最优方案。

最优调配方案 表 1-6

挖方区＼填方区	T_1	T_2		T_3		挖方量（m³）
W_1	400	50 / 50	100	70 / 70	×⁺ / 100 / 60	500
W_2	×⁺ / 20	70	500	40 / 40	×⁺ / 90 / 30	500
W_3	400	60 / 60	×⁺	110 / 80	100 / 70 / 70	500
W_4	×⁺ / 30	80	×⁺ / 50	100	400 / 40 / 40	400
填方量（m³）	800	600		500		1900

将表1-6中的土方调配数值绘成土方调配图（图1-16），图中箭杆上数字为调配区之间的运距，箭杆下数字为最终土方调配量。

最后来比较一下最佳方案与初始方案的运输量：

初始调配方案总土方运输量：

$$Z_1 = 500 \times 50 + 500 \times 40 + 300 \times 60 + 100 \times 110$$
$$+ 100 \times 70 + 400 \times 40 = 97000 \text{m}^3 \cdot \text{m}$$

最优调配方案总土方运输量：

$$Z_2 = 400 \times 50 + 100 \times 70 + 500 \times 40 + 400 \times 60 + 100 \times$$
$$70 + 400 \times 40$$
$$= 94000 \text{m}^3 \cdot \text{m}$$

$$Z_2 - Z_1 = 94000 - 97000 = -3000 \text{m}^3 \cdot \text{m}$$

即调整后总运输量减少了3000m³·m。

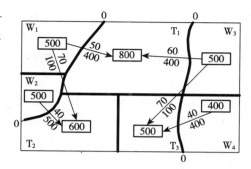

图1-16 最优方案土方调配图

土方调配的最优方案还可以不仅一个，这些方案调配区或调配土方量可以不同，但它们的总土方运输量都是相同的，有若干最优方案可以提供更多的选择余地。

求解土方调配最优调配方案比较复杂，一般土方调配由专业土方分包商负责制定施工方案，作为园林总承包企业的施工管理人员，只要理解土方调配的基本原理与调配要点即可。

1.2 土方工程施工

1.2.1 施工准备与辅助工作

（1）施工准备

土方工程施工前通常需完成下列准备工作：施工场地的清理；地面水排除；临时道路修筑；油燃料和其他材料的准备；供电线路与供水管线的敷设；临时停机棚和修理间的搭设；土方工程的测量放线和土方工程施工方案编制等。现将施工准备工作简述如下：

1）场地清理

场地清理包括清理地面及地下各种障碍。在施工前应拆除旧有房屋和古墓，拆迁或改建通信、电力设备、上下水道以及地下建筑物，迁移树木，去除耕植土及河塘淤泥等。此项工作由业主委托有资质的拆卸拆除公司或建筑施工公司完成，发生费用由业主承担。

2）排除地面水

场地内低洼地区的积水必须排除，同时应注意雨水的排除，使场地保持干燥，以利土方施工。地面水的排除一般采用排水沟、截水沟、挡水土坝等措施。

应尽量利用自然地形来设置排水沟，使水直接排至场外，或流向低洼处再用水泵抽走。主排水沟最好设置在施工区域的边缘或道路的两旁,其横断面和纵向坡度应根据最大流量确定。一般排水沟的横断面不小于 0.5m×0.5m,纵向坡度一般不小于 2‰。场地平整过程中,要注意排水沟保持畅通,必要时应设置涵洞。山区的场地平整施工,应在较高一面的山坡上开挖截水沟。在低洼地区施工时,除开挖排水沟外,必要时应修筑挡水土坝,以阻挡雨水的流入。

3) 修筑临时道路,搭设临时设施

修筑好临时道路及供水、供电等临时设施,做好材料、机具及土方机械的进场工作。

4) 做好土方工程的测量和放灰线工作

放灰线时,可用装有石灰粉末的长柄勺靠着木质板侧面,边撒、边走,在地上撒出灰线,标出基础挖土的界线。

基槽(坑)放线:根据园林建筑物或构筑物的主轴线控制点,首先将主要轴线的交点用木桩测设在地面上,并在桩顶钉上钢钉作为标志。园林建筑物或构筑物的主要轴线测定以后,再根据园林建筑物或构筑物平面图,将内部所有轴线都一一测出。最后根据中心轴线用石灰在地面上撒出基槽开挖边线。同时在场地四周设置龙门板(图 1-17),或者在轴线延长线上设置轴线控制桩(又称引桩),如图 1-18 所示,以便于基础施工时复核轴线位置。恢复轴线时,只要将经纬仪安置在某轴线一端的控制桩上,瞄准另一端的控制桩,该轴线即可恢复。

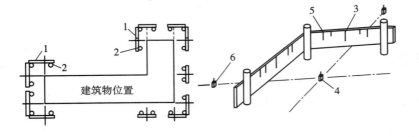

图 1-17 龙门板的设置
1—龙门板;2—龙门桩;3—轴线钉;4—角桩;5—灰线钉;6—轴线控制桩(引桩)

为了控制基槽开挖深度,当快挖到槽底设计标高时,可用水准仪根据地面 ±0.000m 水准点,在基槽(坑)壁上每间隔 2~4m 及拐角处打一水平桩,如图 1-19 所示。测设时应使桩的上表面离槽底设计标高为整分米数,作为清理槽底和垫层施工控制标高的依据(图 1-20)。

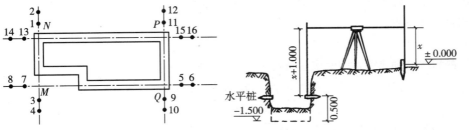

图 1-18 轴线控制桩(引桩)平面布置图(左)

图 1-19 基槽底抄平水准测量示意图(右)

1.2.2 土方边坡与土壁支撑

土壁的稳定，主要是由土体内摩擦阻力和粘结力来保持平衡的，一旦失去平衡，土体就会塌方，这不仅会造成人身安全事故，同时亦会影响工期，有时还会危及附近的建筑物。

造成土壁塌方的原因主要有四个方面：①边坡过陡，使土体的稳定性不足导致塌方；尤其是在土质差、开挖深度大的坑槽中。②雨水、地下水渗入土中泡软土体，从而增加土的自重，同时降低土的抗剪强度，这是造成塌方的常见原因。③基坑上口边缘附近大量堆土或停放机具、材料，或由于行车等动荷载，使土体中的剪应力超过土体的抗剪强度。④土壁支撑强度破坏失效或刚度不足导致塌方。

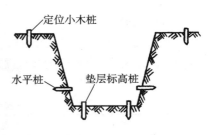

图1-20 基坑定位高程测设示意图

为了防止塌方，保证施工安全，在基坑（槽）开挖深度超过一定限度时，土壁应放足边坡，或者加以临时支撑，保持土壁的稳定。现分述如下：

（1）放足边坡

土方边坡坡度以其高度 H 与其底宽 B 之比表示。边坡可做成直线形、折线形或踏步形，$m = \dfrac{B}{H}$ 称为坡度系数。施工中，土方边坡坡度大小的留设应考虑土质、开挖深度、开挖方法、施工工期、地下水水位、坡顶荷载及气候条件等因素。一般情况下，黏性土的边坡可陡些，砂性土则应平缓些；当基坑附近有主要建筑物时，边坡应取 1:1.5～1:1.0。

根据《地基与基础工程施工工艺标准》，在天然湿度的土中，当挖土深度不超过下列数值时，可不放坡、不支撑。

深度不大于 1.0m，密实、中密的砂土和碎石类土（充填物为砂土）；

深度不大于 1.25m，硬塑、可塑的黏质砂土及砂质黏土；

深度不大于 1.5m，硬塑、可塑的黏土和碎石类土（充填物为黏性土）；

深度不大于 2.0m，坚硬的黏土。

挖方深度超过上述规定时，应考虑放坡或做成直立壁加支撑。

临时性挖方的边坡值应符合表1-7的规定。

临时性挖方边坡值 表1-7

土的类别		边坡值（高:宽）
砂土（不包括细砂、粉砂）		1:1.50～1:1.25
一般性黏土	硬	1:1.00～1:0.75
	硬、塑	1:1.25～1:1.00
	软	1:1.50 或更缓
碎石类土	充填坚硬、硬塑黏性土	1:1.00～1:0.50
	充填砂土	1:1.50～1:1.00

注：1. 设计有要求时，应符合设计标准；
2. 如采用降水或其他加固措施，可不受本表限制，但应计算复核；
3. 开挖深度，对软土不应超过4m，对硬土不应超过8m。

(2) 设置支撑

为了缩小施工面，减少土方，或受场地的限制不能放坡时，则可设置土壁支撑。表1-8所列为一般沟槽支撑方法，主要采用横撑式支撑。

一般沟槽的支撑方法　　　　表1-8

支撑方式	简　图	支撑方式及适用条件
间断式水平支撑	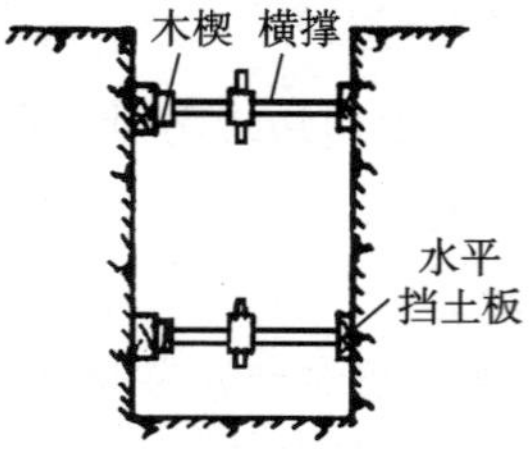 (图：木楔、横撑、水平挡土板)	两侧挡土板水平放置，用工具式或木横撑借木楔顶紧，挖一层土，支顶一层。 适用于能保持直立壁的干土或天然湿度的黏土类土，地下水很少，深度在2m以内
断续式水平支撑	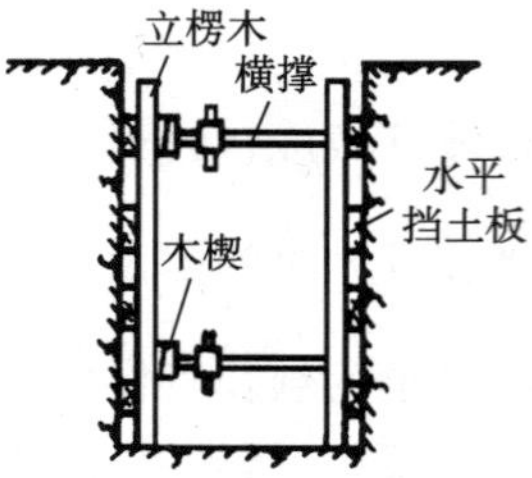 (图：立楞木、横撑、木楔、水平挡土板)	挡土板水平放置，中间留出间隔，并在两侧同时对称立竖枋木，再用工具式或木横撑上下顶紧。 适用于能保持直立壁的干土或天然湿度的黏土类土，地下水很少，深度在3m以内
连续式水平支撑	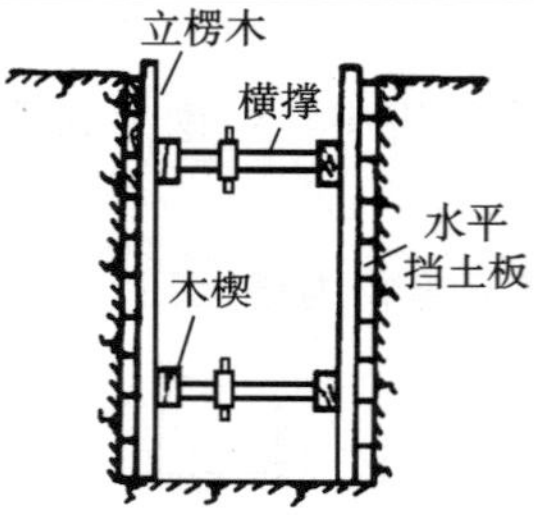 (图：立楞木、横撑、木楔、水平挡土板)	挡土板水平连续放置，不留间隙，然后两侧同时对称立竖枋木，上下各顶一根撑木，端头加木楔顶紧。 适用于较松散的干土或天然湿度的黏土类土，地下水很少，深度为3~5m
连续或间断式垂直支撑	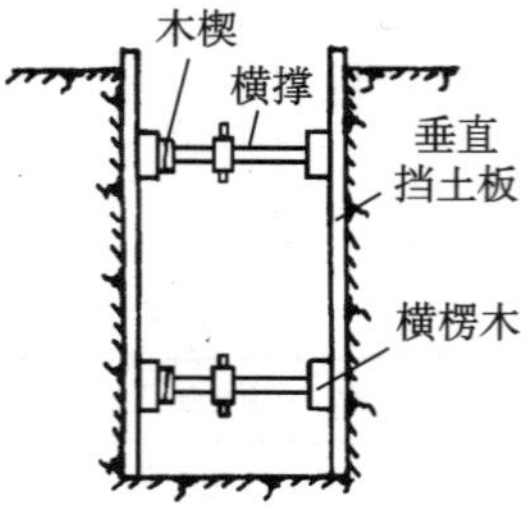 (图：木楔、横撑、垂直挡土板、横楞木)	挡土板垂直放置，连续或留适当间隙，然后每侧上下水平顶一根枋木，再用横撑顶紧。 适用于土质较松散或湿度很高的土，地下水较少，深度不限
水平垂直混合支撑	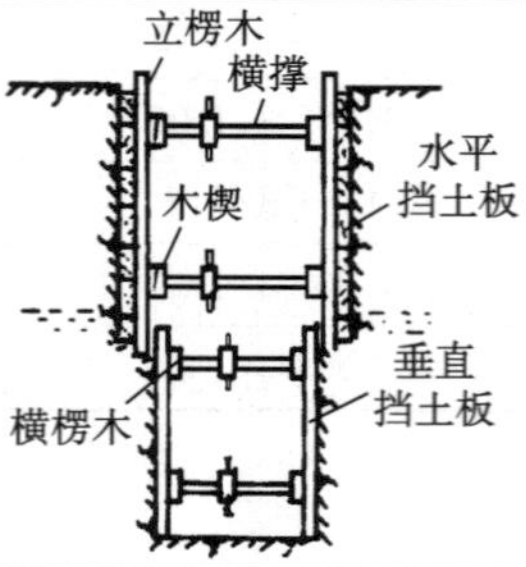 (图：立楞木、横撑、木楔、水平挡土板、横楞木、垂直挡土板)	沟槽上部连续或水平支撑，下部设连续或垂直支撑。 适用于沟槽深度较大，下部有含水土层情况

1.2.3 施工排水与降水

在开挖基坑或沟槽时，土壤的含水层常被切断，地下水将会不断地渗入坑内。雨期施工时，地面水也会流入坑内。为了保证施工的正常进行，防止边坡塌方和地基承载能力的下降，必须做好基坑降水工作。降水方法可分为重力降水（如集水井、明渠等）和井点降水。土方工程中采用较多的是集水井降水和轻型井点降水两种方法。

(1) 集水井降水法

这种方法是在基坑或沟槽开挖时，在坑底设置集水井，并沿坑底的周围或中央开挖排水沟，使水由排水沟流入集水井内，然后用水泵抽出坑外（图1-21）。

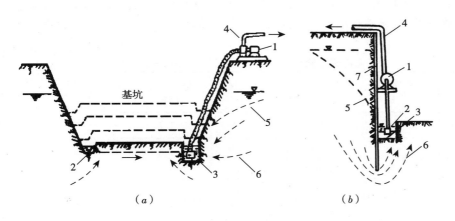

图1-21 集水井降低地下水位
(a) 斜坡边沟；(b) 直坡边沟
1—水泵；2—排水沟；3—集水井；4—压力水管；5—降落曲线；6—水流曲线；7—板桩

1) 集水井设置

四周的排水沟及集水井一般应设置在基础范围以外，地下水流的上游。基坑面积较大时，可在基础范围内设置盲沟排水。根据地下水量、基坑平面形状及水泵能力，集水井每隔20~40m设置一个。

集水井的直径或宽度，一般为0.6~0.8m；其深度随着挖土的加深而加深，要始终低于挖土面0.7~1.0m，井壁可用竹、木等简易加固。当基坑挖至设计标高后，井底应低于坑底1~2m，并铺设0.3m碎石滤水层，以免在抽水时将泥砂抽出，并防止井底的土被搅动。坑壁必要时可用竹、木等材料加固。

集水井降水方法比较简单、经济，对周围影响小，因而应用较广。但当涌水量较大、水位差较大或土质为细砂或粉砂，地下水渗出会产生流砂现象，使边坡塌方、坑底冒砂，并有引起附近建筑物下沉的危险后果时，往往采用强制降水即井点降水的方法、人工控制地下水流的方向来达到降低地下水位的目的。

2) 水泵的性能及选用

集水井降水常用的水泵有离心泵、潜水泵和软轴水泵。

①离心泵

离心泵由泵壳、泵轴、叶轮及吸水管、出水管等组成,如图1-22所示。其工作原理为:叶轮高速旋转,离心力将轮心部分的水甩向轮边,沿出水管压向高处,使叶轮中心形成真空,水在大气压力作用下,不断地从吸水管上升进入水泵。离心泵在使用时,要先将泵体及吸水管内灌满水,排出空气,然后开泵抽水。离心泵的主要性能包括:

流量——水泵单位时间内的出水量 m^3/h;

总扬程——水泵的扬水高度(包括吸水扬程与出水扬程两部分);

吸水扬程——水泵的吸水高度(又称为允许吸上真空高度)。

施工中常用的离心泵性能见表1-9。由于水在管路中流动有阻力而引起水头损失,所以实际扬程是总扬程扣除水头损失。实际吸水扬程可按表中吸水扬程减去0.6(无底阀)~1.2m(有底阀)来估算。

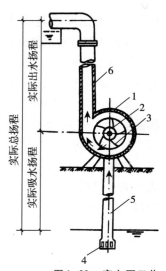

图1-22 离心泵工作简图
1—泵壳;2—泵轴;3—叶轮;4—滤网与底阀;5—吸水管;6—出水管

常用离心泵性能　　　　　表1-9

型号		流量 (m^3/h)	总扬程 (m)	吸水扬程 (m)	电动机功率 (kW)
B	BA				
$1\frac{1}{2}$B17	$1\frac{1}{2}$BA-6	6~14	14~20.3	6.0~6.6	1.7
2B19	2BA-9	11~25	16~21	6.0~8.0	2.8
2B31	2BA-6	10~30	24~34.5	5.7~8.7	4.5
3B19	3BA-13	32.4~52.2	15.6~21.5	5.0~6.5	4.5
3B33	3BA-9	30~55	28.8~35.5	3.0~7.0	7.0
4B20	4BA-18	65~110	17.1~22.6	5	10.0

离心泵的选择,主要根据流量和扬程。离心泵的流量应大于基坑的涌水量;离心泵的扬程,在满足总扬程的前提下,主要是使吸水扬程满足降水深度变化的要求,如不能满足要求时,可降低离心泵的安装高度或另选水泵。

离心泵的安装,要注意吸水管接头不漏气及吸水口至少沉入水面以下50cm,以免吸入空气,影响水泵的正常运行。

②潜水泵

潜水泵由立式水泵与电动机组合而成,电动机有密封装置,水泵装在电动机上端,工作时浸在水中。这种泵具有体积小、重量轻、移动方便及开泵时不需灌水等优点,在施工中广泛使用。常用的潜水泵流量有15、25、65、100m^3/h,扬程相应为25、15、7、3.5m。

为防止电机烧坏,在使用潜水泵时不得脱水运转,或降入泥中,也不得排灌含泥量较高的水质或泥浆水,以免泵的叶轮被杂物堵塞。

③软轴水泵

软轴水泵由软轴、离心泵和出水管组成,电动机放在地面上,泵体浸在集水井的水中。软轴水泵的出水管径40mm、流量10m^3/h、扬程为6~8m。软轴水泵结构简单、体积小、重量轻、移动方便，开泵时不需向泵内灌水，多用于单独的基坑降水。

（2）井点降水法

1）井点降水的作用

井点降水法就是在基坑开挖前，预先在基坑四周埋设一定数量的滤水管（井），在基坑开挖前和开挖过程中，利用真空原理，不断抽出地下水，使地下水位降低到坑底以下（图1-23），从根本上解决地下水涌入坑内的问题（图1-24a）；防止边坡由于受地下水流的冲刷而引起塌方（图1-24b）；使坑底的土层消除了地下水位差引起的压力，因此防止了坑底土的上冒（图1-24c）；由于没有水压力，使板桩减少了横向荷载（图1-24d）；由于没有地下水的渗流，也就防止了流砂现象产生（图1-24e）。降低地下水位后，由于土体固结，还能使土层密实，增加地基土的承载能力。

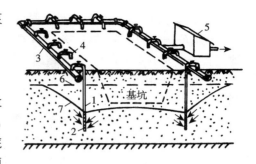

图1-23 轻型井点降低地下水位全貌图

1—井点管；2—滤管；3—总管；4—弯联管；5—水泵房；6—原有地下水位线；7—降低后地下水位线

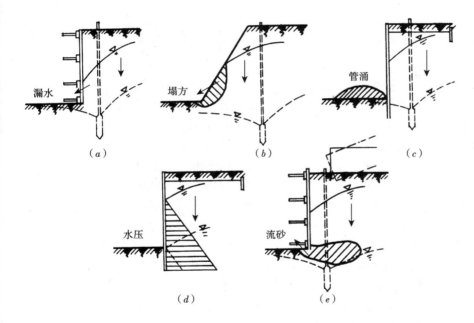

图1-24 井点降水的作用

（a）防止涌水；（b）使边坡稳定；（c）防止土的上冒；（d）减少横向荷载；（e）防止流砂

上述几点中，防治流砂现象是井点降水的主要目的。流砂现象产生的原因，是水在土中渗流所产生的动水压力对土体作用的结果。如图1-25a从截取的一段砂土脱离体（两端的高低水头分别是h_1、h_2）受力分析，可以容易地得出动水压力的存在和大小结论。

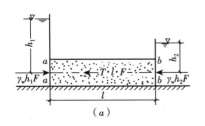

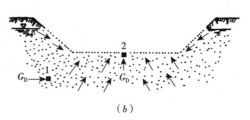

图1-25 动水压力原理图

（a）水在土中渗流时的脱离体受力图；（b）动水压力对地基土的影响

1、2—土粒

水在土中渗流时，作用在砂土脱离体中的全部水体上的力有：

$\gamma_w h_1 F$——作用在土体左端 $a-a$ 截面处的总水压力，其方向与水流方向一致（γ_w——水的重度，F——土截面面积）；

$\gamma_w h_2 F$——作用在土体右端 $b-b$ 截面处的总水压力，其方向与水流方向相反；

TlF——水渗流时整个水体受到土颗粒的总阻力（T——单位体积土体阻力），方向假设向右。由静力平衡条件 $\sum X = 0$（设向右的力为正）

$$\gamma_w h_1 F - \gamma_w h_2 F + TlF = 0$$

得 $T = \dfrac{h_1 - h_2}{l}\gamma_w$（"$-$"表示实际方向与假设右正向相反而向左）

(1-29)

式中 $\dfrac{h_1 - h_2}{l}$——水头差与渗透路径之比，称为水力坡度，以 i 表示。即上式可写成

$$T = -i\gamma_w \tag{1-30}$$

设水在土中渗流时对单位体积土体的压力为 G_D，由作用力与反作用力相等、方向相反的定律可知：

$$G_D = -T = i\gamma_w \tag{1-31}$$

我们称 G_D 为动水压力，其单位为 N/cm^3 或 kN/m^3。由上式可知，动水压力 G_D 的大小与水力坡度成正比，即水位差 $h_1 - h_2$ 愈大，则 G_D 愈大；而渗透路径 l 愈长，则 G_D 愈小；动水压力的作用方向与水流方向（向右方向）相同。当水流在水位差的作用下对土颗粒产生向上压力时，动水压力不但使土粒受到了水的浮力，而且还使土粒受到向上动水压力的作用。如果动水压力等于或大于土的浮重度 γ'_w，即 $G_D \geq \gamma'_w$ 则土粒失去自重，处于悬浮状态，土的抗剪强度等于零，土粒能随着渗流的水一起流动，这种现象就叫"流砂现象"，如图 1-25（b）所示。

细颗粒（颗粒粒径在 0.005~0.05mm）、均匀颗粒、松散（土的天然孔隙比大于 75%）、饱和的土容易发生流砂现象，但是否出现流砂现象的重要条件是动水压力的大小，即防治流砂应着眼于减小或消除动水压力。防治流砂的方法主要有：水下挖土法、打板桩法、抢挖法、地下连续墙法、枯水期施工法及井点降水等。简述如下：

①水下挖土法。即不排水施工，使坑内外的水压互相平衡，不致形成动水压力。如沉井施工，不排水下沉，进行水中挖土、水下浇筑混凝土，是防治流砂的有效措施。

②打板桩法。将板桩沿基坑周围打入不透水层，便可起到截住水流的作用；或者打入坑底面一定深度，这样将地下水引至桩底以下才流入基坑，不仅增加了渗流长度，而且改变了动水压力方向，从而可达到减小动水压力的目的。

③抢挖法。即抛大石块、抢速度施工。如在施工过程中发生局部的或轻微

的流砂现象，可组织人力分段抢挖，挖至标高后，立即铺设芦席并抛大石块，增加土的压重以平衡动水压力，力争在未产生流砂现象之前，将基础分段施工完毕。

④地下连续墙法。此法是沿基坑的周围先浇筑一道钢筋混凝土的地下连续墙，从而起到承重、截水和防流砂的作用，它又是深基础施工的可靠支护结构。

⑤枯水期施工法。即选择枯水期间施工，因为此时地下水位低，坑内外水位差小，动水压力减小，从而可预防和减轻流砂现象。

以上这些方法都有较大的局限，应用范围狭窄。采用井点降水法降低地下水位到基坑底以下，使动水压力方向朝下，增大土颗粒间的压力，则不论细砂、粉砂都一劳永逸地消除了流砂现象。实际上井点降水法是避免流砂危害的常用方法。

各种井点的适用范围 表1-10

井点类型		土层渗透系数（m/d）	降低水位深度（m）
轻型井点	一级轻型井点	0.1~50	3~6
	二级轻型井点	0.1~50	6~12
	喷射井点	0.1~5	8~20
	电渗井点	小于0.1	根据选用的井点确定
管井类	管井井点	20~200	3~5
	深井井点	10~250	大于15

2）井点降水的种类

井点降水有两类：一类为轻型井点（包括电渗井点与喷射井点）；一类为管井井点（包括深井泵）。各种井点降水方法一般根据土的渗透系数、降水深度、设备条件及经济性选用，可参照表1-10选择。

实际工程中，一般轻型井点应用最为广泛，下面重点介绍这类井点。

3）一般轻型井点设备

轻型井点设备由管路系统和抽水设备组成（图1-23）。管路系统包括：滤管、井点管、弯联管及总管等。滤管（图1-26）为进水设备，通常采用长1.0~1.5m、直径38mm或51mm的无缝钢管，管壁钻有直径为12~18mm的呈梅花形排列的滤孔，滤孔面积为滤管表面积的20%~25%。骨架管外面包以两层孔径不同的滤网，内层为30~50孔/cm^2的黄铜丝或尼龙丝布的细滤网，外层为3~10孔/cm^2的同样材料粗滤网或棕皮。为使流水畅通，在骨架管与滤管之间用塑料管或梯形钢丝隔开，塑料管沿骨架管绕成螺旋形。滤网外面再绕一层粗钢丝保护网，滤管下端为一铸铁塞头。滤管上端与井点管连接。

井点管为直径38mm或51mm、长5~7m的钢管，可整根或分节组成。井点管的上端用弯联管与总管相连。

集水总管为直径 100~127mm 的无缝钢管，每段长 4m，其上装有与井点管连接的短接头，间距为 0.8~1.6m。

抽水设备常用的有真空泵、射流泵和隔膜泵井点设备，现仅就真空泵井点设备的工作原理简介如下：

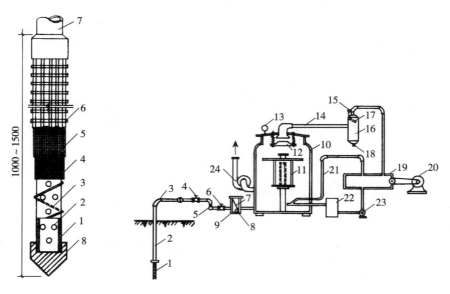

图 1-26　滤管构造（左）
1—钢管；2—管壁上的小孔；3—缠绕的塑料管；4—细滤网；5—粗滤网；6—粗钢丝保护网；7—井点管；8—铸铁头

图 1-27　轻型井点设备工作原理（右）
1—滤管；2—井点管；3—弯联管；4—阀门；5—集水总管；6—闸门；7—滤网；8—过滤箱；9—掏砂井；10—水气分离器；11—浮筒；12—阀门；13—真空计；14—进水管；15—真空计；16—副水气分离器；17—挡水板；18—放水口；19—真空泵；20—电动机；21—冷却水管；22—冷却水箱；23—循环水泵；24—离心泵

真空泵井点设备系由真空泵、离心泵和水气分离器（又叫集水箱）等组成，其工作原理如图 1-27 所示。抽水时先开动真空泵 19，将水气分离器 10 内部抽成一定程度的真空，使土中的水分和空气受真空吸力作用而吸出，经管路系统，再经过滤箱 8（防止水流中的细砂进入离心泵引起磨损）进入水气分离器 10。水气分离器内有一浮筒 11，能沿中间导杆升降。当进入水气分离器内的水多起来时，浮筒即上升，此时即可开动离心泵 24，将在水气分离器内的水和空气向两个方向排去，水经离心泵排出，空气集中在上部由真空泵排出。为防止水进入真空泵（因为真空泵为干式），水气分离器顶装有阀门 12，并在真空泵与进气管之间装一副水气分离器 16。为对真空泵进行冷却，特设一个冷却循环水泵 23。

一套抽水设备的负荷长度（即集水总管长度）为 100~120m。常用的 W5、W6 型干式真空泵，其最大负荷长度分别为 100m 和 120m。

4）轻型井点的布置

井点系统的布置应根据基坑大小与深度、土质、地下水位高低与流向、降水深度要求来确定。

①平面布置

当基坑或沟槽宽度小于 6m，且降水深度不超过 5m 时，可用单排线状井点（图 1-28），注意井点管应该布置在地下水流的上游一侧，两端延伸长度不小于坑槽宽度。

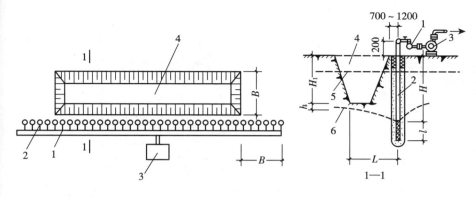

图 1-28 单排线状井点布置
1—集水总管；2—井点管；3—抽水设备；4—基坑；5—原地下水位线；6—降低后地下水位线

如沟槽宽度大于 6m 或土质不良，应该采用双排线状井点方案（图 1-29），位于地下水流上游一排井点管的间距应小些，下游一排井点管的间距可大些。面积较大的基坑宜用环状井点（图 1-30），有时亦可布置成 U 字形，以利挖土机和运土车辆出入基坑。井点管一般布置在距离基坑壁上口 0.7~1.2m 处，以防局部发生漏气。井点管间距一般为 0.8、1.2、1.6、2.0m。由计算或根据经验确定。井点管在总管四角部位应当注意适当加密。

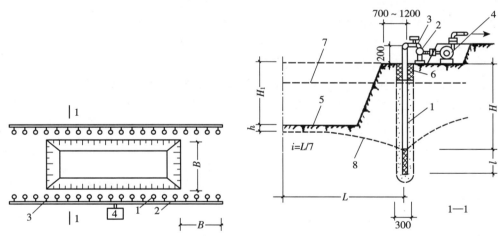

图 1-29 双排线状井点布置
1—井点管；2—集水总管；3—弯联管；4—抽水设备；5—基坑；6—黏土封孔区；7—原地下水位线；8—降低后地下水位线

② 高程布置

轻型井点的降水深度，理论上可达 10.3m，但由于管路系统的水头损失，其实际降水深度一般不宜超过 6m。井点管埋置深度 H（不包括滤管长度）按下式计算（图 1-30）：

$$H \geqslant H_1 + h + iL \qquad (1-32)$$

式中 H_1——井点管埋设面至基坑底面的距离（m）；

h——降低后的地下水位至基坑中心底面的距离，一般取 0.5~1.0m；

i——水力坡度，根据实测：单排井点 1/5~1/4，双排井点 1/7，环状井点 1/12~1/10；

实际计算时一般按如下建议取值：单排井点 $i=1/4$，双排井点、环状井点 $i=1/10$；

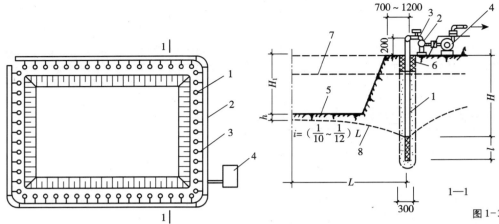

图 1-30 环形井点布置图

1—井点管；2—集水总管；3—弯联管；4—抽水设备；5—基坑；6—粘土封孔区；7—原地下水位线；8—降低后地下水位线

L——井点管至基坑中心的短边水平距离（一定要注意取值方法），当井点管为单排布置时，L 为井点管至对边坡脚的水平距离。

根据上式算出的 H 值，如大于 6m，不能够满足井点管长度的要求时，则应降低井点管抽水设备的埋置面，以适应降水深度要求。即将井点系统的埋置面接近原有地下水位线（要事先挖槽），个别情况下甚至稍低于地下水位（当上层土的土质较好时，先用集水井排水法挖去一层土，再布置井点系统），就能充分利用抽吸能力，使降水深度增加，井点管露出地面的长度一般为 0.2～0.3m，以便与弯联管连接，滤管必须埋在透水层内。

当一级轻型井点降水法达不到降水要求时，可采用二级井点降水法，即先挖去第一级井点所疏干的土，然后再在其底部装设第二级井点系统（图1-31）。

水井的分类如图 1-32 所示。

图1-31 二级轻型井点系统示意图（左下）

1—一级井点管；2—二级井点管

图 1-32 水井的分类（右下）

1—承压完整井；2—承压非完整井；3—无压完整井；4—无压非完整井

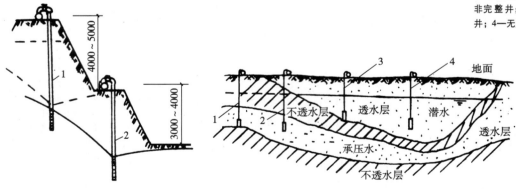

1.2.4 土方开挖与填筑

1. 土方开挖

土方基槽（坑）开挖分两种情况：一是无支护结构基坑放坡开挖，二是有支护结构基坑开挖。

1）放坡开挖

采用放坡开挖时，一般基坑深度较浅，挖土机可以一次开挖至设计标高，所以在地下水位高的地区，软土基坑采用反铲挖土机配合运土汽车在地面作业。如果地下水位较低，坑底坚硬，也可以让运土汽车下坑，配合正铲挖土机在坑底作业。当开挖基坑深度超过4m、土质较好、地下水位较低、场地允许、有条件放坡时，边坡宜设置阶梯平台，分阶段、分层开挖，每级平台宽度不宜小于1.5m。

采用放坡开挖时，要求基坑边坡在施工期间保持稳定。基坑边坡坡度应根据土质、基坑深度、开挖方法、留置时间、边坡荷载、排水情况及场地大小确定。放坡开挖应有降低坑内水位和防止坑外水倒灌的措施。若土质较差且基坑施工时间较长，边坡坡面可采用钢丝网喷浆进行护坡，以保持基坑边坡稳定。

放坡开挖基坑内作业面大，方便挖土机械作业，施工程序简单，经济效益好。但在城市密集地区施工，条件往往不允许采用这种开挖方式，而采用有支护结构基坑开挖方式。

2）土方施工作业

①土方的人力挖掘。施工工具主要是：锹、镐、钢钎等，人力施工不但要组织好劳动力，而且要注意安全和保证工程质量。

A. 施工者要有足够的工作面，一般平均每人应有 $4 \sim 6m^2$。

B. 开挖土方附近不得有重物及易塌落物。

C. 在挖土过程中，随时注意观察土质情况，要有合理的边坡。必须垂直下挖者，松软土不得超过 0.7m，中等密度者不超过 1.25m，坚硬土不超过 2m。

D. 挖方工人不得在土壁下向里挖土，以防坍塌。

E. 在坡上或坡顶施工者，要注意坡下情况，不得向坡下滚落重物。

F. 施工过程中注意保护基桩、龙门板或标高桩。

②土方的机械施工：主要施工机械有推土机、挖土机等。在园林施工中推土机应用比较广泛，例如在水体中挖掘时，以推土机推挖，将土推至水体四周，再行运走或堆置地形。最后岸坡用人工修整。

用推土机挖湖堆山效率较高，但应注意以下几方面：

A. 推土机手应识图或了解施工对象的情况；在动工之前应向推土机手介绍拟施工地段的地形情况及设计地形的特点，最好结合模型，使之一目了然。另外，施工前推土机手还要了解实地定点放线情况，如桩位、施工标高等，这样施工起来就会心中有数能得心应手地按照设计意图去塑造地形。这一点对提高施工效率有很大影响，这一步工作做得好，在修饰山体（或水体）时便可省去许多劳力、物力。

B. 注意保护表土。在挖湖堆山时，先用推土机将施工地段的表层熟土（耕作层）推到施工场地外围，待地形整理停当，再把表土铺回来，这样做比较麻烦、费工，但对公园的植物生长却有很大好处。有条件之处应该这样做。

C. 桩点和施工放线要明显，推土机施工进进退退，其活动范围较大，施工地面高低不平，加上进车或退车时司机视线存在死角，所以桩木和施工放线很容易受破坏，为了解决这一问题：

a. 应加高桩木的高度，桩木上可作醒目标志（如挂小彩旗或桩木上涂明亮的颜色），以引起施工人员的注意。

b. 施工期间，施工人员应经常到现场，随时随地地用测量仪器检查桩点和放线情况，掌握全局，以免挖错（或堆错）位置。

③当挖土至坑槽底 500mm 左右时抄平。

一般在坑槽壁各拐角处和坑槽壁每隔 2~4m、离坑底设计标高 500mm 处测设一水平小木桩或竹片桩，作为清理坑槽底和打基础垫层时控制标高的依据（图 1-19、图 1-20）。

④在基坑开挖和回填过程中应保持井点降水工作的正常进行。

土方开挖前应先做好降水、排水施工，待降水运转正常并符合要求后，方可开挖土方。开挖过程中，要经常检查降水后的水位是否达到设计标高要求，要保持开挖面基本干燥，如坑壁出现渗漏水，应及时进行处理。通过对水位观察井和沉降观测点的定时测量，检查是否对邻近建筑物或道路等构筑物等产生不良影响，进而采取适当措施。

⑤开挖前要编制包含安全技术措施在内的基坑土方开挖施工方案，以确保施工安全。

（2）土方的填筑

1）土方填筑

填土应该满足工程的质量要求，土壤的质量要依据填方的用途和要求加以选择，在绿化地段土壤应满足种植植物的要求，而作为建筑用地则以要求将来地基的稳定为原则。利用外来土垫地堆山，对土质应该验定放行，劣土及受污染土壤不应放入园内，以免将来影响植物的生长和妨害游人健康。

大面积填方应该分层填筑，一般每层 20~50cm，有条件的应层层压实。

在斜坡上填土，为防止新填土方滑落，应先把土坡挖成台阶状，然后再填方（土），这样可保证新填土方的稳定。

挑土堆山，土方的运输路线和下卸，应以设计的山头为中心结合来土方向进行安排。一般以环形线为宜，车辆或人挑满载上山，土卸在路两侧，空载的车（人）沿路线继续前行下山，车（人）不走回头路、不交叉穿行，所以不会顶流拥挤。随着卸土，山势逐渐升高，运土路线也随之升高，这样既组织了人流，又使土山分层上升，部分土方边卸边压实，这不仅有利于山体的稳定，山体表面也较自然。如果土源有几个来向，运土路线可根据设计地形特点安排几个小环路，小环路以人流和车辆不相互干扰为原则。

2）土方压实

人力夯压可用夯、硪、碾等工具；机械碾压可用碾压机或用拖拉机带动的铁碾。小型的夯压机械有内燃夯、蛙式夯等。为了保证土壤的压实质量，土壤应该具有最佳含水率。如土壤过分干燥，需先洒水湿润后再压实。在压实过程中应注意以下几点：

①压实工作必须分层进行。

②压实工作要注意均匀。

③压实松土时，夯压工具应先轻后重。

④压实工作应自边缘开始，逐渐向中间收拢，否则边缘土方外挤易引起坍落。

3）填土压实方法

填土的压实方法一般有以下数种：碾压、夯实、振动压实以及利用运土工具压实；对于大面积填土工程，多采用碾压和利用运土工具压实；对较小面积的填土工程，则宜用夯实机具进行压实。

①碾压法

碾压法是利用机械滚轮的压力压实土壤，使之达到所需的密实度。碾压机械有平碾、羊足碾和气胎碾。

平碾又称光碾压路机（图1-33），是一种以内燃机为动力的自行式压路机。按重量等级分为轻型（30~50kN）、中型（60~90kN）和重型（100~140kN）三种，适于压实砂类土和黏性土，适用土类范围较广。轻型平碾压实土层的厚度不大，

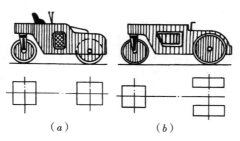

图1-33 光碾压路机
(a) 两轴两轮；(b) 两轴三轮

但土层上部变得较密实，当用轻型平碾初碾后，再用重型平碾碾压松土，就会取得较好的效果。如直接用重型平碾碾压松土，则会有强烈的起伏现象，碾压效果较差。

羊足碾如图1-34和图1-35所示，一般无动力而靠拖拉机牵引，有单筒、双筒两种。根据碾压要求，有可分为空筒及装砂、注水等三种。羊足碾虽然与土接触面积小，但对单位面积的压力比较大，土的压实效果好。羊足碾只能用来压实黏性土。

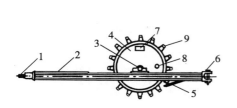

图1-34 单筒羊足碾构造示意图（左）
1—前拉头；2—机架；3—轴承座；4—碾筒；5—铲刀；6—后拉头；7—装砂口；8—水口；9—羊足头

图1-35 羊足碾（右）

气胎碾又称轮胎压路机（图1-36），它的前后轮分别密排着四个、五个轮胎，既是行驶轮，也是碾压轮。由于轮胎弹性大，在压实过程中，土与轮胎都会发生变形，而随着几遍碾压后铺土密实度的提高，沉陷量逐渐减少，因而轮胎与土的接触面积逐渐缩小，但接触应力则逐渐增大，最后使土料得到压实。由于在工作时是弹性体，其压力均匀，填土质量较好。

碾压法主要用于大面积的填土，如场地平整、路基等工程。

用碾压法压实填土时，铺土应均匀一致，碾压遍数要一样，碾压方向应从填土区的两边逐渐压向中心，每次碾压应有150~200mm的重叠；碾压机械开行速度不宜过快，一般平碾速度不应超过2km/h，羊足碾速度控制在3km/h之内，否则会影响压实效果。

②夯实法

夯实法是利用夯锤自由下落的冲击力来夯实土壤，主要用于小面积的回填土或作业面受到限制的环境下。夯实法分人工夯实和机械夯实两种。人工夯实所用的工具有木夯、石夯等；常用的夯实机械有夯锤、内燃夯土机、蛙式打夯机和利用挖土机或起重机装上夯板后的夯土机等，其中蛙式打夯机（图1-37）轻巧灵活、构造简单，在小型土方工程中应用最广。

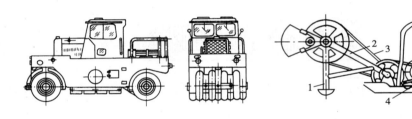

图1-36 轮胎压路机（左）

图1-37 蛙式打夯机（右）
1—夯头；2—夯架；3—三角胶带；4—底盘

③振动压实法

振动压实法是将振动压实机放在土层表面，借助振动机构使压实机振动土颗粒，从而使土的颗粒发生相对位移达到紧密状态。用这种方法振实非黏性土效果较好。

近年来，又将碾压和振动法结合起来而设计和制造了振动平碾、振动凸块碾等新型压实机械。振动平碾适用于填料为爆破碎石碴、碎石类土、杂填土或黏质粉土的大型填方；振动凸块碾则适用于粉质黏土或黏土的大型填方。当压实爆破碎石碴或碎石类土时，可选用重8~15t的振动平碾，铺土厚度为0.6~1.5m，先静压，后振动碾压，碾压遍数由现场试验确定，一般为6~8遍。

4）填土压实质量的影响因素

影响填土压实质量的因素很多，其中主要有：压实功、土的含水量以及每层铺土厚度。

①压实功的影响

填土压实后的密度与压实机械对填土所施加的功二者之间实测关系如图1-38。从图中可以看出二者之间并不成正比关系，当土的含水量一定，在开始压实时，土的密度急骤增加，待到接近土的最大密度时，压实功虽然增加许多，而土的密度则变化甚小。因此在实际施工中，对不同的土，根据选择的压实机械和密实度要求选择合理的压实遍数。

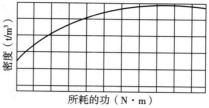

图 1-38　土的密度与压实功的关系

② 含水量的影响

土的含水量对填土压实质量有很大影响，较干燥的土，由于土颗粒之间的摩阻力较大，填土不易被压实；而土中含水量较大、超过一定限度时，土颗粒之间的孔隙全部被水填充而呈饱和状态，土也不能被压实。只有当土具有适当的含水量，土颗粒之间的摩阻力由于水的润滑作用而减小，土才容易被压实，如图 1-39 所示。在压实机械和压实遍数相同的条件下，使填土压实获得最大密实度时的土的含水量，称为土的最优含水量。土的最优含水量和相应的最大干密度可由压实试验确定，表 1-11 所列数值可供参考。

土的最优含水量和最大干密度参考表　表 1-11

项次	土的种类	变动范围		项次	土的种类	变动范围	
		最优含水量（%，重量比）	最大干密度（g/cm³）			最优含水量（%，重量比）	最大干密度（g/cm³）
1	砂土	8~12	1.80~1.88	3	粉质黏土	12~15	1.85~1.95
2	黏土	19~23	1.58~1.70	4	粉土	16~22	1.61~1.80

为了保证填土在压实过程中具有最优含水量，土的含水量偏高时，可采取翻松、晾晒、均匀掺入干土（或吸水性填料）等措施；如含水量偏低时，可采用预先洒水湿润、增加压实遍数或使用大功能压实机械等措施。施工中，土的含水量与最优含水量之差可控制在 -4%~2% 范围内。

③ 铺土厚度

土在压实功的作用下，土中应力随深度增加而逐渐减小（图 1-40），其影响深度与压实机械、土的性质和含水量等有关。铺土厚度应小于压实机械压土时达到的最大作用深度，但其中还有最优土层厚度问题，铺得过厚，要压很多遍才能达到规定的密实度；铺得过薄，则也要增加机械的总压实遍数。最优的铺土厚度和压实遍数应能使土方压实而机械的功耗费最少，如无试验依据，应符合表 1-12 的规定。

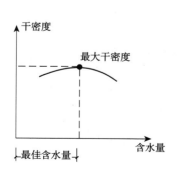

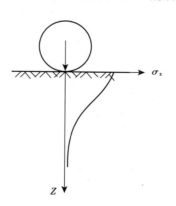

图 1-39　土的干密度与含水量关系（左）

图 1-40　压实作用沿深度的变化（右）

填方施工时的分层厚度及压实遍数　　　　表 1-12

压实机具	分层厚度（mm）	每层压实遍数
平碾	250～300	6～8
振动压实机	250～350	3～4
柴油打夯机	200～250	3～4
人工打夯	小于 200	3～4

1.3 土方工程施工机械

1.3.1 常用土方施工机械

土方工程的施工过程包括：土方开挖、运输、填筑与压实等。由于土方工程量大、劳动繁重，施工时应尽可能采用机械化、半机械化施工，以减轻繁重的体力劳动、加快施工进度、降低工程造价。土方工程施工机械的种类很多，这里主要介绍推土机、铲运机和单斗挖土机等几种和它们的施工作业方式及应用。

（1）推土机

推土机是土方工程施工的主要机械之一，是在履带式拖拉机上安装推土铲刀等工作装置而成的机械。按铲刀的操纵机构不同，推土机分为索式和液压式两种。索式推土机的铲刀借本身自重切入土中，在硬土中切土深度较小。液压式推土机由于用液压操纵，能使铲刀强制切入土中，切入深度较大。同时，液压式推土机铲刀还可以调整角度，具有更大的灵活性，是目前常用的一种推土机（图 1-41）。

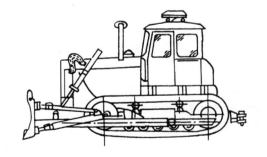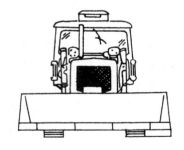

图 1-41　液压式推土机外形图

推土机操纵灵活，运转方便，所需工作面较小，行驶速度快，易于转移，能爬 30°左右的缓坡，因此应用范围较广。

推土机适用于开挖一至三类土。多用于挖土深度不大的场地平整，开挖深度不大于 1.5m 的基坑、回填基坑和沟槽，堆筑高度在 1.5m 以内的路基、堤坝，平整其他机械卸置的土堆；推送松散的硬土、岩石和冻土，配合铲运机进行助铲；配合挖土机施工，为挖土机清理余土和创造工作面。此外，将铲刀卸下后，还能牵引其他无动力的土方施工机械，如拖式铲运机、松土机、羊足碾等，进行土方其他施工过程的施工。

推土机的运距宜在100m以内,效率最高的推运距离为40~60m。为提高生产率,可采用下述方法:

1) 下坡推土

推土机顺地面坡势沿下坡方向推土(图1-42),借助机械往下的重力作用,可增大铲刀切土深度和运土数量,可提高推土机能力和缩短推土时间,一般可提高生产率30%~40%。但坡度不宜大于15°,以免后退时爬坡困难。

2) 槽形推土

当运距较远、挖土层较厚时,利用已推过的土槽再次推土,可以减少铲刀两侧土的散漏(图1-43)。这样作业可提高效率10%~30%。槽深1m左右为宜,槽间土埂宽约0.5m。在推出多条槽后,再将土埂推入槽内,然后运出。

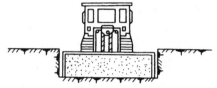

图1-42　下坡推土法（左）

图1-43　槽形推土（右）

此外,对于推运疏松土壤,且运距较大时,还应在铲刀两侧装置挡板,以增加铲刀前土的体积,减少土向两侧散失。在土层较硬的情况下,则可在铲刀前面装置活动松土齿,当推土机倒退回程时,即可将土翻松。这样便可减少切土时阻力,从而可提高切土运行速度。

3) 并列推土

对于大面积的施工区,可用2~3台推土机并列推土(图1-44)。推土时两铲刀相距15~30cm,这样可以减少土的散失而增大推土量,能提高生产率15%~30%。但平均运距不宜超过50~75m,亦不宜小于20m;且推土机数量不宜超过3台,否则倒车不便,行驶不一致,反而影响生产率的提高。

4) 分批集中,一次推送

若运距较远而土质又比较坚硬时,由于切土的深度不大,宜采用多次铲土、分批集中、再一次推送的方法(图1-45),使铲刀前保持满载,以提高生产率。

图1-44　并列推土（左）

图1-45　分批集中,一次推送（右）

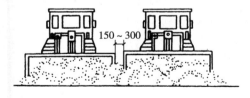

（2）铲运机

铲运机是一种能够独立完成铲土、运土、卸土、填筑、整平的土方机械。按行走机构可分为拖式铲运机(图1-46)和自行式铲运机(图1-47)两种。拖式铲运机由拖拉机牵引,自行式铲运机的行驶和作业都靠本身的动力设备。

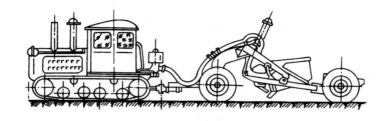

图1-46 C_6-2.5型拖式铲运机外形图

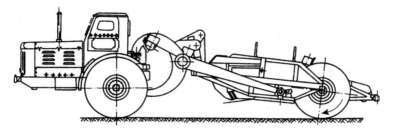

图1-47 C_3-6型自行式铲运机外形图

铲运机的工作装置是铲斗，铲斗前方有一个能开启的斗门，铲斗前设有切土刀片。切土时，铲斗门打开，铲斗下降，刀片切入土中。铲运机前进时，切土被挤入铲斗；铲斗装满土后，提起土斗，放下斗门，将土运至卸土地点。

铲运机对行驶的道路要求较低，操纵灵活，生产率较高。可在一至三类土中直接挖、运土，常用于坡度在20°以内的大面积土方挖、填、平整和压实，大型基坑、沟槽的开挖，路基和堤坝的填筑，不适于砾石层、冻土地带及沼泽地区使用。坚硬土开挖时要用推土机助铲或用松土机配合。

在土方工程中，常使用的铲运机的铲斗容量为2.5~8m^3；自行式铲运机适用于运距800~3500m的大型土方工程施工，以运距在800~1500m的范围内的生产效率最高；拖式铲运机适用于运距为80~800m的土方工程施工，而运距在200~350m时效率最高。如果采用双联铲运或挂大斗铲运时，其运距可增加到1000m。运距越长，生产率越低，因此，在规划铲运机的运行路线时，应力求符合经济运距的要求。为提高生产率，一般采用下述方法：

1）合理选择铲运机的开行路线

在场地平整施工中，铲运机的开行路线应根据场地挖、填方区分布的具体情况合理选择，这与提高铲运机的生产率有很大关系。铲运机的开行路线，一般有以下几种：

①环形路线

当地形起伏不大，施工地段较短时，多采用环形路线（图1-48a、图1-48b）。环形路线每一循环只完成一次铲土和卸土，挖土和填土交替；挖填之间距离较短时，则可采用大循环路线（图1-48c），一个循环能完成多次铲土和卸土，这样可减少铲运机的转弯次数，提高工作效率。

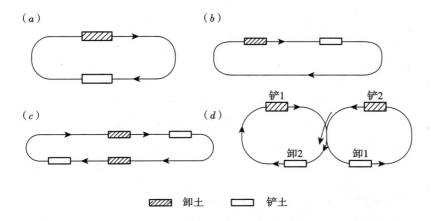

图 1-48 铲运机开行路线
(a)、(b) 环形路线；
(c) 大环形路线；
(d) "8" 字形路线

② "8" 字形路线

施工地段较长或地形起伏较大时，多采用 "8" 字形开行路线（图 1-48d）。这种开行路线，铲运机在上下坡时是斜向行驶，受地形坡度限制小；一个循环中两次转弯方向不同，可避免机械行驶时的单侧磨损；一个循环完成两次铲土和卸土，减少了转弯次数及空车行驶距离，从而缩短运行时间，提高生产率。

尚需指出，铲运机应避免在转弯时铲土，否则铲刀受力不均，易引起翻车事故。因此，为了充分发挥铲运机的效能，保证能在直线段上铲土并装满土斗，要求铲土区应有足够的最小铲土长度。

2）下坡铲土

铲运机利用地形进行下坡推土，借助铲运机的重力，加深铲斗切土深度，缩短铲土时间；但纵坡不得超过 25°，横坡不大于 5°；铲运机不能在陡坡上急转弯，以免翻车。

3）跨铲法（图 1-49）

铲运机间隔铲土，预留土埂。这样，在间隔铲土时由于形成一个土槽，减少向外的撒土量；铲土埂时，铲土阻力减小。一般土埂高不大于 300mm，宽度不大于拖拉机两履带间的净距。

4）推土机助铲（图 1-50）

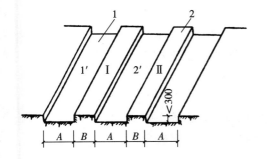

图 1-49 跨铲法（左）
1—沟槽；2—土埂；A—铲土宽；B—不大于拖拉机履带净距

图 1-50 推土机助铲（右）
1—铲运机；2—推土机

地势平坦、土质较坚硬时，可用推土机在铲运机后面顶推，以加大铲刀切土能力、缩短铲土时间、提高生产率。推土机在助铲的空隙可兼作松土或平整工作，为铲运机创造作业条件。

5）双联铲运法（图1-51）

当拖式铲运机的动力有富余时，可在拖拉机后面串联两个铲斗进行双联铲运。对坚硬土层，可用双联单铲，即一个土斗铲满后，再铲另一斗土；对松软土层，则可用双联双铲，即两个土斗同时铲土。

图1-51　双联铲运法

6）挂大斗铲运

在土质松软地区，可改挂大型铲土斗，以充分利用拖拉机的牵引力来提高工效。

(3) 单斗挖土机

单斗挖土机是基坑（槽）土方开挖常用的一种机械。按其行走装置的不同，分为履带式和轮胎式两类。根据工作的需要，其工作装置可以更换。依其工作装置的不同，分为正铲、反铲、拉铲和抓铲四种。

单斗挖土机有液压传动和机械传动两种。液压传动能无级调速且调速范围大；快速作用时惯性小，并且可作高速反转；传动平稳，可以减少强烈的冲击和振动；结构简单，机身轻，尺寸小；附有不同的装置，能一机多用，工效高，经济效果好；操作省力，易实现自动化控制，故各种大中小型、多功能的液压挖掘机正在越来越多地被采用。

下面介绍单斗挖土机的性能、使用范围和工作方式。

1）正铲挖土机

正铲挖土机的挖土特点是：前进向上，强制切土。它适用于开挖停机面以上的一至三类土，且需与运土汽车配合完成整个挖运任务，其挖掘力大，生产率高。开挖大型基坑时需设坡道，挖土机在坑内作业，因此适宜在土质较好、无地下水的地区工作；当地下水位较高时，应采取降低地下水位的措施，把基坑土疏干。

①正铲挖土机的作业方式

根据挖土机的开挖路线与汽车相对位置不同，其卸土方式有侧向卸土和后方卸土两种。

A. 侧向卸土

正向挖土，侧向卸土（图1-52a），即挖土机沿前进方向挖土，运输车辆停在侧面卸土（可停在停机面上或高于停机面）。此法挖土机卸土时动臂转角小，运输车辆行驶方便，故生产效率高，应用较广。

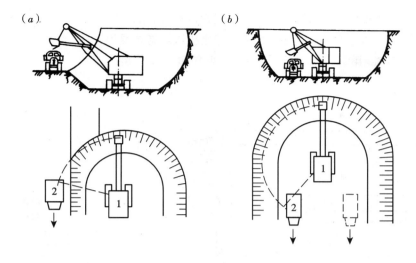

图 1-52 正铲挖土机开挖方式
(a) 正向挖土，侧向卸土；(b) 正向挖土，后方卸土
1—正铲挖土机；2—自卸汽车

B. 后方卸土

正向挖土，后方卸土（图 1-52b），即挖土机沿前进方向挖土，运输车辆停在挖土机后方装土。此法挖土机卸土时动臂转角大、生产率低，运输车辆要倒车进入。一般在基坑窄而深的情况下采用。

② 正铲挖土机的工作面

挖土机的工作面是指挖土机在一个停机点进行挖土的工作范围。工作面的形状和尺寸取决于挖土机的性能和卸土方式。根据挖土机作业方式不同，挖土机的工作面分为侧工作面与正工作面两种。

挖土机侧向卸土方式就构成了侧工作面，根据运输车辆与挖土机的停放标高是否相同又分为高卸侧工作面（车辆停放处高于挖土机停机面）及平卸侧工作面（车辆与挖土机在同一标高），高卸、平卸侧工作面的形状及尺寸分别如图 1-53 (a) 和图 1-53 (b) 所示。

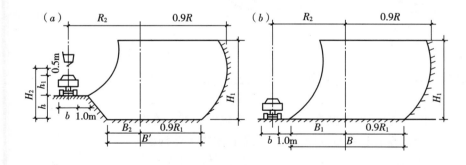

图 1-53 侧工作面尺寸
(a) 高卸侧工作面；
(b) 平卸侧工作面

挖土机后向卸土方式则形成正工作面，正工作面的形状和尺寸是左右对称的，其中右半部与图 1-53 (b) 平卸侧工作面的右半部相同。

③ 正铲挖土机的开行通道

在正铲挖土机开挖大面积基坑时，必须对挖土机作业时的开行路线和工作面进行设计，确定出开行次序和次数，称为开行通道。当基坑开挖深度较小时，可布置一层开行通道（图1-54），基坑开挖时，挖土机开行三次。第一次开行采用正向挖土、后方卸土的作业方式，为正工作面；挖土机进入基坑要挖坡道，坡道的坡度为1:8左右。第二、三次开行时采用侧方卸土的平侧工作面。

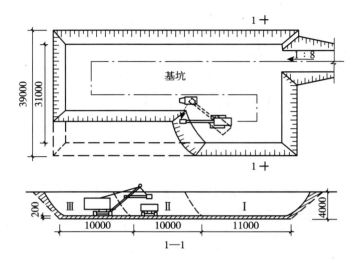

图1-54 正铲一层通道多次开挖基坑

Ⅰ、Ⅱ、Ⅲ—为通道断面及开挖顺序

当基坑宽度稍大于正工作面的宽度时，为了减少挖土机的开行次数，可采用加宽工作面的办法，挖土机按"Z"字形路线开行（图1-55a）。

当基坑的深度较大时，则开行通道可布置成多层（图1-55b），即为三层通道的布置。

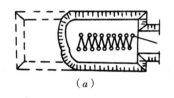 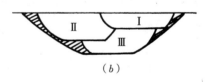

(a) (b)

图1-55 正铲开挖基坑

(a) 一层通道"Z"字形开挖；(b) 三层通道布置

2）反铲挖土机

反铲挖土机的挖土特点是：后退向下，强制切土。其挖掘力比正铲挖土机的小，能开挖停机面以下的一至三类土（机械传动反铲只宜挖一至二类土）。不需设置进出口通道，适用于一次开挖深度在4m左右的基坑、基槽、管沟，亦可用于地下水位较高的土方开挖；在深基坑开挖中，依靠止水挡土结构或井点降水，反铲挖土机通过下坡道、采用台阶式接力方式挖土也是常用的方法。反铲挖土机可以与自卸汽车配合，装土运走，也可弃土于坑槽附近。履带式机械传动反铲挖土机的工作性能如图1-56所示，履带式液压反铲挖土机的工作尺寸如图1-57所示。

反铲挖土机的开挖方式可分为沟端开挖（图1-58a）和沟侧开挖（图1-58b）两种。

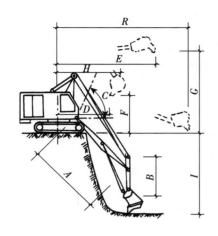
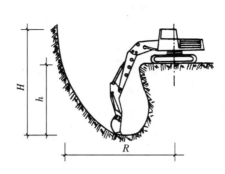

图1-56 履带式机械传动反铲挖土机（左）

图1-57 履带式液压反铲挖土机工作尺寸（右）

沟端开挖：挖土机停在基坑（槽）的端部，向后倒退挖土，汽车停在基槽两侧装土。其优点是挖土机停放平稳，装土或甩土时回转角度小，挖土效率高，挖的深度和宽度也较大。基坑较宽时，可多次开行开挖（图1-59）。

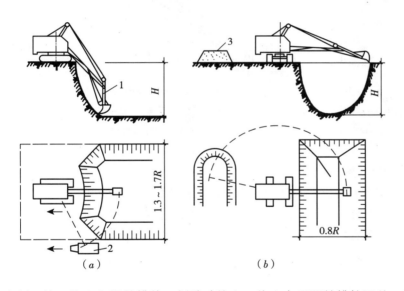

图1-58 反铲挖土机开挖方式
(a) 沟端开挖；(b) 沟侧开挖
1—反铲挖土机；2—自卸汽车；3—弃土堆

沟侧开挖：挖土机沿基槽的一侧移动挖土，将土弃于距基槽较远处。沟侧开挖时开挖方向与挖土机移动方向相垂直，所以稳定性较差，而且挖的深度和宽度均较小，一般只在无法采用沟端开挖或挖土不需运走时采用。

3）拉铲挖土机

拉铲挖土机（图1-60）的土斗用钢丝绳悬挂在挖土机长臂上，挖土时土斗在自重作用下落到地面切入土中。其挖土特点是：后退向下，自重切土；其挖土深度和挖土半径均较大，能开挖停机面以下的一至二类土，但不如反铲动作灵活准确。适用于开挖较深较大的基坑（槽）、沟渠，挖取水中泥土以及填筑路基、修筑堤坝等。

图1-59 反铲挖土机多次开行挖土

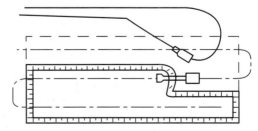

履带式拉铲挖土机的挖斗容量有 0.35m³、0.5m³、1m³、1.5m³、2m³ 等数种。其最大挖土深度由 7.6m（W_3-30）到 16.3m（W_1-200）。

拉铲挖土机的开挖方式与反铲挖土机的开挖方式相似，可沟侧开挖也可沟端开挖。

4）抓铲挖土机

机械传动抓铲挖土机（图 1-61）是在挖土机臂端用钢丝绳吊装一个抓斗。其挖土特点是：直上直下，自重切土。其挖掘力较小，能开挖停机面以下的一至二类土。适用于开挖软土地基基坑，特别是其中窄而深的基坑、深槽、深井采用抓铲效果理想；抓铲还可用于疏通旧有渠道以及挖取水中淤泥等，或用于装卸碎石、矿渣等松散材料。抓铲也有采用液压传动操纵抓斗作业的，其挖掘力和精度优于机械传动抓铲挖土机。

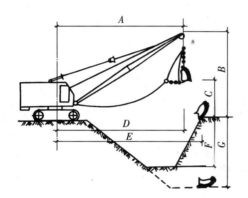
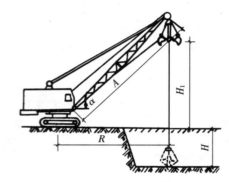

图 1-60　履带式拉铲挖土机（左）

图 1-61　机械传动抓铲挖土机（右）

5）挖土机和运土车辆配套计算

基坑开挖采用单斗（反铲等）挖土机施工时，需用运土车辆配合，将挖出的土随时运走。因此，挖土机的生产率不仅取决于挖土机本身的技术性能，而且还应与所选运土车辆的运土能力相协调。为使挖土机充分发挥生产能力，应配备足够数量的运土车辆，以保证挖土机连续工作。

① 挖土机数量的确定

挖土机的数量 N（台），应根据土方量大小和工期要求来确定，可按下式计算：

$$N = \frac{Q}{P} \times \frac{1}{T \cdot C \cdot K} \tag{1-33}$$

式中　Q——土方量（m³）；

P——挖土机生产率（m³/台班）；

T——工期（工作日）；

C——每天工作班数；

K——时间利用系数（0.8~0.9）。

单斗挖土机的生产率 P（m³/台班），可查定额手册或按下式计算：

$$P = \frac{8 \times 3600}{t} \cdot q \cdot \frac{K_c}{K_s} \cdot K_B \qquad (1-34)$$

式中 t——挖土机每斗作业循环延续时间（s），如 W100 正铲挖土机为 25~40s；
　　q——挖土机斗容量（m³）；
　　K_c——土斗的充盈系数（0.8~1.1）；
　　K_s——土的最初可松性系数（查表1-2）；
　　K_B——工作时间利用系数（0.7~0.9）。

在实际施工中，若挖土机的数量已经确定，也可利用公式来计算工期。

②运土车辆配套计算

运土车辆的数量 N_1，应保证挖土机连续作业，可按下式计算：

$$N_1 = \frac{T_1}{t_1} \qquad (1-35)$$

式中 T_1——运土车辆每一运土循环延续时间（min）：

$$T_1 = t_1 + \frac{2l}{V_c} + t_2 + t_3 \qquad (1-36)$$

式中 l——运土距离（m）；
　　V_c——重车与空车的平均速度（m/min），一般取 20~30km/h；
　　t_2——卸土时间，一般为 1min；
　　t_3——操纵时间（包括停放待装、等车、让车等），一般取 2~3min；
　　t_1——运土车辆每车装车时间（min）：$t_1 = n \cdot t$

式中 n——运土车辆每车装土次数：

$$n = \frac{Q_1}{q \cdot \dfrac{K_c}{K_s} \cdot r} \qquad (1-37)$$

式中 Q_1——运土车辆的载重量（t）；
　　r——实土重度（t/m³），一般取 1.7t/m³。

【例题3】某工程基坑土方开挖，土方量为 9640m³，现有贵阳矿山机械厂 112kW 铲斗容量 1m³ 的 WY100 反铲挖土机可租，为减少基坑暴露时间，挖土工期限制在 7d。挖土采用四川汽车制造厂的载质量 16t，功率 213kW 的红岩 CQ30290 自卸汽车配合运土，要求运土车辆数能保证挖土机连续作业。已知 $K_c = 0.9$，$K_s = 1.15$，$K = K_B = 0.85$，$t = 40s$，$l = 1.3km$，$V_c = 20km/h$。

试求：（1）试选择 WY100 反铲挖土机数量 N；
　　　（2）运土车辆数 N'。

【解】（1）准备采取两班制作业，则挖土机数量 N 按公式计算：

$$N = \frac{Q}{P \cdot C \cdot K \cdot T}$$

式中挖土机生产率 P 按公式求出：

$$P = \frac{8 \times 3600}{t} \cdot q \cdot \frac{K_c}{K_s} \cdot K_B = \frac{8 \times 3600}{40} \times 1 \times \frac{0.9}{1.15} \times 0.85 = 479 \text{m}^3/\text{台班}$$

则挖土机数量：

$$N = \frac{9640}{479 \times 2 \times 0.85 \times 7} = 1.69 \text{ 台（取 2 台）}$$

（2）每台挖土机运土车辆数 N_1 按公式求出：$N_1 = \frac{T_1}{t_1}$

每车装土次数 $n = \frac{Q_1}{q \cdot \frac{K_c}{K_s} \cdot r} = \frac{10}{1 \times \frac{0.9}{1.15} \times 1.7} = 10.4$（取 11 次）

每次装车时间 $t_1 = n \cdot t = 11 \times 40 = 440\text{s} = 7.33\text{min}$

运土车辆每一个运土循环延续时间：

$$T_1 = t_1 + \frac{2l}{V_c} + t_2 + t_3 = 7.33 + \frac{2 \times 1.3 \times 60}{20} + 1 + 3 = 18.13\text{min}$$

则每台挖土机运土车辆数量 N_1：$N_1 = \frac{18.13}{7.33} = 2.47$ 辆（取 3 辆）

2 台挖土机所需运土车辆数量 N'：$N' = 2N_1 = 2 \times 3 = 6$ 辆

1.3.2 土方挖运机械选择和机械挖土的注意事项

①机械开挖应根据工程地下水位高低、施工机械条件、进度要求等合理地选用施工机械，以充分发挥机械效率、节省机械费用、加速工程进度。

一般深度 2m 以内、基坑不太长时的土方开挖，宜采用推土机或装载机推土和装车；深度在 2m 以内、长度较大的基坑，可用铲运机铲运土或加助铲铲土。对面积大且深的基坑，且有地下水或土的湿度大，基坑深度不大于 5m 的，可采用液压反铲挖掘机在停机面一次开挖；深 5m 以上的，通常采用反铲分层开挖，并开坡道运土。如土质好且无地下水，也可开沟道，用正铲挖土机下入基坑分层开挖，多采用 0.5m^3、1.0m^3 斗容量的液压正铲挖掘。在地下水中挖土可用拉铲或抓铲，效率较高。

②使用大型土方机械在坑下作业，如为软土地基或在雨期施工，进入基坑行走需铺垫钢，以减少分层挖运土方的复杂性，还可采用"接力挖土法"（图 1-62）。它是利用两台或三台挖土机分别在基坑的不同标高处同时挖土。一台在地表，两台在基坑不同标高的台阶上，边挖土边向上传递到上层，由地表挖土机装车，用自卸汽车运至弃土地点。如上部可用大型反铲挖土机，中、下层可用反铲液压中、小型挖土机，以便挖土、装车均衡作业，机械开挖不到之处，再配以人工开挖修坡、找平。在基坑纵向两端设有道路出入口，上部汽车开行单向行驶。用本法开挖基坑，可一次挖到设计标高，一次完成，一般两层挖土可挖到 -10m，三层挖土可挖到 -15m 左右。这种挖土方法与通常开坡道运输汽车运土相比，土方运输效率受到影响。但对某些面积不大、深度较大的基坑，本身开坡道有困难，此法可避免将载重汽车开进基坑进行装土、运土作业，工作条件好，效率也较高，并可降低成本。最后用搭枕木垛的方法，使挖土机开出基坑（图 1-63）或牵引拉出；如坡度过陡也可用吊车吊运出坑。

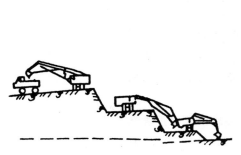
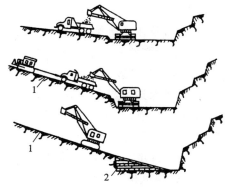

图 1-62　接力式挖土示意图（左）

图 1-63　用搭枕木垛法使挖土机开出基坑（右）

1—坡道；2—枕木垛

③土方开挖应绘制土方开挖图，确定开挖路线、顺序、范围、基底标高、边坡坡度、排水沟、集水井位置以及挖出的土方堆放地点。绘制土方开挖图的目的是尽可能使用机械开挖。

④由于大面积基础群基坑底标高不一，机械开挖次序一般采取先整片挖至一平均标高，然后再挖个别较深部位。当一次开挖深度超过挖土机最大挖掘高度（5m 以上）时，宜分二至三层开挖，并修筑 10%～15% 坡道，以便挖土及运输车辆进出。

⑤基坑边角部位，即机械开挖不到之处，应用少量人工配合清坡，将松土清至机械作业半径范围内，再用机械掏取运走。人工清土所占比例一般为 1.5%～4%，修坡以厘米作限制误差。大基坑宜另配一台推土机清土、送土、运土。

⑥挖土机、运土汽车进出基坑的运输道路，应尽量利用基础一侧或两侧相邻的基础以后需开挖的部位，使它们互相贯通作为车道，或利用提前挖除土方后的地下设施部位作为相邻的几个基坑开挖地下运输通道，以减少挖土量。

⑦由于机械挖土对土的扰动较大，且不能准确地将地基抄平，容易出现超挖现象。所以要求施工中机械挖土只能挖至基底以上 20～30cm，其余 20～30cm 的土方采用人工或其他方法挖除。

■ **本章小结**

本章的主要内容是土的分类及工程性质、土方量计算、土方的填筑与压实、土方机械化施工及人工降低地下水位。学习重点是土的工程性质及其对施工的影响、土壁支护与边坡，以及降低地下水位的方法。学习要求是了解土的分类和现场鉴别土的种类；掌握基坑（槽）、场地平整土石方工程量的计算方法；了解土壁塌方和发生流砂现象的原因及防止方法；熟悉常用土方施工机械的特点、性能、适用范围及提高生产率的方法；掌握回填土施工方法及质量检验标准。对其中土方调配，本课程只要求掌握表上作业法。同时应该把握几点：

1. 正确计算土石方量是选择合理施工方案和组织施工的前提，场地较为平坦时宜采用方格网法；当场地地形较复杂或挖填深度较大、断面不规则时，宜采用断面法。

2. 土方的开挖、运输、填筑压实等施工过程应尽可能地采用机械施工，以减轻繁重的体力劳动、提高生产效率、加快施工进度。熟悉推土机、单斗挖土机的型号、性能、特点和提高生产效率的措施，可以有效地降低成本。

3. 基坑（槽）土方开挖涉及边坡稳定、基坑支护、降低地下水位、防止流砂、土方开挖方案等一系列问题。在施工实践中，要针对工程中的具体情况，拿出多个方案比较，择优选取。

4. 为了保证填方工程满足强度、变形和稳定性方面的要求，既要正确选择填土的土料，又要合理选择填筑和压实方法，填土密实度以设计规定的控制干密度或规定的压实系数为检查标准。

5. 在组织土方工程机械化综合施工时，必须使主导机械与辅助机械台数相互配套、协调工作，土方机械化施工重点应掌握土方机械选择和挖土机与汽车配合施工问题。

复习思考题

1. 简答土按开挖的难易程度分几类？各类的特征是什么？
2. 简答土的可松性及其对土方施工的影响。
3. 简答用方格网法计算土方量的步骤和方法。
4. 简答土方调配应遵循哪些原则？调配区如何划分？
5. 简答土壁塌方的原因和预防塌方的措施。
6. 简答一般基槽、一般浅基坑的支护方法和适用范围。
7. 简答流砂形成的原因以及因地制宜防治流砂的方法。
8. 简答人工降低地下水位的方法及适用范围、轻型井点系统的布置方案和设计步骤。
9. 简答推土机、铲运机的工作特点、适用范围及提高生产率的措施。
10. 简答单斗挖土机有哪几种类型？各有什么特点？
11. 简答正铲、反铲挖土机开挖方式有哪几种？挖土机和运土车辆配套如何计算？
12. 简答土方挖运机械如何选择？土方开挖注意事项有哪些？
13. 简答填土压实的方法和适用范围。
14. 简答影响填土压实的主要因素有哪些？

习　　题

1. 某基坑底长85m，宽64m，深8m，四边放坡，边坡坡度1∶1。

（1）画出平、剖面图，试计算土方开挖工程量。

（2）若混凝土基础和地下室占有体积为25000m^3，则应预留多少回填土（以松土体积计）？

（3）若多余土方外运，问外运土方（以松土体积计）为多少？

（4）如果用斗容量为 3m³ 的汽车外运，需运多少车（已知土的最初可松性系数 $K_s = 1.14$，最后可松性系数 $K'_s = 1.05$）？

2.（1）按场地设计标高确定的一般方法（不考虑土的可松性）计算图示场地方格中各角点的施工高度并标出零线（零点位置需精确算出），角点编号与天然地面标高如图所示，方格边长为 30m，$i_x = i_y = 3‰$。

（2）分别计算挖填方区的挖填方量。

（3）以零线划分的挖填方区为单位计算它们之间的平均运距（提示利用公式 $X_o = \dfrac{\sum (x_i V_i)}{\sum V_i}, Y_o = \dfrac{\sum (y_i V_i)}{\sum V_i}$）。

3. 某基坑底面积为 22m×38m，基坑深 4.8m，地下水位在地面下 1.2m，天然地面以下 1.0m 为杂填土，不透水层在地面下 11m，中间均为细砂土，地下水为无压水，渗透系数 $k = 15$m/d，四边放坡，基坑边坡坡度为 1:0.5。现有井点管长 6m，直径 38mm，滤管长 1.0m，准备采用环形轻型井点降低地下水位，试进行轻型井点的高程布置（计算并画出高程布置图）。

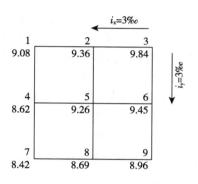

4. 例题 3 中若只有一台液压 WY100 反铲挖土机且无挖土工期限制，准备采取两班制作业，要求运土车辆数能保证挖土机连续作业，其他条件不变。

试求：（1）挖土工期 T；

（2）运土车辆数 N_1。

实训 1　园林土方花坛的施工放样

对于正方形、长方形、圆形、扇形、三角形花坛的放样，只要量出它们的边长或直径，就能很容易地放出其边线来。而椭圆形边线放样就复杂一些，本课题即对照下图分析这类花坛的放样（平面和假定高程 +0.30m 或 +0.45m）。

实训 1　指导

一、目的意义

通过实训要求学生运用测量的基本理论和掌握的操作技能，进行园林施工中的测设、测绘等工作，并了解最新测绘技术，为今后工作打下基础。

二、场地要求（场地、材料、工具、人员）

1. 场地准备

选择一处 50m×100m 便于放样的空场地，如已有国家或城建部门

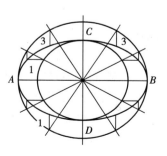

的控制点两三点则更为理想。

2. 仪器与工具

各组配备：经纬仪、水准仪各1台；水准尺、尺垫各2件；钢尺、皮尺各1把；标杆2根；脚架2个；垂球1个；测钎一串；记录板、计算器各1；木桩10个左右，小钉10个左右，榔头一把。

3. 人员组织

以班为单位，划分成若干小组，每组5人，设组长1人，负责全组实训的安排与管理；小组成员在实训中必须密切配合、团结互助、主动工作，以便按时、保质完成实训任务。

三、操作步骤

【解】方案一：已知长短轴 AB 和 CD，见图示。

（1）以 AB 和 CD 为直径作同心圆；

（2）作若干直径，自直径与大圆的交点作垂线，自直径与小圆的交点作水平线与垂线相交，即得到椭圆的轨迹线。

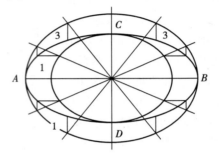

（3）假定高程+0.30m，以国家或城建部门给出的绝对高程控制点进行测量。

方案二：（1）长轴 AB 的 1/2 作为木桩的间距，在地面上钉两个十字木桩。

（2）再取一根绳子两端结在一起构成闭环，绳子长度为木桩间距的3倍。

（3）将绳环套在两根木桩上，绳子上拴一根长钢钉在地面上画线。

（4）牵动绳子转圈画线，椭圆的轨迹线就画成了。

（5）转圈画线时一定要注意，绳子要拉紧，先画一侧的弧线，再翻过去画另一侧的弧线。

（6）假定高程+0.45m，以国家或城建部门给出的绝对高程控制点进行测量。

四、考核项目

（1）水准仪、经纬仪的基本操作技能；

（2）小组上交资料（所在测区的放样图）及个人上交的资料（所有内业计算书及成果整理）；

（3）学生在实训期间的实训态度、遵守纪律、团结协作、爱护仪器等表现。

五、评分标准

以基本操作技能、小组上交资料及个人上交的资料和在实训期间的实训态度、遵守纪律、团结协作、爱护仪器等表现为依据，综合考核评定。即：

（1）水准仪、经纬仪的基本操作技能（40%）；

（2）小组上交资料（所在测区的放样图）及个人上交的资料（所有内业

计算书及成果整理）（40%）；

（3）学生在实训期间的实训态度、遵守纪律、团结协作、爱护仪器等表现（20%）。

考核分为四个等级：

优秀（85分以上）、良好（84~78分）、合格（77~60分）、不合格（59分以下）。

六、纪律要求（各学院自定）

实训2　土方工程施工机械选择与实地参观

某工程基坑土方开挖，土方量为9800m³，现有贵阳矿山机械厂112kW铲斗容量1.0m³的WY100反铲挖土机可租，为减少基坑暴露时间挖土工期限制在7d。挖土采用载重量青岛专用汽车制造厂装载质量9t，功率161.8kW的黄河QD362自卸汽车配合运土，要求运土车辆数能保证挖土机连续作业，已知$K_c = 0.9$，$K_s = 1.15$，$K = K_B = 0.85$，$t = 40s$，$l = 1.3km$，$V_c = 20km/h$。

试求：（1）试选择WY100反铲挖土机数量；

（2）运土车辆数 N′。

实训2　指导

一、目的意义

通过实训要求学生运用基本理论和掌握的知识，学会园林工程土方施工中的基本机械选择工作，并了解最新的土方机械挖运技术，为今后工作打下基础。

二、场地要求

实地参观施工现场。

三、操作步骤

【解】（1）准备采取两班制作业，则挖土机数量 N 按公式计算：

$$N = \frac{Q}{P \cdot C \cdot K \cdot T}$$

式中挖土机生产率 P 按公式求出：

$$P = \frac{8 \times 3600}{t} \cdot q \cdot \frac{K_c}{K_s} \cdot K_B = \frac{8 \times 3600}{40} \times 1 \times \frac{0.9}{1.15} \times 0.85 = 479 m^3/台班$$

则挖土机数量：

$$N = \frac{9800}{479 \times 2 \times 0.85 \times 7} = 1.72 台（取2台）$$

（2）每台挖土机运土车辆数 N_1 按公式求出：$N_1 = \frac{T_1}{t_1}$

每车装土次数　$n = \dfrac{Q_1}{q \cdot \dfrac{K_c}{K_s} \cdot r} = \dfrac{9}{1 \times \dfrac{0.9}{1.15} \times 1.7} = 5.85$（取6次）

每次装车时间 $t_1 = n \cdot t = 6 \times 40 = 240\text{s} = 4\text{min}$

运土车辆每一个运土循环延续时间：

$$T_1 = t_1 + \frac{2l}{V_c} + t_2 + t_3 = 4 + \frac{2 \times 1.3 \times 60}{20} + 1 + 3 = 15.8\text{min}$$

则每台挖土机运土车辆数量 N_1：$N_1 = \frac{15.8}{4} = 3.95$ 辆（取 4 辆）

2 台挖土机所需运土车辆数量 N'：$N' = 2N_1 = 2 \times 4 = 8$ 辆

答：2 台挖土机所需运土车辆数量为 8 辆。

四、考核项目

（1）挖土机数量计算公式与运用；

（2）运土车辆数计算与运用；

（3）实地参观施工现场小结。

五、评分标准

（1）挖土机数量计算正确（30%）；

（2）运土车辆数计算正确（20%）；

（3）实地参观施工现场参观小结系统完整（50%）。

考核分为四个等级：

优秀（85 分以上）、良好（84~78 分）、合格（77~60 分）、不合格（59 分以下）。

六、纪律要求（各学院自定）

园 林 工 程（二）

第 2 章　园林给水排水工程施工

水是人类生活、生产活动中不可缺少的物质。在园林工程中，水被用来浇灌绿地、喷扫花木、造景以及供给餐厅厨房使用和冲洗厕所等。不同的用途对水质有不同的要求，可以就近取水处理后使用；将处理后符合使用要求的水输送到各用水点，需要设置给水管网；在各用水点设置有合理的用水设备。取水、输送水和各用水设备共同构成园林给水系统。

清洁的水在使用后被污染，成为含有大量复杂成分的污水。这些污水中含有对人体有害的细菌等有害物质，需要经过处理后才能排入水体。此外，大量的降水如果不经合理的收集排放，往往会形成洪涝，冲刷地面，造成自然灾害。因此，园林排水工程还应包括雨水排水系统。

此外，园林中大量的绿地、花木需要经常浇灌，因此在园林工程中还应有喷灌工程。

以下我们介绍有关这方面的基本知识、简单的设计计算方法以及园林给水排水工程的施工，以备将来在实际工作中能够解决一些实际问题。

2.1 园林给水管网施工

2.1.1 园林给水系统的组成

园林中，由于游人的活动、动植物的养护、造景与消防等方面的用水需要，水的用量是非常大的，因此必须建立给水系统。而给水系统的建立，有赖于给水工程来完成。园林给水工程按其工作过程可分为以下三部分：

（1）取水工程

是从江、河、湖、井、泉等各种水源中取得水的工程，也可以从城市给水中直接取用。

（2）净水工程

是将水进行净化处理，使水质满足使用要求的工程。主要是满足生活用水、游戏用水和动植物养护用水的要求。

（3）配水工程

是把净化后的水输送到各个用水点的工程。如果园林用水直接取至城市自来水，则园林给水工程就简化为单纯的配水工程。

2.1.2 给水水源及水质要求

（1）给水水源的分类

给水水源可分为两大类：地表水源、地下水源。

①地表水源：江、河、湖、水库等。地表水源水量充沛，常能满足较大用水量的需要，因此风景区常用地表水作水源。

②地下水源：泉水以及从深井中或管井中取用的水。

（2）园林用水的水质要求

园林用水的水质要求因其用途的不同而各异。养护、造景、消防等方面的用水只要无害于动植物且不污染环境即可。但生活用水，尤其是饮用水必须经过严格的净化消毒，水质须符合国家颁布的水质标准，详见表 2-1。

生活饮用水水质标准　　　　表 2-1

序号	项目	标准	序号	项目	标准
一	感官性状和一般化学指数		2	氰化物	0.05mg/L
			3	砷	0.05mg/L
1	色	色度不超过 15 度，并不得呈现其他异色	4	硒	0.01mg/L
			5	汞	0.001mg/L
2	混浊度	不超过 3 度，特殊情况不超过 5 度	6	镉	0.1mg/L
			7	铬（六价）	0.05mg/L
3	嗅和味	不得有异嗅异味	8	铅	0.05mg/L
4	肉眼可见物	不得含有	9	银	0.05mg/L
5	pH 值	6.5~8.5	10	硝酸盐（以氮计）	20mg/L
6	总硬度（以碳酸钙计）	450mg/L	11	氯仿	60mg/L
			12	四氯化碳	3mg/L
7	铁	0.3mg/L	13	苯并（a）芘	0.01mg/L
8	锰	0.1mg/L	14	滴滴涕	1mg/L
9	铜	1.0mg/L	15	六六六	5mg/L
10	锌	1.0mg/L	三	细菌学指标	
11	挥发酚类（以苯酚计）	0.002mg/L	1	细菌总数	100 个/mL
			2	总大肠菌数	3 个/mL
12	阳离子合成洗涤剂	0.3mg/L	3	游离余氯	在接触 30min 后，应不低于 0.3mg/L。集中式给水除出水应符合上述要求外，管网末梢水不低于 0.050mg/L
13	硫酸盐	250mg/L			
14	氯化物	250mg/L			
15	溶解性总固体	1000mg/L	四	放身性指标	
二	毒理学指标		1	总 α 放射性	0.1Bq/L
1	氰化物	1.0mg/L	2	总 β 放射性	1.0Bq/L

　　地表水由于长期暴露在地面上，易受三废（废水、废气、废渣）及人为的污染，也受自然因素的影响，水质较差，浊度较高，需作处理方可使用。如果作为生活用水，则必须经过净化和严格消毒。地下水不易受污染，水质清澈，水温稳定，一般情况下除作必要的消毒外，不必再净化，但应对其矿物质含量进行检测。

　　生活用水的净化和消毒可采用如下方法：

　　如果取用的地面水较混浊，一般每吨水加入粗制硫酸铝 20~50g，搅拌后悬浮物即可凝聚沉淀，色度可降低，细菌亦可减少，但杀菌效果较差，因此还需另行消毒。

净化地面水，还可采用砂滤法，砂滤池的做法如图2-1所示。

水的消毒方法很多，其中以加氯法最为普遍，一般使用漂白粉消毒。净化生活用水的简易方法是定期在水中投放漂白粉，具体方法是：取一节一端开口的竹管，竹管侧面每立方米井水打开3个直径为2～2.5mm的小孔，装入漂白粉0.5kg，并用木塞将管子塞紧，再用一段钢丝或绳子将装漂白粉的竹管系于浮物上，令竹管沉于水面下1～2m处，每投放一次有效期可达20d。这种方法简单易行，余氯分布均匀，消毒性能良好，而且节约人力和漂白粉。

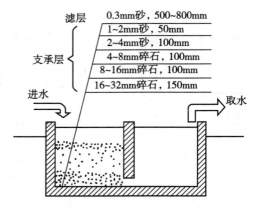

图2-1 砂滤池结构示意图

若园林用水直接取自城市自来水管网，则无需经过处理即可满足使用要求。

2.1.3 给水管网的布置与计算

（1）给水管网的布置形式

1）树枝形

即支管从主管上分支连接成管网，如图2-2（a）所示。

这种布置形式属于单向供水，具有管线短、投资少的优点，适用于用水点较分散的情况。但一旦管网发生事故或需检修时，影响用水面较大，供水可靠性差。

2）环形

即主管在园内构成环状与支管相连成管网，如图2-2（b）所示。这种布置形式属于双向供水，可靠性高，检修方便。但管线长、投资大，适用于对用水要求较高的重要场所。

（2）给水管网的布置原则

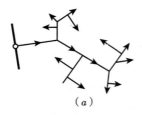
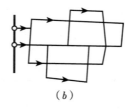

（a） （b）

图2-2 给水管网的布置形式
（a）树枝形管网；
（b）环状管网

①给水干管应靠近主要用水点，即用水量最大的地方。

②给水干管应靠近调节设施处，如高位水池或水塔。

③在保证管道不受冻的情况下，干管宜随地形起伏敷设，避开复杂地形和难于施工的地段，以减少土石方工程量。

④干管应尽量埋设于绿地下，避免穿越或设于园路下。

⑤给水管道应与其他管道保持一定距离，可参照表2-2地下管线间最小水平净距和表2-3地下管线间最小垂直净距确定。

地下管线间最小水平净距 表2-2

管线名称		建筑线	给水管（mm）			排水管	燃气管				热力管道	电力电缆	电信电缆	电信管道	乔木（中心）	灌木	地上杆柱中心	道路侧石边缘	架空管道支架	电车外侧路轨
			<300	<600	>600		低压	中压	高压	高压										
	建筑线		2.5	4.0	8.0	3.0	2.0	4.0	6.0	15.0	5.0	0.6	0.6	1.5	5.0	1.5	3.0		4.0	3.0
给水管（mm）	<300	2.5				1.5	1.0	1.5	2.0	5.0	1.5	0.5	0.1	0.1	1.5		1.0	1.5	3.0	2.0
	<600	4.0				1.5	1.0	1.5	2.0	5.0	1.5	0.5	0.1	0.1	1.5		1.0	1.5	3.0	2.0
	>600	8.0				1.5	1.0	1.5	2.0	5.0	1.5	0.5	0.1	0.1	1.5		1.0	1.5	3.0	2.0
排水管		3.0	1.50	1.5	1.5	1.5	1.0	1.5	2.0	5.0	1.5	0.5	0.1	0.1	1.5		1.5	1.5	3.0	2.0
燃气管	低压（压力>4.9kPa）	4.0	1.0	1.0	1.0	1.0					1.0	0.5	0.1	0.1	2.0	2.0	1.5	1.5	3.0	2.0
	中压（压力5.16~10.13kPa）	6.0	1.5	1.5	1.5	1.5					1.0	0.5	0.1	0.1	2.0	2.0	1.5	1.5	3.0	2.0
	高压（压力102.33~303.97kPa）	6.0	2.0	2.0	2.0	2.0					1.5	1.0	10.0	10.0	2.0		2.0	2.5	3.0	2.0
	高压（压力304.98kPa）	1.50	5.0	5.0	5.0	5.0					4.0	1.0	10.0	10.0	2.0		2.0	2.5	3.0	5.0
热力管道		5.0	1.5	1.5	1.5	1.5	1.0	1.5	2.0	4.0		2.0	1.0	1.0	2.0		1.0	1.5	3.0	3.0
电力电缆		0.6	0.5	0.5	0.5	0.5	1.0	1.0	1.0	1.0	2.0			0.2	2.0		0.5	1.5	3.0	2.0
电信电缆（直填式）		0.6	1.0	1.0	1.0	1.0	1.0	1.0	10.0	10.0	1.0			0.2	2.0		1.0	1.5	3.0	2.0
电信电缆		1.5	1.0	1.0	1.0	1.0	1.0	1.0	10.0	10.0	1.0	0.5	0.2		1.5	0.5	1.0	1.5	3.0	2.0
乔木（中心）		5.0	1.0	1.0	1.0	1.5	2.0	2.0	2.0	2.0	2.0	1.0	2.0	1.5			2.0	1.0	2.0	3.0
灌木		1.5					2.0	2.0	2.0	2.0	1.5	0.5	0.5	0.5				0.5	2.5	1.0
地上柱杆（中心）		3.0	1.0	1.0	1.0	1.5	1.5	1.5	1.5	1.5	1.0	0.5	1.0	1.0	2.0			0.5		1.5
道路侧石边缘		1.5	1.5	1.5	1.5	1.5	1.5	1.5	2.5	2.5	1.5	1.5	1.5	1.5	1.0	0.5	0.5		2.0	1.1
架空管道支架		4.0	3.0	3.0	3.0	3.0	3.0	3.0	3.0	3.0	3.0	2.0	2.0	2.5	2.0	2.5	1.5	2.0		

地下管线间最小垂直净距 表2-3

敷设在下面的管线名称 \ 敷设在上面的管线名称 净距表（mm）	给水管	排水管	热水管	燃气管	电信		电力电缆		明沟沟底	涵洞基础底	电车轨道底
					电缆	管道	低压	高压			
给水管	0.15	0.15	0.15	0.15	0.50	1.50	0.50	0.50	0.50	0.15	0.10
排水管	0.40	0.15	0.15	0.15	0.50	1.50	0.50	0.50	0.50	0.15	1.0
热水管	0.15	0.15	0.15	0.15	0.50	0.50	0.50	0.50	0.50	0.15	1.0
燃气管	0.15	0.15	0.15	0.15	0.50	0.50	0.50	0.50	0.50	0.15	1.0
电信电缆	0.50	0.50	0.10	0.10		0.25	0.50	0.50	0.50	0.50	1.0
电信管道	0.15	0.15	0.15	0.15	0.25	0.15	0.25	0.25	0.25	0.25	1.0
电力（低压）电缆	0.50	0.50	0.50	0.50	0.50	0.50	0.50	0.50	不可	0.50	1.0
电力（高压）电缆	0.50	0.50	0.50	0.50	0.50	0.50	0.50	0.50	0.50	0.50	1.0

（3）给水管网的水力计算

给水管网水力计算的目的是以最高日最高时用水量作为某一设计管段的设计流量，求得该管段的管径，以及是否需设置加压、贮水设备或构筑物。

给水管网的水力计算步骤如下：

1）确定最高时用水量 Q_d

园林用水量包括水景娱乐设施用水、绿化喷洒用水、生活用水、公共建筑用水、消防用水,以及管网漏失水量和未预见水量。用水量不是一个固定不变的数值,而是经常变化的,例如,夏季比冬季用水多,节假日比平时高,在一天之内白天比晚上用水多。由此可见,从用水量意义上讲,给水系统必须能适应这种变化的供求关系,才能确保园林对用水量的需求。

为了反映用水量逐日、逐时的变化幅度大小,在给水工程中引入了两个重要的特征系数——日变化系数和时变化系数。

① 日变化系数,常以 K_d 表示,其意义可用下式表述:

$$K_d = \frac{Q_d}{\overline{Q}_d}$$

式中 Q_d——设计年限内用水量最多一日的用水量(m^3/d);

$\overline{Q}_d$——平均日用水量(m^3/d),是一年的总用水量除以全年给水天数所得的数值,设计给水管网时是指设计期限内发生最高日用水量那一天的平均日用水量。

② 时变化系数,常以 K_h 表示,其意义可用下式表述:

$$K_h = \frac{Q_h}{\overline{Q}_h}$$

式中 Q_h——最高时用水量,又称最大时用水量(m^3/h),指在最高日用水量日内最大一小时的用水量;

$\overline{Q}_h$——平均时用水量(m^3/h),指最高日内平均每小时的用水量。

园林中水景娱乐设施用水、绿化喷洒用水、生活用水、公共建筑用水的用水量标准(最高日用水量)Q_1 可参照表2-4计算。

园林用水量标准及小时变化系数　　表2-4

序号	名称	单位	生活用水量标准最高日(L)	小时变化系数	备注
1	餐厅 内部食堂 茶室 小卖部	每一顾客每次 每人每次 每一顾客每次 每一顾客每次	15~20 10~15 5~10 3~5	1.5~2.0 1.5~2.0 1.5~2.0 1.5~2.0	餐厅用水包括主、副食加工、餐具洗涤清洁用水和工作人员、顾客的生活用水,但不包括冷却用水
2	剧院 电影院	每一观众每场 每一观众每场	10~20 3~8	2.0~2.5 2.0~2.5	1. 附设有厕所和饮水设备的露天或室内文娱活动的场所,都可以按电影院或剧场的用水量标准选用。 2. 俱乐部、音乐厅和杂技场可按剧场标准。影剧院用水量标准介于电影院与剧场之间
3	大型喷泉* 中型喷泉* 小型喷泉*	每小时 每小时 每小时	≥10000 2000 1000		应考虑水的循环使用
4	洒水用水量 柏油路面 石子路面 庭园及草地	每次每平方米 每次每平方米 每次每平方米	0.2~0.5 0.4~0.7 1.0~1.5	≤3次/日 ≤4次/日 ≤2次/日	

续表

序号	名称	单位	生活用水量标准最高日（L）	小时变化系数	备注
5	花园浇水* 乔灌木 苗（花）圃	每日每平方米 每日每平方米 每日每亩	4.0~8.0 4.0~8.0 500~1000		结合当地气候、土质等实际情况取用
6	公共厕所	每小时每清洗器	100		
7	办公楼	每人每班	10~25	2.0~2.5	用水包括便溺冲洗、洗手、饮用和清洁用水

注：*者为国外资料，仅供参考。

消防用水量 Q_2 通常按同时发生的火灾次数和一次灭火的用水量确定，根据园林内建筑物的类别，同时发生火灾的次数见表2-5；消防一次灭火的用水量还与建筑物的耐火等级和火灾危险性有关，参见表2-6。

同一时间内的火灾次数 表2-5

名称	基地面积（hm²）	附有居住区人数（万人）	同一时间内的火灾次数	备注
工厂	≤100	≤1.5	1	按需水量最大的一座建筑物（或堆场、贮罐）计算
		>1.5	2	工厂、居住区各一次
	>100	不限	2	按需水量最大的两座建筑物（或堆场、贮罐）计算
仓库、民用建筑	不限	不限	1	按需水量最大的一座建筑物（或堆场、贮罐）计算

注：采矿、选矿等工业企业，如各分散基地有单独的消防给水系统时，可分别计算。

建筑物室外消火栓用水量 表2-6

耐火等级	建筑物名称及类别		建筑物体积（m³） ≤1500	1501~3000	3001~5000	5001~20000	20001~50000	>50000
一、二级	厂房	甲、乙	10	15	20	25	30	35
		丙	10	15	20	25	30	40
		丁、戊	10	10	10	15	15	20
	库房	甲、乙	15	15	25	25	—	—
		丙	15	15	25	25	35	45
		丁、戊	10	10	10	15	15	20
	民用建筑		10	15	15	20	25	30
三级	厂房或库房	乙、丙	15	20	30	40	45	—
		丁、戊	10	10	15	20	25	35
	民用建筑		10	15	20	25	30	—
四级	丁、戊类厂房或库房		10	15	20	25	—	—
	民用建筑		10	15	20	25	—	—

注：1. 室外消火栓用水量应按消防需水量最大的一座建筑物或一个防火分区计算，成组布置的建筑物应按消防需水量较大的相邻两座计算；
2. 火车站、码头和机场的中转库房，其室外消火栓用水量应按相应耐火等级的丙类物品库房确定；
3. 国家级文物保护单位的重点砖木、木结构的建筑物室外消防用水量，按三级耐火等级民用建筑物消防用水量确定。

管网漏失水量及未预见水量之和 Q_3，可按最高日用水量的 10%～15% 计算，即：
$$Q_3 = (Q_1 + Q_2) \times (10\% \sim 15\%)$$
则最高日用水量 $Q_d = Q_1 + Q_2 + Q_3$

2）确定最高日最高时用水量 Q_h
$$Q_h = \overline{Q}_h \cdot K_h = \frac{Q_d}{T} \cdot K_h$$

时变化系数 K_h，在城镇通常取 1.3～1.5，在农村则取 5～6。

3）计算管段设计流量 q

管段的设计流量 q 按最高日最高时用水量 Q_h 计算，对于枝状管网，某一管段的设计流量应为该管段所负担的用水点的最高日最高时用水量之和。

4）确定管段的管径 D

给水管网各管段的管径，应按最高日最高用水时各管段的计算流量来确定。当管段流量已知时，管径可按下式计算确定：
$$D = \sqrt{\frac{4q}{\pi v}}$$

式中　q——管段通过的计算流量（m^3/s）；
　　　v——管内流速（m/s）。

上式表明，管径不但与通过的计算流量有关，而且还与所选用的流速有关，只知道管道通过的流量，还不能确定管径，因此，必须首先选定流速。从上式还可以看出，流量一定时，管径与流速的平方根成反比，流速越大，管径越小，相应管道造价低；但是水头损失增加，所需供水源头的水压增大。如果流速增加，因水锤作用引起的破坏作用也增大，因此限定其最高流速在 2.5～3.0m/s 之内。相反，因水头损失减小，可节约电费，使经营管理费用降低；但是，长期流速过小又会加剧水中杂质的沉淀及管内结垢，所以，流速不宜太小，一般不小于 0.6m/s。

设计实践中，在缺乏经济流速分析资料时，常采用平均经济流速选择管径，其具体数值为：

$D = 100～400$mm，采用 $v_e = 0.6～0.9$m/s；

$D > 400$mm，采用 $v_e = 0.69～1.4$m/s。

5）水头损失计算

根据水力学知识，管道的水头损失与管材、管内流速等因素有关。在工程设计中，常按不同管材和相应水头损失计算公式预先计算好，编制成各种"管渠水力计算表"，表中列有流量 q、管径 D、流速 v 和水力坡度 $1000i$ 的配套数据，供计算时查表使用。表 2-7 为钢管水力计算表，其他管材的管道水力计算表，可查阅《给排水设计手册》第 1 册。表 2-7 中所列出的流量 q、管径 D、流速 v 和水力坡度 $1000i$ 四个水力要素，只要知道其中的两个，就可以从表中查出另外两个。例如，在确定管段管径时，一般管段的计算流量为已知，首先在计算表中找到该流量值，然后参考经济流速，由左至右查找所需管径。

管径确定后，相应的 $1000i$ 和实际流速也随之确定，从而根据 $h = iL$ 计算出该管段的水头损失。

钢管水力计算表　　　　　　　　　　　　　　　　　　　表 2-7

设计流量 Q		管径 D_g（mm）											
		25		32		50		70		100		125		150	
m³/h	L/s	v	$1000i$	v	$1000i$	v	$1000i$	v	$1000i$	v	$1000i$	v	$1000i$	v	$1000i$
0.720	0.20	0.38	21.3	0.21	5.22										
1.44	0.40	0.75	74.8	0.42	17.9										
2.16	0.60	1.13	159	0.63	37.3	0.28	5.16								
2.88	0.80	1.51	279	0.84	63.2	0.38	8.52								
3.60	1.0	1.88	437	1.05	95.7	0.47	12.9	0.28	3.76						
4.32	1.2	2.26	629	1.27	135	0.56	18.0	0.34	5.18						
5.04	1.4	2.64	856	1.48	184	0.66	23.7	0.40	6.83						
5.76	1.6			1.69	240	0.75	30.4	0.45	8.70						
6.48	1.8			1.90	304	0.85	37.8	0.51	10.7	0.21	1.21				
7.20	2.0			2.11	375	1.59	178	0.57	13.0	0.23	1.47				
7.92	2.2			2.32	454	1.04	54.9	0.62	15.5	0.25	1.72				
8.64	2.4			2.53	541	1.13	64.5	0.68	18.2	0.28	2.00				
9.36	2.6					1.22	74.9	0.74	21.0	0.30	2.31	0.20	0.826		
10.08	2.8					1.32	86.9	0.79	24.1	0.32	2.63	0.21	0.940		
10.80	3.0					1.41	99.8	0.85	27.4	0.35	2.98	0.23	1.06		
12.60	3.5					1.65	136	0.99	36.5	0.40	3.93	0.26	1.40		
14.40	4.0					1.88	177	1.13	46.8	0.46	5.01	0.30	1.76	0.21	0.754
16.20	4.5					2.12	224	1.28	58.6	0.52	6.20	0.34	2.18	0.24	0.924
18.00	5.0					2.35	277	1.42	72.3	0.58	7.49	0.38	2.63	0.26	1.12
19.80	5.5					2.59	335	1.56	87.5	0.63	8.92	0.41	3.11	0.29	1.32
21.60	6.0					2.82	399	1.70	104	0.69	10.5	0.45	3.65	0.32	1.54
23.40	6.5							1.84	122	0.75	12.1	0.49	4.22	0.34	1.78
25.20	7.0							1.99	142	0.81	13.9	0.53	4.81	0.37	2.03
27.00	7.5							2.13	163	0.87	15.8	0.56	5.46	0.40	2.30
28.80	8.0							2.27	185	0.92	17.8	0.60	6.15	0.42	2.58
30.60	8.5							2.41	209	0.98	19.9	0.64	6.85	0.45	2.88
32.40	9.0							2.55	234	1.04	22.1	0.68	7.62	0.48	3.20
34.20	9.5							2.69	261	1.10	24.5	0.72	8.42	0.50	3.52
36.00	10.0							2.84	289	1.15	26.9	0.75	9.23	0.53	3.87
43.2	12.0									1.39	38.5	0.90	12.9	0.64	5.39
50.4	14.0									1.62	52.4	1.05	17.2	0.74	7.15
57.6	16.0									1.85	68.5	1.20	22.1	0.85	9.15
64.8	18.0									2.08	86.6	1.36	27.9	0.95	11.4

续表

设计流量 Q		管径 D_g（mm）											
		25		32		50		70		100		125		150	
m³/h	L/s	v	1000i	v	1000i	v	1000i	v	1000i	v	1000i	v	1000i	v	1000i
72.0	20.0									2.31	107	1.51	34.5	1.06	13.8
86.4	24.0									2.77	154	1.81	49.7	1.27	19.5
100.8	28.0											2.11	67.6	1.48	26.2
115.2	32.0											2.41	88.3	1.70	34.8
129.6	36.0											2.71	112	1.91	44.0
144.0	40.0											3.01	138	2.12	54.3
162.0	45.0													2.38	68.7
180.0	50.0													2.65	84.9

枝状管网的水头损失为最不利管路的各管段水头损失之和。

根据城市给水管网引入园林处的水压以及园林给水系统所需的水压，考虑是否需设置加压、贮水设备或构筑物。

6) 给水管管径快速估算法

在园林规划设计中，为快速估算给水管管径，可由人口数目和用水定额，直接从表2-8中查得所需要的管径，以便推算投资费用。

给水管道简易估算表   表2-8

管径 (mm)	计算流量 (L/s)	使用人口数			
		用水标准=50 L/(人·d) (K=2.0)	用水标准=60 L/(人·d) (K=1.8)	用水标准=80 L/(人·d) (K=1.7)	用水标准=100 L/(人·d) (K=1.6)
1	2	3	4	5	6
50	1.3	1120	1040	830	700
75	1.3~3.0	1120~2600	1040~2400	830~1900	700~1600
100	3.0~5.8	2600~5000	2400~4600	1900~3700	1600~3100
125	5.8~10.25	5000~8900	4600~8200	3700~6500	3100~5500
150	10.25~17.5	8900~15000	8200~14000	6500~11000	5500~9500
200	17.5~31.0	15000~27000	14000~25000	11000~20000	9500~17000
250	31.0~48.5	27000~41000	25000~38000	20000~30000	17000~26000
300	48.5~71.0	41000~61000	38000~57000	30000~45000	26000~28000
350	71.0~111	61000~96000	57000~88000	45000~70000	28000~60000
400	111~159	96000~145000	88000~135000	70000~107000	60000~91000
450	159~196	145000~170000	135000~157000	107000~125000	91000~106000
500	196~284	170000~246000	157000~228000	125000~181000	106000~154000
600	284~384	246000~332000	228000~307000	181000~244000	154000~207000
700	384~505	332000~446000	307000~412000	244000~328000	207000~279000
800	505~635	446000~549000	412000~507000	328000~404000	279000~343000
900	635~785	549000~679000	507000~628000	404000~506000	343000~425000
1000	785~1100	679000~852000	628000~980000	506000~780000	425000~595000

续表

管径 (mm)	使用人口数			注明
	用水标准 =120 L/（人·d）（K = 1.5）	用水标准 =150 L/（人·d）（K = 1.4）	用水标准 =200 L/（人·d）（K = 1.3）	
1	7	8	9	10
50	620	530	430	1. 流程： 当 $d \geq 400$mm $v \geq 1.0$m/s 当 $d \leq 350$mm $v \leq 1.0$m/s 2. 本表可根据用水人口数以及用水量标准查得管径；亦可根据已知的管径、用水量标准查得该管可供多少人使用
75	620~1000	530~1200	430~1000	
100	1400~2800	1200~2400	1000~1900	
125	2800~4900	2400~4200	1900~3400	
150	4900~8400	4200~7200	3400~5800	
200	8400~15000	7200~12700	5800~10300	
250	15000~23000	12700~20000	10300~16000	
300	23000~34000	20000~29000	16000~24000	
350	34000~58000	29000~45000	24000~37000	
400	58000~81000	45000~70000	37000~56000	
450	81000~94000	70000~81000	56000~65000	
500	94000~137000	81000~117000	65000~59000	
600	137000~185000	117000~157000	95000~128000	
700	183000~247000	157000~212000	128000~171000	
800	247000~304000	212000~261000	171000~211000	
900	304000~377000	261000~323000	211000~261000	
1000	277000~529000	323000~453000	261000~366000	

2.1.4 给水管材、配件及管道附件

（1）给水管材

1）给水管材选用的基本要求

①足够的强度，可以承受各种内外荷载。

②水密性好。管道的水密性是保证管网有效而经济工作的重要条件。如果因管线的水密性差而致经常漏水，无疑会增加管理费用；同时管网因漏水会冲刷压填材料，导致路面塌陷。

③水管内壁光滑，可减少水头损失。

④价格较低，合理使用年限较长。

⑤耐腐蚀、无毒性，不影响水质。

⑥接口施工简易，密闭性好。

管材的选择除上述条件外，还取决于给水管网承受的水压、埋深、回填材料、管沟基础以及管材市场供给情况等。

2）常用管材

园林给水工程常用管材分金属管材和非金属管材两大类。金属管材常见的有铸铁管、钢管；非金属管材有钢筋混凝土管（预应力、自应力）、塑料管、复合管等。

①铸铁管分灰口铸铁管和球墨铸铁管。灰口铸铁管各方面属性无法与球墨铸铁管相比；球墨铸铁管具有强度高、塑性好、重量轻（壁厚为灰口铸铁管的 1/2～2/3）、耐压、抗振能力强、耐腐蚀、使用寿命长（50～100 年）、运输安装方便等优点而得到广泛应用，已基本取代灰口铸铁管，许多城市、地区已经明文规定淘汰灰口铸铁管。

目前，我国的球墨铸铁管生产工艺已经非常成熟，所生产的球墨铸铁管具有较高的塑性和抗冲击力作用，施工安装方便，适应地质情况变化较大的地段，在生产过程中就同步完成防腐涂层工艺，使其具有强耐腐蚀性。

铸铁管由于使用要求不同，一般分为两种接口形式：承插式和法兰盘式（图 2-3）。承插式接口适用于室外埋地管线，安装时将插口插入承口内，两口间的环隙用接口材料填实。接口材料分两层，里层常用油麻丝或胶圈，外层用石棉水泥、自应力水泥砂浆、青铅等。法兰式接口便于拆卸，检修方便，接口密实，但施工要求高，接口管必须严格对准，法兰接口间放橡胶垫，然后用螺栓上紧。由于螺栓易锈蚀，不适用于埋地管线，一般用于车间、厂内或地沟内的管线。

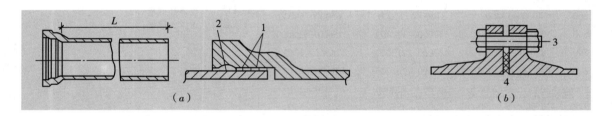

图 2-3 承插式和法兰盘式接口
（a）承插式接口；
（b）法兰式接口
1—麻丝；2—石棉水泥等；3—螺栓；4—垫片

球墨铸铁管常用的连接方式有"T"形滑入式连接（图 2-4）和法兰连接，安装过程中不需要水、电，只需要简单的工具，施工速度快，降低了工程的安装费用。

②钢管分为无缝钢管和焊接钢管。焊接钢管有螺旋形焊缝或纵向焊缝。钢管的优点是塑性好、重量轻、耐压、抗振能力强、单管的长度大、连接方便，但不耐腐蚀。在给水管网施工中，通常只在管径大和水压高以及穿越铁路、河谷、道路和地震区使用。

钢管一般采用焊接或法兰接口，小管径的管可用丝扣连接。

③钢筋混凝土管分为承插式预应力钢筋混凝土管和承插式自应力钢筋混凝土管。承插式预应力钢筋混凝土管按生产工艺不同，分为一阶段和三阶段管两种。多用于大管径的市政管网。

图 2-4 "T"形滑入式连接

④塑料管具有强度高、摩擦系数小、耐腐蚀、重量轻、加工连接方便、单管长度可定制等优点，主要分为热塑性和热固性两种。热塑性塑料管有硬聚氯乙烯管（UPVC）、聚乙烯管（PE）、高密度聚乙烯管（HDPE）、聚丁烯管（PB）、聚丙烯管（PP）、增强聚丙烯管（FRPP）、苯乙烯管（ABS 工程塑料）、交联聚乙烯管（PE—X）等。塑料管的缺点是强度较低，膨胀系数较

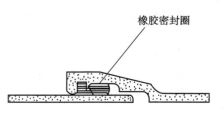

大，易受温度的影响。

塑料管常用法兰、焊接、粘结、螺纹等方式连接。

⑤复合管借鉴了金属管和非金属管的优点，有广阔的应用前景，主要有：孔网钢带塑料管、钢（铝）塑复合管、加筋管、钢（钢板）骨架增强塑料复合管、金属碎片复合型塑料管等。

（2）给水管配件

为了适应管道的转弯、管径改变、分支、直线连接、连接附属设备等需要，以及维修等要求，需要装设给水管配件。例如，承插分支管用三通和四通；管线转弯处采用各种弯头；管径变化处用变径管（也叫大小头）；改变接头形式处采用短管，还有连接消火栓用的配件等。表2-9列出了常见铸铁管配件名称及表示符号。

常见铸铁管配件名称及表示符号 表2-9

编号	名称	符号	编号	名称	符号
1	承插直管		17	承口法兰缩管	
2	法兰直管		18	双承缩管	
3	三法兰三通		19	承口法兰短管	
4	三承三通		20	法兰插口短管	
5	双承法兰三通		21	双承口短管	
6	法兰四通		22	双承套管	
7	四承四通		23	马鞍法兰	
8	双承双法兰四通		24	法兰式墙管（甲）	
9	法兰泄水管		25	承插式墙管（甲）	
10	承口泄水管		26	活络接头	
11	90°法兰弯管		27	喇叭口	
12	90°双承弯管		28	塞头	
13	90°承插弯管		29	闷头	
14	双承弯管		30	法兰式消火栓用弯管	
15	承插弯管		31	法兰式消火栓用丁字管	
16	法兰缩管		32	法兰式消火栓用十字管	

钢管安装的管线配件多采用钢板焊制而成，其尺寸可查《给排水设计手册》或标准图集。

非金属管（如石棉水泥管和预应力混凝土管）采用的是特制的铸铁配件或钢制配件。塑料管配件则用现有的塑料制品或在现场焊制。

（3）给水管道附件

为了保证管网的正常运行、消防和维修管理工作，管网上必须装设管道附件。

1）阀门

阀门是控制水流、调节管道流量和水压的重要设备。给水用的阀门包括闸阀和蝶阀，管径较小的管道上设截止阀。阀门的口径一般和管道的直径相同。

2）止回阀

止回阀也叫单向阀或逆止阀，主要的功能是限制水流朝一个方向流动，主要分为旋启式和升降式两大类。

3）水锤消除设备

水锤又称水击，常发生在压力管上阀门关闭过快或水泵压水管上的止回阀突然关闭时，此时管中水锤水压升至正常时的数倍，容易对管道和阀件产生破坏作用。消除或减轻水锤的破坏作用的措施有：

①延长阀门的启闭时间；
②在管道上安装安全阀；
③在管道上安装水锤消除器；
④有条件时取消泵站的止回阀和底阀。

安全阀分为弹簧式和杠杆式，前者用弹簧、后者用杠杆上的重锤以控制开启阀门所需的水压。水锤消除器适用于消除因突然停泵产生的水锤，安装在止回阀的下游，距止回阀越近越好。

4）消火栓

消火栓分为地面式和地下式两种。前者适用于气温较高的地区，后者适用于气温较低的地区，装于地下消火栓井内。消火栓的安装情况如图2-5所示。

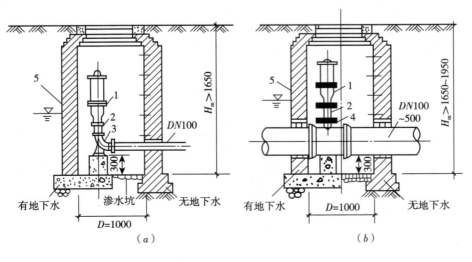

图2-5 地下式消火栓
1—$S \times 100$消火栓；2—短管；3—弯头支座；4—消火栓三通；5—圆形阀门井

5）排气阀

排气阀安装在管线的凸起部位，使管线通水时或检修后管内空气经此阀排出；平时用于释放从水中释放的气体，以免空气积存减小管道的过水能力，增加管道的水力阻力；管线损坏或管线放空出现真空时，空气可经排气阀进入管道。

6）泄水阀

安装在管线低处或两阀门之间，与排水管相连，用来检修时放空管内存水或平时用来排出管内的沉淀物。

2.1.5 给水管网施工

(1) 管道的定线放线

管道的定线放线目的是确定给水管道在安装地点上的实际位置。定线是通过测量工具按设计图样测量出给水管道在街道或绿化地带上或过障碍物的实际平面位置、尺寸；根据该平面尺寸再用线桩或拉线和白灰等把给水管道的中心线及待开挖的沟槽边线显示出来，称为放线。

管道的定线放线应按以下原则进行：

①管道的定线放线应严格按照给水管道工程图样进行。
②先定出管线走向的中心线，再定出待开挖的沟槽边线。
③先定出管道直线走向的中心线，再定出管道变向的中心线。
④所栽线桩可用钢桩或木桩，线桩在土内应埋入一定深度，能固定牢靠。
⑤所拉的线绳和所放的白灰线应准确且不影响沟槽开挖。

(2) 管道的沟槽开挖

管道沟槽开挖有人工法、机械法和爆破法。

1）人工法开挖管道沟槽

用锹、镐、锄头等工具开挖沟槽称为人工法。人工法开挖适用于土质松软、地下水位低、地下其他管线在开挖时需保护的地段沟槽开挖。

2）机械法开挖管道沟槽

用挖土机等机械开挖沟槽称为机械法。机械法开挖适用于土质松软地段，不受地下水位影响，具有施工进度快、安全和体力劳动强度小等特点。

采用机械法开挖管道沟槽，应特别注意查明地下其他管线、电缆及构筑物。

机械开挖常采用的机械有：单斗挖土机、拉铲挖土机、抓铲挖土机和多斗挖土机。

3）爆破法开挖管道沟槽

当开挖的管道沟槽内有岩石、坚硬土层和其他坚硬障碍物，采用人工法和机械法有困难时，采用爆破法，即炸药爆破法。

(3) 沟槽的处理

1）沟槽断面的确定

沟槽断面的形式有直槽、梯形槽、混合槽和联合槽等，如图2-6所示。选择沟槽断面通常根据土的种类、地下水情况及施工方法，并按照设计规定的基础、管道的断面尺寸、长度和埋置深度等进行。正确地选择沟槽的开挖断面，可以为后续施工过程创造良好条件，保证工程质量和施工安全，以及减少土方开挖量。

直槽适用于深度小、土质坚硬的地段；梯形槽适用于深度较大、土质较松软的地段；混合槽是直槽和梯形槽的结合，即上梯下直，适用于深度大且土质松软地段；联合槽适用于两条或多条管道共同敷设且各埋设深度不同、深度均不大、土质较坚硬地段。

2）沟槽底宽和沟槽开挖深度

沟槽底宽见图2-7，且由下式决定：

$$W = B + 2b$$

式中 W——沟槽底宽（m）；

B——管道基础宽（m）；

b——工作宽度（m），根据管径大小确定，一般不大于0.8m。

沟槽开挖深度按管道设计纵断面图确定。当采用梯形槽时，应按土的类别并符合表2-10的规定。不设支撑的直槽边坡一般采用1:0.05。

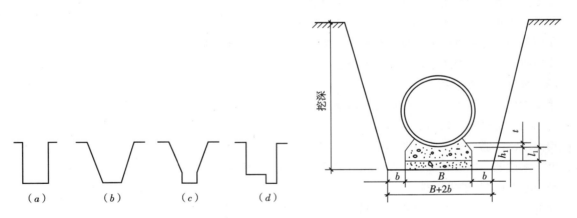

图2-6 沟槽的断面形式（左下）
(a) 直槽；(b) 梯形槽；(c) 混合槽；(d) 联合槽

图2-7 沟槽底宽和挖深（右下）
B—管基础宽度；b—槽底工作宽度；t—管壁厚度；l_1—管座厚度；h_1—基础厚度

梯形槽的边坡　　　　表2-10

土的类别	密实度或状态	坡度允许值（高宽比）	
		深度在5m以内	深度5~10m
碎石土	密实 中密 稍密	1:0.50~1:0.35 1:0.75~1:0.50 1:1.00~1:0.75	1:0.75~1:0.50 1:1.00~1:0.75 1:1.25~1:1.00
粉土	$S_t \leq 0.5$	1:1.25~1:1.00	1:1.50~1:1.25
黏性土	坚硬 硬塑	1:1.00~1:0.75 1:1.25~1:1.00	1:1.25~1:1.00 1:1.50~1:1.25

注：S_t为土的饱和度。

（4）下管稳管

下管方法分为人工下管法和机械下管法。人工下管是利用人力、桩、绳、棒等下管；机械下管采用吊车下管，常用于大管径水管。

稳管是管子按设计的高程与平面位置稳定在沟槽基础上。如果分节下管，其稳管与下管均同时进行，即第一节管下到沟槽内后，随即将该节管位置稳定，继而下所需的第二节管并与第一节管对口，对口合格后并稳定，再下第三节管……依此类推。稳管应达到管的平面位置、高程、坡度坡向及对口等尺寸符合设计和安装规范的要求。主要方法有：

①中线控制。使管中心与设计位置在一条线上，可用中心线法和边线法进行控制。

②高程控制。通过水准仪测量管顶或管底的标高，使之符合设计的高程要求。控制中心线与高程必须同时进行，使两者同时符合设计规定。

③对口控制。钢管常采用焊接，焊接端对口间隙应符合焊接要求。

（5）给水管道接口

金属给水管（如钢管、铸铁管）在管道敷设前应做好内外防腐处理，一般铸铁管内外壁涂刷热沥青，钢管内外壁涂刷油漆、水泥砂浆、沥青及玻璃钢等加厚防腐层。

1）给水铸铁管接口

常见的给水铸铁管接口形式有承插式和法兰式两种。承插式接口分刚性接口和柔性接口。铸铁管在插口和承口对接前，应用乙炔焊枪烧掉插口和承口处的防腐沥青，并用钢刷清除沥青渣。

承插刚性接口有麻-石棉水泥接口，麻辫填塞完后再用石棉水泥填塞并分层打紧；石棉绳-石棉水泥接口；麻-膨胀水泥砂浆接口等等。

承插柔性接口主要是各种形式的橡胶圈接口，适用于松软地基地带和强振区。

2）给水钢管接口

给水钢管主要采用焊接口，还有法兰接口和各种柔性接口。

3）给水塑料管接口

硬聚氯乙烯塑料管接口方式与做法见表2-11；聚丙烯塑料管接口方式与做法见表2-12；聚乙烯塑料管接口方式有螺纹连接法、焊接法、承插粘接法、热熔压紧法、承插胶圈法及钢管插入搭接法。

硬聚氯乙烯塑料管接口方式与做法 表2-11

接口方式	安装程序	注意事项
焊接	焊枪喷出热空气达到200~240℃，使焊条与管材同时受热，成为韧性流动状态，达塑料软化温度时，使焊条与管件相互粘接而焊牢	焊接温度超过塑料软化点，塑料会产生分化，燃烧而无法焊接

续表

接口方式	安装程序	注意事项
法兰连接	其一般采用可拆卸法兰接口，法兰为塑料制。法兰与管口间连接一般采用焊接、凸缘接与翻边接	法兰面应垂直于接口焊接而成，垫圈一般采用橡胶皮垫
承插粘接	先进行承口扩口作业。将工业甘油加热至140℃，管子插入油中深度为承口长度加15mm，约经1min左右将管取出，并在定型规格钢模上撑口，而后置于冷水冷却之后，拔出冲子，承口即制成。承插口环向间隙为0.15~0.30mm。粘接前，用丙酮将承插口接触面擦洗干净，涂一层"601"粘结剂，再将承插口连接	"601"粘结剂配合比为：过氯乙烯树脂：二氯乙烷=0.2:0.8。涂刷粘结剂应均匀适量，不得漏刷，切勿在承插口间与接口缝隙处填充异物
胶圈连接	将胶圈弹进承口槽内，使胶圈贴紧于凹槽内壁，在胶圈与插口斜面涂一层润滑油，再将插口推入承口内，此是采用手插拉入器插入的	橡胶圈不得有裂纹、扭曲及其他损伤。插入时阻力很大应立即退出，检查胶圈密封圈是否正常，防止硬插时扭曲或损坏密封圈

聚丙烯塑料管接口方式与做法　　　　　　表2-12

接口方式	安装程序	适用条件
焊接	将待连接管两端制成坡口，用焊枪喷出240℃左右的热空气使两端管材及聚丙烯焊条同时熔化，再将焊枪沿加热部位后退即成	适用于压力较低条件下
加热插粘接	将工业甘油加热到170℃左右，再将待安管端插入甘油内加热；然后在已安管管端涂上粘结剂，将其油中加热管端变软的待安管从油中取出，再将已安管插入待安管端，经冷却后，接口即成	适用于压力较低条件下
热熔压紧法	将两待接管管端对好，使50℃左右恒温电热板夹置于两管端之间，当管端熔化后，即将电热板抽出，再用力压紧熔化的管端面，经冷却之后，接口即成	适用于中、低压力条件下
钢管插入搭接法	将待接管管端插入170℃左右甘油中，再将钢管短节的一端插入到熔化的管端，经冷却后将接头部位用钢丝绑扎；再将钢管短节的另一头插入熔化的另一管端，经冷却后用钢丝绑扎。这样，两条待安管由钢管短节插接而成	适用于压力较低条件下

(6) 给水管道沟槽回填

给水管道经接口后，应进行水压试验和管道消毒与冲洗，若水压试验和管道消毒与冲洗合格，沟槽应及早回填。沟槽回填分两步进行：第一步是初回填，即在给水管道下管、稳管、接口完成后，在除接口处以外的管段的管边及管上回填一部分土，这样可以保护管段并使管在沟槽内稳定；第二步是终回填，即给水管道经水压试验合格后，对接口处及敷设的管段进行回填。

2.2 园林排水工程施工

2.2.1 排水系统的分类与组成

按照来源不同，城市排水系统可以分为生活污水、工业废水和降水三类。

(1) 生活污水

生活污水是指人们日常生活中用过的水，包括从厕所、浴室、厨房、食堂和洗衣房等处排出的水。生活污水属于污染过的废水，含有较多的有机物，以及常在粪便中出现的病原微生物。这类污水需要经过处理后才能排放入水体、灌溉农田或再利用。

(2) 工业废水

工业废水是指工业生产中所排出的废水，来自车间或矿场。由于各种工厂的生产类别、工艺过程、使用的原材料以及用水成分的不同，使工业废水的水质变化很大。根据工业废水污染程度的不同，可分为生产废水和生产污水。生产废水在使用过程中受到轻度玷污或水温稍有增高，通常在处理后即可在生产中重复使用，或直接排放入水体。生产污水是指在使用过程中受到较严重污染的水，这类水多半具有危害性。

(3) 降水

即大气降水，包括液态降水（如雨、露，主要指降雨）和固态降水（如雪、冰雹、霜等）。雨水一般较清洁，但其形成的径流量大，需要及时排泄。可不经过处理直接就近排入水体。

园林绿地中的污水，一般主要指降水和少量的生活污水。

2.2.2 排水体制

因为污水的来源不同，通常将污水采用两个或两个以上各自独立的管渠来排除。污水的这种不同排出方式所形成的排水系统，称作排水系统的体制（简称排水体制）。排水体制一般分为合流制和分流制两种。

(1) 合流制

合流制排水系统是将生活污水、工业废水和雨水混合在同一管渠内排出的系统。

(2) 分流制

分流制排水系统是将生活污水、工业废水和雨水分别在两个或两个以上各自独立的管渠内排出的系统。排出生活污水或工业废水的系统称为污水排水系统；排出雨水的系统称为雨水排水系统。

由于排出雨水方式的不同，分流制排水系统又可分为完全分流制和不完全分流制两种排水系统。完全分流制排水系统具有污水排水系统和雨水排水系统，而不完全分流制只具有污水排水系统或者雨水排水系统不完整，雨水沿天然地面、街道边沟、水渠等原有的渠道系统排泄。

分流制有利于环境卫生的保护及污水的综合利用。而合流制相对降低了管道的投资费用，污、雨水合用同一管道有利于施工。

2.2.3 园林排水方式

园林排水系统不同于城市排水系统，少量的生活污水可就近收集、处理，然后排放，而大量的雨水，可以利用园林绿地地形来组织雨水的流动，使其就近排入园林内的水体中。

在我国，大部分园林绿地都采用以地形排水为主，沟渠排水和管道排水为辅的排水方式。这样不仅经济、实用，而且能与园景取得协调、美观的效果。

（1）地形排水

在竖向设计时，根据地面坡度将谷、涧、沟、地坡、小道顺其自然适当加以组织，划分排水区域，使雨水沿谷、涧、沟、地坡、就近排入水体或附近的雨水干管。但是降水在地面流动形成的地表径流流速过大时会使地表被冲蚀。因此竖向规划设计时，应控制地面坡度，当坡度大于8‰时，应先检查是否会产生冲刷，再决定应否采取加固措施。地表种植草皮的最小坡度为5‰。同一坡度（即使坡度不大）的坡面不宜延伸太长，应有起伏变化，使地面坡度陡缓不一，而免遭地表径流冲刷到底，造成地表及植被被破坏。

园林中防止冲刷主要有以下几种措施：

①利用山谷或地表洼处作为汇水线时，在汇水线上散置一些石头，在雨季径流量较大时可以降低径流速度，起到消能的作用。这些散置的石头叫做挡水石，俗称"谷方"。挡水石的布置可根据地形景观设置成不同形式，如图2-8所示。

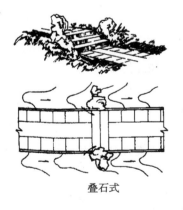

叠石式　　　　瀑布式

图2-8 园林防冲刷挡水石

②利用山道边沟排水时，在坡度变化较大的地方，表土土层易被冲蚀甚至路基被损坏。可在石阶两侧设置挡水石，使径流受阻，保护路面和地基。

③在雨水排入园内水体时，为保护岸坡，出水口通常要作处理，水簸箕就是常见的形式之一，它是一种敞口排水槽，槽身可采用三合土、混凝土或浆砌块石（或转）加固，如图2-9所示。还可以设置涵管引导，即利用路面或道路两侧的明渠将雨水引至适当位置，设雨水口将水排出。

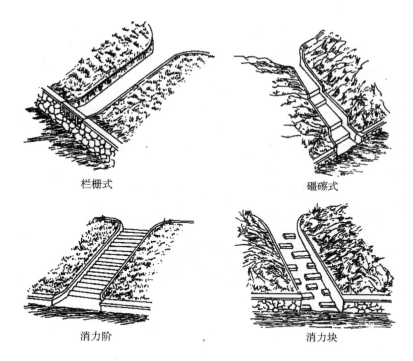

图2-9 园林水簸箕式出水口

栏栅式　　疆碌式

消力阶　　消力块

(2) 明沟排水

采用明沟排水应因地制宜,明沟不必方方正正、工程味太重,而应结合当地的地形情况因势利导,对于穿越草坪的幽径采用浅沟式的,沟中任凭一些植物生长,尤为合适。但在人流集中的活动场所,为保证交通安全和保持清洁,明沟可局部加盖,在作园林排水时结合地形理顺成相互贯通的水系,蓄水成景,丰富园景。

明沟主要指土明沟,也可在一些地段根据需要砌砖、石或混凝土明沟。土明沟边坡坡度主要视土质情况而定,通常采用梯形断面,三角形断面仅在苗圃、花丛树坛旁或临时性的明沟处才采用,并且要求其边坡交角为90°。梯形断面的最小底宽不小于30cm,位于分水点的明沟深度可为20cm,沟中水面与沟顶的高度差不小于20cm。明沟最小允许纵坡为1‰～2‰;土质明沟最大坡度小于8‰;一般情况下,水沟下游纵坡以不小于上游纵坡2‰为宜,以免产生淤积和水流顶托积水;土明沟为避免沟底植物丛生,设计纵坡应使水流速度不小于0.4～0.5m/s,避免冲刷过甚;砖砌(或混凝土)明沟,其边坡一般用1:1.000～1:1.075或做成矩形的,纵向坡度最小要大于2‰～3‰。

(3) 管道排水

尽管在园林工程中应尽量利用地形排水,以节约投资,但在某些局部如广场、主要建筑物四周以及其他难以利用地形排水的地方,需设置管道排水。以下主要阐述雨水管道的设计内容。

1) 确定暴雨量

雨量的大小与降雨量、降雨历时、暴雨强度、降雨时间、降雨重现期等因素有关。暴雨量可根据各地的暴雨强度公式求得。我国常用的暴雨强度公式为：

$$q = \frac{167A_1(1+c\lg P)}{(t+b)^n}$$

式中　　q——设计暴雨强度 [$l/(s \cdot hm^2)$]；

　　　　P——设计重现期（a）；

　　　　t——降雨历时（min）；

　　A_1、c、b、n——地方参数，根据统计方法计算确定，我国部分城市降雨强度公式见表2-13。

降雨历时 t 等于集水时间时，雨水流量最大。集水时间 t 由地面集水时间 t_1 和管内雨水流行时间 t_2 两部分组成，用公式表示如下：

$$T = t_1 + m \cdot t_2$$

式中　　m——折减系数，管道采用2，明渠采用1.2，陡坡地区管道采用1.2~2；

　　　　t_1——通常采用经验值，国内一些城市采用的 t_1 值见表2-14。

　　　　t_2——雨水在管渠中的流行时间，

　　即　　$t_2 = \sum \frac{L}{60v}$

式中　　L——各管段的长度（m）；

　　　　v——各管段满流时的水流速度（m/s）；

　　　　60——单位换算系数，60s。

我国部分城市采用的雨水管渠设计重现期见表2-15。

我国部分城市降雨强度公式　　　　表2-13

省、自治区、直辖市	城市名称	暴雨强度公式	资料记录年数（a）
山东	潍坊	$q = \dfrac{4091.17(1+0.8824\lg P)}{(t+16.7)^{0.87}}$	20
	枣庄	$i = \dfrac{65.512+52.455\lg TE}{(t+22.378)^{1.069}}$	15
江苏	南京	$q = \dfrac{2989.3(1+0.6711\lg P)}{(t+13.3)^{0.8}}$	40
	徐州	$q = \dfrac{1510.7(1+0.514\lg P)}{(t+9)^{0.64}}$	23
	扬州	$q = \dfrac{8248.13(1+0.6441\lg P)}{(t+40.3)^{0.95}}$	20
	南通	$q = \dfrac{2007.34(1+0.752\lg P)}{(t+17.9)^{0.71}}$	31
安徽	合肥	$q = \dfrac{3600(1+0.76\lg P)}{(t+14)^{0.84}}$	25
	蚌埠	$q = \dfrac{2550(1+0.77\lg P)}{(t+12)^{0.774}}$	24
	安庆	$q = \dfrac{1986.8(1+0.777\lg P)}{(t+8.404)^{0.689}}$	25
	淮南	$q = \dfrac{2043(1+0.71\lg P)}{(t+6.29)^{0.71}}$	26

续表

省、自治区、直辖市	城市名称	暴雨强度公式	资料记录年数（a）
浙 江	杭 州	$q = \dfrac{10174(1+0.844\lg P)}{(t+25)^{1.038}}$	24
	宁 波	$q = \dfrac{18.105+13.90\lg TE}{(t+13.265)^{0.778}}$	18
江 西	南 昌	$q = \dfrac{1386(1+0.69\lg P)}{(t+1.4)^{0.64}}$	7
	赣 州	$q = \dfrac{3173(1+0.56\lg P)}{(t+10)^{0.79}}$	8
福 建	福 州	$i = \dfrac{6.162+3.88\lg TE}{(t+1.774)^{0.567}}$	24
	厦 门	$q = \dfrac{850(1+0.745\lg P)}{t^{0.514}}$	7
河 南	安 阳	$q = \dfrac{3680 P^{0.4}}{(t+16.7)^{0.858}}$	25
	开 封	$q = \dfrac{5075(1+0.61\lg P)}{(t+19)^{0.92}}$	16
	新 乡	$q = \dfrac{1102(1+0.623\lg P)}{(t+3.20)^{0.60}}$	21
	南 阳	$i = \dfrac{3.591+3.970\lg TM}{(t+3.434)^{0.416}}$	28
湖 北	汉 口	$q = \dfrac{983(1+0.65\lg P)}{(t+4)^{0.56}}$	
	老河口	$q = \dfrac{6400(1+1.059\lg P)}{(t+23.36)}$	25
	黄 石	$q = \dfrac{2417(1+0.79\lg P)}{(t+7)^{0.7655}}$	28
	沙 市	$q = \dfrac{684.7(1+0.854\lg P)}{t^{0.526}}$	20

国内一些城市采用的 t_1 值　　　　表2-14

城市	t_1（min）	城市	t_1（min）
北京	5~15	重庆	5
上海	5~15，某工业区25	哈尔滨	10
无锡	23	吉林	10
常州	10~15	营口	10~30
南京	10~15	白城	20~40
杭州	5~10	兰州	10
宁波	5~15	西宁	15
广州	15~20	西安	<100mm，5；<200m，8
天津	10~15		<300mm，10；<400mm，13
武汉	10	太原	10
长沙	10	唐山	15
成都	10	保定	10
贵阳	12	昆明	12

我国部分城市采用的雨水管渠设计重现期　　　　表2-15

城市	重现期（a）	城市	重现期（a）
北京	一般地形的居住区或城市区间道路 0.33～0.5 不利地形的居住区或一般城市道路 0.5～1 城市干道、中心区 1～2 特殊重要地区或盆地 3～10 立交路口 1～3	成都	1
		重庆	小面积小区 1～2 面积 30～50hm² 小区 5 大面积或重要地区 5～10
上海	市区 0.5～1 某工业区的生活区 1，厂区一般车间 2，大型、重要车间 5	武汉	1
		济南	1
无锡	小巷 0.33，一般 0.5，新建区 1	天津	1
常州	1	齐齐哈尔	0.33～1
南京	0.5～1	佳木斯	1
杭州	0.33～1	哈尔滨	0.5～1
宁波	0.5～1	吉林	1
广州	1～2，主要地区 2～20	长春	0.5～2
长沙	0.5～1	营口	郊区 0.5，市区 1

2）划分排水流域，进行雨水管渠的定线

根据地形及道路等平面物划分汇水区，标出各区面积并确定水流方向。作管渠布置草图，在拟设计管渠的园林局部图纸（附有园林地形的园林规划图）上画出管渠位置，并标出各管段的长度。根据地形图，求出管线上各节点的标高。

3）划分设计管段，计算各管段的设计流量

各管段的设计雨水流量 $Q = q \cdot \Psi \cdot F$

式中　q——设计暴雨强度 $[l/(s \cdot hm^2)]$；

　　　Ψ——径流系数；

　　　F——汇水面积（hm^2）。

用所在地区的暴雨强度公式求得暴雨强度 q；按汇水区的地面性质求出汇水区的平均径流系数 Ψ。径流系数是指流入管道中的雨水量与降落在地面上的雨水量的比值，与地面性质有关，表2-16列出了不同地面的径流系数 Ψ 值。

径流系数 Ψ 值　　　　表2-16

地面种类	Ψ 值
各种屋面、混凝土和沥青路面	0.90
大块石铺砌路面和沥青表面处理的碎石路面	0.60
级配碎石路面	0.45
干砌砖石和碎石路面	0.40
非铺砌土路面	0.30
公园和绿地	0.15

4）雨水管渠的水力计算

在求得雨水管道的设计流量以后进行水力计算。为避免烦琐的计算，可以直接根据已编制好的管渠水力计算表（或图）查得各管段的管径、坡度、流速，进而确定各管段节点的管底标高及管道埋深等。表2-17为钢筋混凝土管水力计算表（满流），其他各类管道的水力计算图见《排水工程》（上册，中国建筑工业出版社，第四版）附录2-2。

钢筋混凝土管水力计算表 表2-17

钢筋混凝土圆管水力计算表（满流）$D=300mm$ $n=0.013$

I (‰)	V (m/s)	Q (L/s)	I (‰)	V (m/s)	Q (L/s)	I (‰)	V (m/s)	Q (L/s)
0.6	0.335	23.68	3.2	0.774	54.71	5.8	1.042	73.66
0.7	0.362	25.59	3.3	0.786	55.56	5.9	1.051	74.30
0.8	0.387	27.36	3.4	0.798	56.41	6.0	1.060	74.93
0.9	0.410	28.98	3.5	0.809	57.19	6.1	1.068	75.50
1.0	0.433	30.61	3.6	0.821	58.04	6.2	1.077	76.13
1.1	0.454	32.09	3.7	0.832	58.81	6.3	1.086	76.77
1.2	0.474	33.51	3.8	0.843	59.59	6.4	1.094	77.33
1.3	0.493	34.85	3.9	0.854	60.37	6.5	1.103	77.97
1.4	0.512	36.19	4.0	0.865	61.15	6.6	1.111	78.54
1.5	0.530	37.47	4.1	0.876	61.92	6.7	1.120	79.17
1.6	0.547	38.67	4.2	0.887	62.70	6.8	1.128	79.74
1.7	0.564	39.87	4.3	0.897	63.41	6.9	1.136	80.30
1.8	0.580	41.00	4.4	0.907	64.12	7.0	1.145	80.94
1.9	0.596	42.13	4.5	0.918	64.89	7.1	1.153	81.51
2.0	0.612	43.26	4.6	0.928	66.60	7.2	1.161	82.07
2.1	0.627	44.32	4.7	0.938	66.31	7.3	1.169	82.64
2.2	0.642	45.38	4.8	0.948	67.01	7.4	1.177	83.20
2.3	0.656	46.37	4.9	0.958	67.72	7.5	1.185	88.77
2.4	0.670	47.36	5.0	0.967	68.36	7.6	1.193	84.33
2.5	0.684	48.35	5.1	0.977	69.06	7.7	1.200	84.88
2.6	0.698	49.34	5.2	0.987	69.77	7.8	1.208	85.39
2.7	0.711	50.26	5.3	0.996	70.41	7.9	1.216	85.96
2.8	0.724	51.18	5.4	1.005	71.04	8.0	1.224	86.52
2.9	0.737	52.10	5.5	1.015	71.75	8.1	1.231	87.02
3.0	0.749	52.95	5.6	1.024	72.39	8.2	1.239	87.58
3.1	0.762	53.87	5.7	1.033	73.02	8.3	1.246	88.08

续表

I (‰)	V (m/s)	Q (L/s)	I (‰)	V (m/s)	Q (L/s)	I (‰)	V (m/s)	Q (L/s)
8.4	1.254	88.65	11	1.435	101.44	28	2.289	161.81
8.5	1.261	89.14	12	1.499	105.96	29	2.330	164.71
8.6	1.269	89.71	13	1.560	110.28	30	2.370	167.54
8.7	1.276	90.20	14	1.619	114.45	35	2.559	180.90
8.8	1.283	90.70	15	1.675	118.41	40	2.736	193.41
8.9	1.291	91.26	16	1.730	122.29	45	2.902	205.14
9.0	1.298	91.76	17	1.784	126.11	50	3.059	216.24
9.1	1.305	92.25	18	1.835	129.72	55	3.208	226.77
9.2	1.312	92.75	19	1.886	133.32	60	3.351	236.88
9.3	1.319	93.24	20	1.935	136.79	65	3.488	246.57
9.4	1.326	93.73	21	1.982	140.11	70	3.619	255.83
9.5	1.333	94.23	22	2.029	143.43	75	3.747	264.88
9.6	1.340	94.72	23	2.075	146.68	80	3.869	273.50
9.7	1.347	95.22	24	2.119	149.79	85	3.988	281.91
9.8	1.354	95.71	25	2.163	152.90	90	4.104	290.11
9.9	1.361	96.21	26	2.206	155.94	95	4.217	298.10
10.0	1.368	96.70	27	2.248	158.01	100	4.326	305.80

为使雨水管渠正常工作，避免发生淤积、冲刷等现象，对雨水管渠水力计算的基本数据作如下的技术规定。

①雨水中主要含有泥沙等无机物质，不同于污水的性质，加以暴雨径流量大，而相对较高设计重现期的暴雨强度的降雨历时一般不会很长，所以管道的设计充满度（水深与管道直径的比值）按满流考虑，即 $h/D=1$。

②为避免雨水所挟带的泥沙等无机物质在管渠内沉淀下来而堵塞管道，雨水管渠的最小设计流速为 0.75m/s。为防止管壁受到冲刷，影响及时排水，对雨水管渠的最大设计流速规定为：金属管最大流速10m/s，非金属管最大流速为5m/s。

③雨水管道的最小管径为 300mm，相应的最小坡度为 0.003；雨水口连接管的最小直径为 200mm，最小坡度为 0.01。

④管道的埋设深度包括覆土厚度和埋设深度。覆土厚度是指管道外壁顶部到地面的距离；埋设深度是指管道内壁底到地面的距离，如图2-10所示。

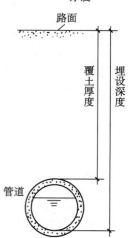

图 2-10 管道的覆土厚度

管道的最小覆土厚度一般应满足三个因素的要求：防止管道内污水冰冻和因土壤冻胀而损坏管道；防止管壁因地面荷载而受到破坏，一般车行道下最小覆土厚度不宜小于0.7m，非车行道下的管道若能满足衔接要求以及无动荷载的影响，其最小覆土厚度可适当减小；满足管道衔接的要求。除考虑管道的最小埋深以外，还应考虑最大埋深，因为埋深越大造价越高，一般在干燥土壤中，最大埋深不超过 7~8m，在多水、流砂、石灰岩层中，一般不超过 5m。

⑤绘制雨水管道平面图及纵剖面图。

2.2.4 常用排水管材和附属构筑物

（1）常用排水管材

排水管道的选用应遵循以下原则：

①耐腐蚀，能适应污水和雨水等腐蚀性水质的排放。

②管道具有一定的机械强度，抗压、抗外力冲击。

③内外光滑、水力条件好。

④水密性好，不渗不漏。

⑤接口施工容易，工作可靠。

⑥价格合理，能就地取材。

排水用管材有排水铸铁管、缸瓦管、排水塑料管、钢筋混凝土管，其中最常用的是混凝土管和钢筋混凝土管，分为混凝土管、轻型钢筋混凝土管、重型钢筋混凝土管三种。管口通常有承插式、企口式、平口式，如图 2-11 所示。

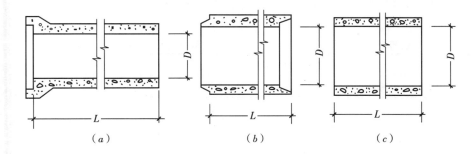

图 2-11 混凝土管和钢筋混凝土管
（a）承插式；（b）企口式；（c）平口式

（2）排水管道的附属构筑物

排水管道系统上的附属构筑物包括雨水口、连接暗井、溢流井、检查井、跌水井、防潮门、出水口等。

1）雨水口

雨水口是在雨水管渠或合流制管渠上收集雨水的构筑物，街道路面上的雨水首先经雨水口通过连接管流入排水管渠。雨水口的设置位置应能保证最有效地收集地面雨水。一般在交叉路口、路侧边沟的一定距离处以及没有道路边石的低洼地方设置。

雨水口的构造包括进水箅、井筒和连接管三部分，如图 2-12 所示。雨水口的进水箅可用铸铁或钢筋混凝土、石料制成，铸铁进水箅的进水能力较好。箅条与水流的方向平行比垂直的进水好，因此有些地方将箅条设计成纵横交错的形式（图 2-13），以便排泄路面上从不同方向流来的雨水。雨水口的井筒可用砖砌或用钢筋混凝土预制，也可以用预制的钢筋混凝土管。雨水口的深度一般不宜超过 1m，在有冻胀影响的地区，雨水口的深度可根据经验适当加大。

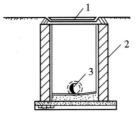
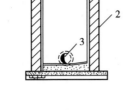

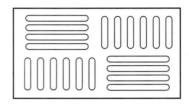

图 2-12 平箅雨水口（左）
1—进水箅；2—井筒；3—连接管

图 2-13 箅条交错排列的进水箅（右）

2）检查井

检查井是对管道系统进行定期清通和检查的构筑物，通常设在管道交汇、转弯、管道尺寸或坡度改变、跌水的地方以及相隔一定距离的直线管段上。检查井在直线管段上的最大间距，可按表 2-18 采用。

检查井的最大间距　　表 2-18

管径或暗渠净高（mm）	最大间距（m）	
	污水管道	雨水（合流）管道
200~400	30	40
500~700	50	60
800~1000	70	80
1100~1500	90	100
>1500 且 ≤2000	100	120
>2000	可适当增大	

检查井一般采用圆形，由井底（包括基础）、井身和井盖（包括盖底）三部分组成，如图 2-14 所示。检查井井底材料一般采用低强度等级混凝土，基础采用碎石、卵石、碎砖夯实或低强度等级混凝土。井身的材料可采用砖、石、混凝土或钢筋混凝土，国外多采用钢筋混凝土预制；我国目前多采用砖砌，以水泥砂浆抹面。井身的形状一般为圆形。检查井井盖可采用铸铁或钢筋混凝土，在车行道上一般采用铸铁。盖座采用铸铁、钢筋混凝土或混凝土材料制作。

3）跌水井

跌水井是设有消能设施的检查井。目前常用的跌水井有两种形式：竖管式（或矩形竖槽式）和溢流堰式。前者适用于直径等于或小于 400mm 的管道，后

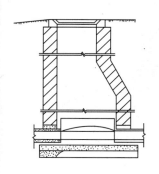 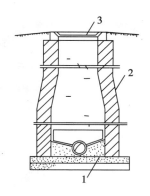 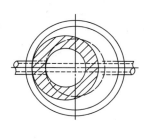

者适用于 400mm 以上的管道。当上下游管底标高落差小于 1m 时，一般只将检查井底部做成斜坡，不采用专门的跌水措施。

竖管式跌水井的构造如图 2-15 所示。溢流堰式跌水井如图 2-16 所示，这种跌水井也可用阶梯形跌水方式代替。

图 2-14　检查井
1—井底；2—井身；3—井盖

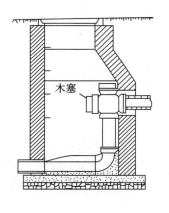 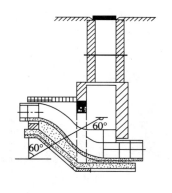

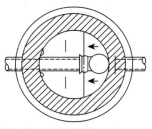 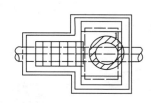

图 2-15　竖管式跌水井（左）

图 2-16　溢流堰式跌水井（右）

4）出水口

出水口是排水管渠排入水体的构筑物，其形式和位置与水位和水流方向有关。出水口不应淹没在水中，以免倒灌、泥沙淤积，因此出水口管底标高一般在常水位以上，当出口标高比水体水面高出许多时，应考虑设置单级或多级跌水。出水口与水体岸边连接处应采取防冲刷、加固等措施，一般用浆砌块石作护墙和铺底；在受冻胀影响的地区，出水口应考虑用耐冻胀材料砌筑，其基础必须设置在冻胀线以下。出水口的构造如图 2-17 所示。

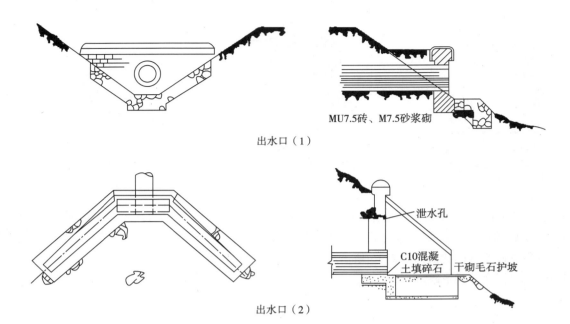

图 2-17 出水口的构造

园林中的雨水口、雨水检查井和出水口如果设置在某些重要地段，其外观应适当美化及伪装。其做法多种多样，有的在雨水井的铸铁箅子或井盖上铸出各种图案花纹；有的则以园林艺术手法，以假山（或塑石）、植物等材料加以点缀。园林排水构筑物的艺术处理如图 2-18 所示。

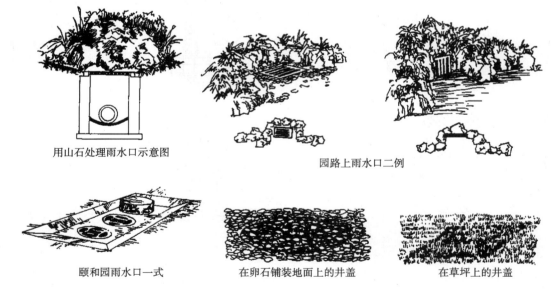

图 2-18 园林排水构筑物的艺术处理

2.2.5 排水管渠施工

(1) 沟槽开挖与排水管道基础制作

1) 沟槽开挖

沟槽开挖前按施工图样上的管道位置在现场进行放线，放线应标明管道敷设的中心线和沟槽边线,以便于按线开挖。开挖方法有人工开挖(用手工工具开挖)、机械开挖(挖土机开挖),遇有岩石地段还应采用爆破法开挖。开挖时注意沟槽底宽和上宽尺寸,还要注意开挖沟槽的深度。开挖沟槽深时,若槽底土较松软,一般比安装的管底深度小一些;若槽底土较坚硬甚至有岩石,其开挖沟槽深比安装的管底深度大一些。

沟槽开挖时,尽量使开挖的土堆放在沟槽的一侧,而另一侧可以摆放运来待安装的排水管,切不可让沟上侧摆放的排水管被开挖出的土埋没。

如果沟槽壁容易滑坡且施工时间较长,为了施工安全,应对沟槽边进行适当的支撑加固;如果地下水位较高,应对沟槽进行明沟排水或采用人工降低地下水位的方法(井点排水法)。

开挖的沟槽尽可能使之符合安管要求,免使修复沟槽的土方量加大。

2)排水管道基础

排水管道的基础,对于排水管道的质量影响很大,往往由于管道基础做得差,而使管道产生不均匀沉陷,造成管道漏水、淤积、错口、断裂等现象,导致对附近地下水的污染、影响环境卫生等不良后果。

排水管道的基础和一般构筑物基础不同。管体受到浮力、土压、自重等作用,在基础中保持平衡。因此管道基础的形式,取决于外部荷载的情况、覆土的厚度、土壤的性质及管道本身的情况。

地基是指沟槽底的土壤部分,承受管子和基础的重力、管内水量、管上土压力和地面上的荷载;基础是指管子与地基间的设施,有时地基强度较低,不足以承受上面压力时,要靠基础增加地基的受力面积,把压力均匀地传给地基;管座是在基础与管子下侧之间的部分,使管子与基础连成一个整体,以增加管道的刚度。

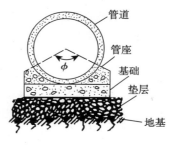

图2-19 管道基础断面

管道基础断面如图2-19所示。

常用的排水管道基础有砂土基础、混凝土枕基及混凝土带形基础。

①砂土基础。砂土基础包括弧形素土基础及砂垫层基础,如图2-20所示。弧形素土基础是在原土上挖一弧形管槽,通过采用90°弧形,管子落在弧形管槽里,这种基础适用于无地下水、原土能挖成弧形的干燥土壤、管道直径不大(陶土管管径 $D \leq 450mm$,承插混凝土管径 $D \leq 600mm$),埋深在 0.8~3.0m 之间的排水管道。

砂垫层基础是在挖好的弧形管上,用粗砂填好,使管壁与弧形槽相吻合。砂垫层厚度通常为 100~150mm。

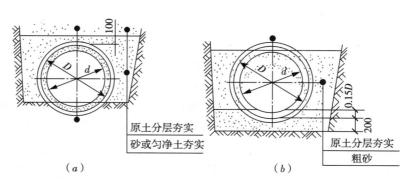

图2-20 砂土基础
(a)弧形素土基础;
(b)砂垫层基础

这种基础适用于无地下水、岩石或多石土壤，管道直径不大（陶土管管径 $D \leq 450mm$，承插混凝土管径 $D \leq 600mm$）、埋深在 1.5～3.0m 之间的排水管道。

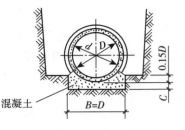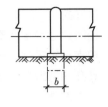

图 2-21 混凝土枕基

②混凝土枕基。混凝土枕基是只在管道接口处才设置的管道局部基础，如图 2-21 所示。

通常在管道接口下用混凝土做成枕状垫块。这种基础适用于干燥土壤的雨水管道及不太重要的污水支管。

③混凝土带形基础。混凝土带形基础是沿管道全长铺设的基础。按管座的形式不同可分为 90°、135°、180°三种管座基础，如图 2-22 所示。这种基础适用于各种潮湿土壤，以及地基软硬不均匀处的排水管道，并常加碎石垫层。管座的中心角在无特殊荷重时，一般采用 90°；如果地基非常松软或有特殊荷载，容易产生不均匀沉陷的地区，一般可采用 135°或 180°。

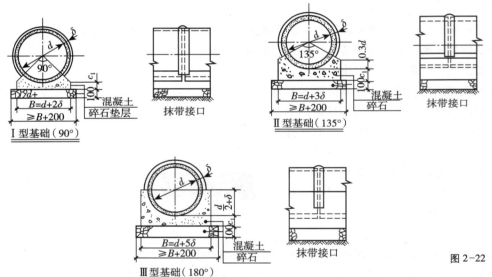

图 2-22 混凝土带形基础

在地震烈度为 8 度以上，土质又松软的地区，最好采用钢筋混凝土带形枕基。

(2) 下管稳管

下管之前应检查管材的质量，有无大面积破损和缺陷，承口方向是否朝着来水（指承插排水管），不符合质量要求坚决不能用。另外在下管之前应检查管道基础是否符合要求，混凝土强度是否达到标准。

排水管道从沟槽上边下到沟槽基础上称为下管。下管方法有压绳人工法和机械法，较大型排水管道通常采用吊车下管，既安全又能保证对口，而且能保护好沟槽边坡。稳管操作中通常采用的是对中作业和对高作业。对中是使管中心线与沟槽中心线在同一平面上，在排水管道中要求在 ±5mm 范围内，具体可按中心线法和边线法进行测量对正作业。

用对高作业（图 2-23）控制管道高程，是在坡度板上做出高程钉，相邻两块坡度板的高程钉分别到管底标高的垂直距离相等，则两高程钉之间的连线坡度即等于管底坡度，该连线称作坡度线。坡度线上任意一点到管底的垂直距离为一个常数，称作

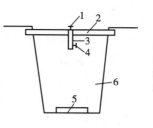

图 2-23 对高作业
1—中心钉；2—坡度板；
3—立板；4—高程钉；
5—管道基础；6—沟槽

对高数。进行对高作业时，使用丁字形对高尺，尺上刻有坡度线与管底之间距离的标记，即为对高读。将对高线垂直置于管端内底，当尺上标记线与坡度线重合时，对高满足要求，否则必须采用挖填沟底法予以调正。

（3）管道接口

排水管道常用混凝土管和钢筋混凝土管，其接口形式有承插式、企口式和平口式三种。

承插式接口材料有普通水泥砂浆、膨胀水泥砂浆、石棉水泥、沥青砂浆或沥青油膏等，前三种为刚性接口，后两种为柔性接口。

平口式接口有水泥砂浆抹带接口、钢丝网水泥砂浆抹带接口、预制套管接口、沥青麻布接口、石棉沥青带接口、沥青砂浆接口、塑料止水带接口等。前三种属于刚性接口，后四种属于柔性接口。

2.2.6 园林污水的处理

园林中的污水和城市污水性质不同，它所产生的污水性质比较简单，污水量小，基本上由两部分组成，一是餐厅、茶室等餐饮废水，二是厕所等卫生设备产生的污水，在动物园或带有动物展览区的公园里还有部分动物粪便及清扫禽兽笼舍的脏水。

根据污水的性质，园林污水应分别处理。

（1）餐饮废水处理

餐饮废水中含有大量的油脂。厨房洗涤废水中含油量约为 750mg/L，据调查，含油量超过 400mg/L 的污水进入排水管道后，随着水温的下降，污水中的油脂颗粒便开始凝固，粘附在管壁上，使管道过水面积变小，堵塞管道。所以含油废水需经出油装置后才能排入管道。隔油池（井）是常用的出油装置。图 2-24 所示为隔油井示意图。

图 2-24 隔油井示意图
1—进水管；2—盖板；
3—出水管；4—出水间；
5—隔板

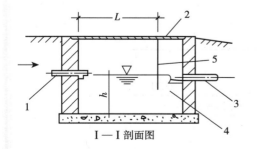
Ⅰ—Ⅰ剖面图

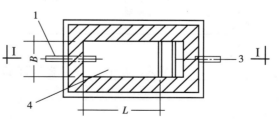

（2）粪便污水的处理

粪便污水未经处理不允许直接排入室外排水管道或水体，应在建筑物内或附近设置局部处理构筑物予以处理，如化粪池。化粪池是一种利用沉淀和厌氧发酵原理去除生活污水中悬浮性有机物的最低级的处理构筑物，目前仍是我国广泛采用的一种分散、过渡性的污水处理设施。

1）化粪池的有效容积计算

$$V = V_1 + V_2$$

$$V_1 = \frac{167A_1(1+c\lg P)}{(t+b)^n} \cdot \frac{Nqt}{24 \times 1000}$$

式中　V——化粪池有效容积，m^3；

　　　V_1——污、废水部分的容积，m^3；

　　　V_2——浓缩污泥部分的容积，m^3；

　　　N——化粪池实际使用人数，在计算单独建筑物化粪池时，为总人数乘以 δ（%）；

　　　δ——化粪池使用人数百分数（%），见表2-19；

　　　q——每人每日污、废水量[L/（人·d）]见表2-20；

　　　t——污、废水在池中停留的时间，根据污、废水量分别采用12~24h。

$$V_2 = \frac{\theta \cdot N \cdot T(1-b) \cdot k \times 1.2}{(1-c) \times 1000}$$

式中　θ——每人每日污泥量[L/（人·d）]见表2-20；

　　　T——污泥清掏周期（d），一般为90d、180d、360d（根据当地污、废水温度和当地气候条件，并结合建筑物性质决定）；

　　　b——进入化粪池新鲜污泥含水率，按95%取用；

　　　k——污泥发酵后体积缩减系数，按0.8取用；

　　　c——化粪池中发酵浓缩后污泥含水率，按95%取用；

　　　1.2——清掏污泥后遗留的熟污泥量容积系数。

化粪池使用人数百分数　　　表2-19

建筑物类型	δ 值（%）
医院、疗养院、养老院、幼儿园（有住宿）	100
住宅、集体宿舍、旅馆	70
办公楼、教学楼、实验楼、工业企业生活间	40
职工食堂、公共餐饮业、影剧院、商场、体育馆（场）及其他类似场所（按座位计）	10

每人、每日污、废水量和污泥量　　　表2-20

分类	生活污水与生活废水合流排出	生活污水单独排出
每人每日污、废水量	与用水量相同	20~30
每人每日污泥量	0.7	0.4

2) 化粪池选形

化粪池有矩形和圆形两种，对于矩形化粪池，当日处理污水量小于或等于 $10m^3$ 时，采用双格，当日处理污水量大于 $10m^3$ 时，采用 3 格。图 2-25 为双格矩形化粪池的构造。根据上面计算的化粪池有效容积，在相应的国家和地方标准图中选取合适的化粪池。

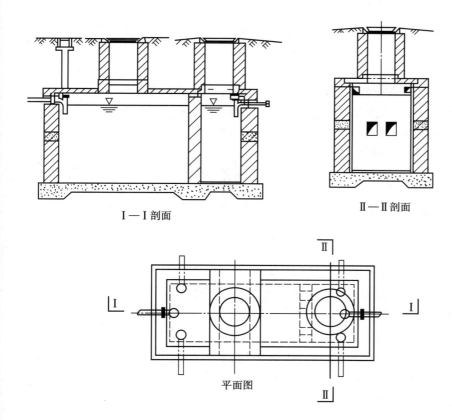

图 2-25 双格矩形化粪池的构造

3) 化粪池的设置

化粪池应设在室外，外壁距建筑物外墙不宜小于 5m，并不得影响建筑物基础；化粪池外壁距地下水取水构筑物外壁有不小于 30m 的距离。

2.3 园林喷灌工程施工

随着我国园林绿化的不断发展，绿化面积逐年增加，特别是草坪发展极为迅速，过去那种原始的拉皮管的灌溉方式已不能适应当今的需要。为此，在有条件的地方应该逐步实现灌溉的管道化、自动化。

喷灌是利用一套专门设备把水喷到空中，然后自然降落，对植物全株进行灌溉，可以洗去植物枝叶上的尘土，增加空气湿度，而且节约用水，这在水资源匮乏的当今世界，显得尤为重要。

喷灌系统的布置与以上所介绍的给水系统基本一致，其水源可以取自城市给水系统,也可以从园林水体中抽取。喷灌系统的设计必须满足流量和水压的要求,可降低对水质的要求,只要无害于植物和不污染环境即可。以下简要介绍喷灌系统的有关知识。

2.3.1 喷灌系统的组成与分类

(1) 组成

喷灌系统一般由喷头、管道、控制设备、过滤设备、加压设备及水源组成。

1) 喷头

喷头的作用是把有压力的集中水流喷射到空中,散成细小的水滴并均匀地散布在它所控制的灌溉面积上,因此喷头的结构形式及其制造质量的好坏将直接影响喷灌的质量。喷头的种类很多,可按以下方式划分类型。

①按喷头的安装方式,可以将喷头划分为外露喷头和地藏式喷头。

外露喷头是指在不工作的状态下完全暴露在地表以上的喷头。城市绿地和运动场的喷灌系统不宜采用外露式喷头。地藏式喷头指在不工作的状态下隐藏在地表以下的喷头,如图2-26所示。工作时,中间的伸缩部分在水压的作用下伸出地面,并按照一定的方式喷水;关闭水源时,又缩到地表以下。对于新建的绿地应优先选用地藏式喷头。

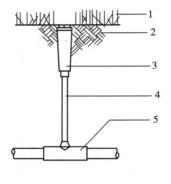

图2-26 地藏式喷头的安装
1—草坪;2—回填土;3—地藏式喷头;4—PVC立管;5—异径三通

②按喷洒方式,可将喷头划分为固定式喷头和旋转式喷头。

固定式喷头是指在工作状态下喷水孔口部分保持静止状态的喷头。这种喷头也称为漫射式喷头,它的特点是在喷灌过程中喷头的所有部件都是固定不动的,而水流则呈圆形或扇形向四面散开,和射流式喷头比较,由于它的水流分散,所以这种喷头一般射程短(5~10m),喷灌强度大(15~20mm/h),多数喷头水量分布不均匀,近外喷灌强度比平时喷灌强度高得多,因此,其使用范围受到很大的限制。但其结构简单,没有转动部分,工作可靠。在公园、小绿地、温室等处还有应用,也有用来装在悬臂式喷灌机上的。固定式喷头的结构形式很多,概括起来可以分为3类:折射式、缝隙式和离心式。

旋转式喷头是指在工作状态下喷水孔口部位按照一定的规律旋转的喷头。此种喷头又称为射流式喷头,它是使压力水流通过喷头形成一股集中的水柱射出,经粉碎后成细小的水滴洒落在地面,在喷洒过程中,喷头绕竖轴缓慢旋转,形成一个半径等于喷头射程的圆形或扇形的湿润面积。由于喷头水流量集中,射程远(可达30m以上),喷洒水滴均匀,所以极受欢迎,已普遍采用。是大面积园林绿地或运动场草坪喷灌系统的理想产品。

根据转动机械的特点对旋转式喷头进行分类,常用的形式有:摇臂式、叶轮式、反作用式和手持式四种;又可以根据是否装有扇形机构而分为全圆周转动的喷头和可以扇形喷灌的喷头两大类。

③按射程，可将喷头划分为近射程喷头、中射程喷头和远射程喷头，见表 2-21 各类喷头的技术性能。

各类喷头的技术性能　　　　　　　表 2-21

项目	低压喷头	中压喷头	高压喷头
	近射程喷头	中射程喷头	远射程喷头
工作压力（kPa）	100~300	300~500	>500
流量（m³/h）	0.3~11	11~40	>40
射程（m）	5~20	20~40	>40

④孔管式喷头。由一根或几根较小直径的管子组成，在管子的顶部分部有一些小的喷水孔，喷水孔直径仅 1~2mm；根据喷水孔分布的形式又可分为单列孔管和多列孔管两种。

2）输配水管道

①管材和管件

喷灌系统一般采用 PVC 或 PE 管材和管件。如果选用的喷头对水质无严格要求，也可以采用热镀锌钢管。

②管网布置

管网布置应力求使管道长度最短，减少折点，避免锐角相交。在同一轮灌区里，任意两个喷头之间的设计工作压力差应小于 20%；存在地面坡度时，干管应尽量顺坡布置，支管最好与等高线平行；当存在风向时，干管应尽量与主风向平行；应充分考虑地块形状，力求使支管长度一致、规格统一。应尽量减少控制井和泄水井的数量，并尽量将控制井和泄水井布置在绿地周围；干管、支管均向泄水井或阀门井找坡。

3）加压设备

喷灌系统常用的加压设备有离心泵、潜水泵和深井泵。水泵的设计出水量应满足最大轮灌区的设计供水量，水泵的设计扬程应满足最不利点喷头的工作压力。

4）过滤设备

如果喷灌水源含有较多的砂粒、悬浮物或藻类等物质，应使用过滤设备。常用的过滤器有离心过滤器、砂石过滤器、网式过滤器和叠片式过滤器。

5）控制设备

常用的喷灌系统控制设备，对于手动控制的采用球阀、闸阀或蝶阀；对于自动控制的多采用电磁阀和自动控制器，控制器的作用是自动控制喷灌系统的运行。

6）其他设备

①取水阀

是一种取水阀门，可直接埋地也可安装在阀门中，其作用就是喷灌系统的取水口。如图 2-27 所示。

②泄水阀

泄水的目的是防止冬季管道被冻胀，有自动泄水阀或采用手动球阀作为泄水阀。

（2）分类

喷灌系统根据其喷灌方式，可分为喷灌和微喷灌（含滴灌、渗灌）两种形式。喷灌机械按其各组成部分的安装情况及可转动程度，可分为固定式、移动式和半固定式三种。

1）移动式喷灌系统

这种系统要求喷灌区有天然水源（江、河、池、沼等），其动力（电动机或汽、柴油发动机）、水泵、管道和喷头等是可以移动的。如喷灌机，由压水设备、输水管路及喷头三部分组成，如图 2-28 所示。由于不需要埋设管道等设备，所以投资较经济、机动性强，但管理强度大。适用于天然水源充裕的地区，尤其是水网地区的园林绿地、苗圃和花圃的灌溉。北京颐和园的微喷灌系统，充分利用昆明湖充足的水源，采用移动式布置形式，取得了较好的喷灌效果。

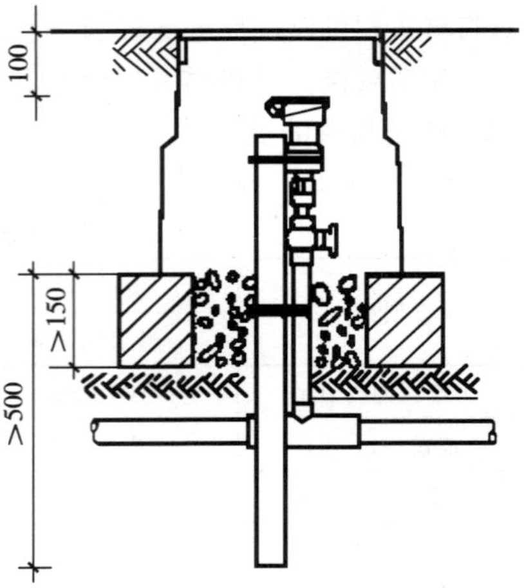

图 2-27　绿地浇灌取水阀

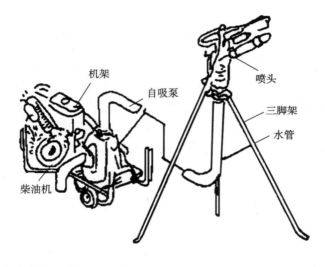

图 2-28　喷灌机示意图

2）固定式喷灌系统

地藏式喷头是一种较先进的固定喷头，喷头缩入套管或检查井中，使用时打开阀门，水压力把喷头顶升到一定高度进行喷洒。喷灌完毕，关上阀门，喷头便自动缩入套管或检查井中。这种喷头便于管理，不妨碍地面活动，不影响景观，但投资较大，多用于高尔夫球场，园林中有条件的地方也可使用。

固定式喷灌系统的设备费用较高，但操作方便、节约劳力、便于实现自动化和遥控操作。适用于需要经常灌溉或灌溉期较长的草坪、大型花坛、花圃、庭院绿化等。

3) 半固定式喷灌系统

这种系统的泵站和给水干管固定,支管及喷头可移动,优缺点介于上述两者之间,应用于大型花圃或苗圃。

以上三种形式可根据灌溉地的情况选用其中一种,也可混合使用。

2.3.2 喷灌系统的设计

(1) 收集资料

喷灌设计的第一步,要收集当地有关的气象资料,以及了解土壤、植被和水源情况。

①气象资料:包括风速、风向、蒸发量和降水量等,这些参数直接影响喷头的选型布置、喷头的水量分布和水的利用率。在喷头选型和布置时,要考虑当地的平均风速和主要风向,因为风速、风向会改变喷头的水量分布。

②土壤:包括土壤质地、结构、密度和田间持水量等。喷头喷灌时将有压水流喷洒在土壤表面,经过入渗转化为土壤水提供给植物根系吸收。土壤给植物的供水能力取决于以上的土壤特性。

③植被:植被情况直接影响喷灌灌水制度的制定,不同的植物有不同的需水量和需水时间。

园林喷灌设计的主要目的就是最大限度地保证同一种植物能够获得相同的喷灌强度和喷水量。因此,喷灌设计要根据设计范围内的不同植物的需水量和种植分布来划分轮灌区域,确定喷灌强度和制定灌水计划。

④水源:水源是喷灌系统的关键部分。喷灌系统的类型、设备选型与前期的工程造价和后期的运行费用都与水源条件有关。水源总量、流量和水压是喷灌系统规划设计中首要考虑的参数。

(2) 用水量分析

①灌水量的确定:首先确定绿地喷灌的灌水量,当现场资料缺乏的情况下,可参照表2-22中所列经验数据选取。

不同植被需水量　　　　　　　表2-22

植被类型	每周需水量(mm)
草地	38~51
地被	13~25
灌木	25~38
乔木	25~38
多年生至一年生植物	38~51
蔬菜	51

实际设计中要综合考虑气象条件、植物种植的环境及生长阶段来制定灌水制度,并用心听取植物或园艺学家的意见。

②允许喷灌强度：土壤的允许喷灌强度是影响喷头选型的主要因素。喷灌强度是指单位时间内喷洒在单位面积地面上的水深（mm）。喷灌系统的设计喷灌强度不得大于土壤的允许喷灌强度，这主要由土壤的入渗率决定。不同质地土壤允许喷灌强度可按表2-23确定。

各类土壤允许喷灌强度　　　　　　表2-23

土 壤 质 地	允许喷灌强度（mm/h）
砂土	20
粉土	15
壤土	12
黏壤土	10
黏土	8

对于有坡度的地面，允许喷灌强度应小些，不同坡度和不同土壤减少的数值也不同，表2-24列出了不同情况下应打折的系数。

坡地上允许灌溉强度打折系数表　　　　　　表2-24

坡度（%）	砂土	壤土	黏土
0~5	1.00	1.00	1.00
6~8	0.90	0.87	0.77
9~12	0.86	0.83	0.64
13~20	0.82	0.80	0.55
>20	0.75	0.60	0.39

③灌水周期：用下列公式计算以确定灌水周期：

$$T_{设} = \frac{m_{设}}{w} \cdot \eta$$

式中　$T_{设}$——灌水周期（d）；

　　　$m_{设}$——绿地设计灌水量（mm）；

　　　w——日需水量（mm/d），取灌水临界期的平均日需水量；

　　　η——喷灌水的有效利用系数，一般取0.6~0.9。

(3) 选择喷头与工作压力

1) 喷头选择

首先要考虑喷头的水力性能应能适合植被和土壤的特点，根据植被来选择水滴大小（即雾化指标）。还要根据土壤的透水性来选定喷头，使系统的组合喷灌强度小于土壤的渗吸速度。

2) 工作压力

根据管道系统的特点、喷灌对象、喷灌质量、投资、占地、可采用的喷头型号及现有设备条件等各方面的要求,综合考虑确定工作压力的大小。

表 2-25 为 Py 系列喷头性能表。

Py 系列喷头性能表　　　　表 2-25

喷头型号	进水口直径 公称值（mm）	进水口直径 实际尺寸（mm）	进水口直径 接头管螺纹尺寸（英寸*）	喷嘴直径 d（mm）	工作压力（kg/cm²）	喷水量 Q_p（m³/h）	射程 R（m）	喷灌强度 ρ（mm/h）
Py10	10	10	1/2	3	1.0 2.0	0.31 0.44	10.0 11.0	1.00 1.16
				4*	1.0 2.0	0.56 0.79	11.0 12.5	1.47 1.61
				5	1.0 2.0	0.87 1.23	12.5 14.0	1.77 2.00
Py15	15	15	3/4	4	2.0 3.0	0.79 0.96	13.5 15.0	1.38 1.36
				5*	2.0 3.0	1.23 1.51	15.0 16.5	1.75 1.76
				6	2.0 3.0	1.77 2.17	15.5 17.0	2.35 2.38
				7	2.0 3.0	2.41 2.96	16.5 18.0	2.82 2.92
Py20	20	20	1	6	3.0 4.0	2.17 2.50	18.0 19.5	2.14 2.10
				7*	3.0 4.0	2.96 3.41	19.0 20.5	2.63 2.58
				8	3.0 4.0	3.94 4.55	20.0 22.0	3.13 3.01
				9	3.0 4.0	4.88 5.64	22.0 23.5	3.22 3.26
Py30	30	30	1/2～1	9	3.0 4.0	4.88 5.64	23.0 24.5	2.94 3.00
				10*	3.0 4.0	6.02 6.96	23.5 25.5	3.48 3.42
				11	3.0 4.0	7.30 8.42	24.5 27.0	3.88 3.72
				12	3.0 4.0	8.69 10.0	25.5 28.0	4.25 4.07
Py40	40	40	2	12	3.0 4.5	8.69 10.5	26.5 29.5	3.04 3.85
				13	3.0 4.5	10.3 12.5	27.0 30.0	4.83 4.43
				14*	3.0 4.5	12.8 14.5	29.5 32.0	4.68 4.52
				15	3.0 4.5	14.7 16.6	30.5 33.0	5.05 4.85
				16	3.0 4.5	16.7 18.9	31.5 34.0	5.38 5.21

续表

喷头型号	进水口直径 公称值(mm)	进水口直径 实际尺寸(mm)	接头管螺纹尺寸(英寸*)	喷嘴直径 d (mm)	工作压力 (kg/cm^2)	喷水量 Q_p (m^3/h)	射程 R (m)	喷灌强度 ρ (mm/h)
Py50	50	52	1/2~2	16	4.0 5.0	17.8 19.9	34.0 37.0	4.92 4.65
				17	4.0 5.0	20.2 22.4	35.5 38.5	5.12 4.81
				18*	4.0 5.0	22.6 25.2	36.5 39.5	5.42 5.15
				19	4.0 5.0	25.2 28.2	37.5 40.5	5.72 5.49
Py60	60	60	3	20	4.0 5.0	27.9 31.2	38.5 41.5	5.99 5.77
				20	5.0 6.0	31.2 34.2	42.5 45.5	5.51 5.23
				22*	5.0 6.0	37.6 41.2	44.0 47.0	6.20 5.85
				24	5.0 6.0	44.8 49.1	46.5 50.5	6.59 6.15
Py80	80	80	4	26	6.0 7.0	57.6 62.4	51.5 54.5	6.91 6.72
				28	6.0 7.0	66.9 72.0	53.0 56.0	7.55 7.31
				30*	7.0 8.0	83.0 88.6	57.0 60.0	8.15 7.85
				32	7.0 8.0	94.4 101.0	60.5 63.5	8.21 7.95
				34	7.0 8.0	106.0 114.0	64.0 68.0	8.23 7.89

注：1. 表中喷嘴直径后均有两行数据，第一行为起始工作压力及相应各参数，第二行为设计工作压力及相应各参数。
   2. 注*号者为标准喷嘴直径。
   3. 表中喷灌强度一项系指单喷头全圆喷洒时的计算喷灌强度。
   *1英寸=2.54cm

（4）喷头的布置

喷头的布置形式一般有正方形、正三角形、矩形和等腰三角形四种，主要根据喷头的性能和拟喷灌地段的情况采用相宜的形式。表2-26中表示了不同的组合方式的喷洒方式、喷头射程、喷头的布置密度及支管间距、喷洒的有效控制面积及适用情况等。

喷头组合形式　　　　表2-26

序号	喷头组合图形	喷洒方式	喷头间距 L、支管间距 b 与喷头射程 R 的关系	有效控制面积 S	适用
A	正方形	全圆	$L=b=1.42R$	$S=2R^2$	在风向改变频繁的地方效果较好

续表

序号	喷头组合图形	喷洒方式	喷头间距 L、支管间距 b 与喷头射程 R 的关系	有效控制面积 S	适用
B	正三角形	全圆	$L = 1.73R$ $b = 1.5R$	$S = 2.6R^2$	在无风的情况下喷灌的均匀度最好
C	矩形	扇形	$L = R$ $b = 1.73R$	$S = 1.73R^2$	较 A、B 节省管道
D	等腰三角形	扇形	$L = R$ $b = 1.87R$	$S = 1.865R^2$	同 C

为了喷灌均匀，喷头喷洒范围要相互组合，其布置距离除根据喷头的工作压力外，还应当根据当地的风向和风速等决定，见表 2-27。

喷头间距、支管间距与平均风速的关系　　　表 2-27

平均风速（m/s）	喷头间距 L	支管间距 b	平均风速（m/s）	喷头间距 L	支管间距 b
<3.0	0.8R	1.3R	4.5~5.5	0.6R	R
3.0~4.5	0.8R	1.2R	>5.5	不宜喷灌	—

（5）划分轮灌组

布置好喷头后，接下来要进行轮灌组划分。喷灌系统的工作制度通常有续灌和轮灌 2 种。续灌是对系统内的全部管道同时供水，即整个灌溉系统作为一个轮灌区同时灌水。其优点是灌水及时，运行时间短，便于其他管理操作的安排；缺点是干管流量大，工程投资高，设备利用率低，控制面积小。续灌的方式只用于植被单一且面积较小的情况。对于绝大多数灌溉系统，为减少工程投资、提高设备利用率、扩大灌溉面积，一般均采用轮灌的工作制度，即将支管划分为若干组，每组包括 1 个或多个阀门，灌水时通过干管向各组轮流供水。

轮灌组划分的主要依据是同一轮灌组中，选用同种型号或性能相似的喷头，同时种植的植物品种一致或对灌水的要求相近；具体轮灌组数目的确定，要综合考虑系统每天允许运行时间、灌水周期和 1 次灌水延续时间等。

（6）水力计算

1）管径的确定

管径的大小对喷灌系统的总投资影响较大，管径太大，投资增加，经济上不合理；管径太小，水头损失大，需配置较大水泵，系统运行费用高，且管内流速大，易产生水击现象，对管道的安全不利。管径的初步估算可采用以下经验公式计算：

$$D = 18.8\sqrt{\frac{Q}{V}}$$

式中　D——管道公称外径（mm）；

　　　Q——管路中通过的流量（m³/h）；

　　　V——设计流速（m/s）。

该公式的适用条件是，设计流量 $Q = 0.5 \sim 200 \text{m}^3/\text{h}$，设计流速 $V = 1.0 \sim 2.5 \text{m/s}$。一般情况下喷灌系统管内流速都不能大于 2.5m/s。

2）计算水头压力损失

确定了管径和流量后就要计算水源所需提供的压力，首先计算管路的水头压力损失，水头损失有3部分的内容。

①干管的沿程水头损失的计算

干管的沿程水头损失通常用以下公式计算：

$$h_f = fLQ^m/d^b$$

式中　h_f——干管沿程水头损失（m）；

　　　f——摩擦阻力系数；

　　　L——管道长度（m）；

　　　Q——管道内的流量（m³/h）；

　　　d——管道内径（mm）；

　　　m——流量指数；

　　　b——管径指数。

其中 f、m、b 与管道管壁的粗糙程度有关，即与管道材质有关，一般可以查表2-28得到。

管道沿程水头损失计算系数表　　　　　表2-28

管　材	f	m	b
硬塑料管（如聚氯乙烯 UPVC 管等）	0.948×10^5	1.77	4.77
半硬塑料管（如高压低密度聚乙烯 PE 管等）	0.844×10^5	1.75	4.75
铝管或铝合金管	0.861×10^5	1.74	4.74
钢管、铸铁管	6.250×10^5	1.91	5.10

②支管沿程水头损失的计算

由于在支管上一般安装多个喷头，因此支管内的流量沿流程按一定规律递减，故支管的实际沿程水头损失比按支管总流量的计算值要小的多，它的水头损失一般用多出口管道的沿程水头损失公式计算。

$$H_f = F \cdot h_f$$

式中 H_f——多口出流管道沿程水头损失（m）；
   F——多口系数；
   h_f——干管沿程水头损失（m）。

F 值一般为 0.3~0.6，与出口数量、第 1 个出口位置和管材有关。

③局部水头损失的计算

在喷灌系统中除了以上两种水头损失外，还有局部水头损失，指水流在边壁急剧变形的地方，由于发生边界脱离和漩涡造成的机械能损耗。园林喷灌系统中，水流从水源途经过滤器、阀门等设备和弯头、变径等管件，最后到达喷头，每件设备和管件都会消耗水流的机械能，而且水的流速越大，被消耗的这部分水能也越大。对于较大的园林喷灌系统，如真正计算各个管件、设备处的局部水头损失，工作量将十分庞杂。因此在实际设计工作中，一般先计算出沿程水头损失，然后取局部水头损失 $h_j = (10\% \sim 15\%) h_f$，即可满足设计要求。

3）选择水泵

当水源提供的压力和流量不能满足设计要求时，就要选择水泵，选择水泵的主要任务是确定水泵的流量 Q 和扬程 H。

$$Q = \sum N \cdot q$$

$$H = H_{设} + \sum h_f + \sum h_j \pm \Delta H$$

式中 N——同时工作的喷头数；
   q——单个喷头流量（m³/h）；
   $H_{设}$——喷头的实际工作压力（m）；
   $\sum h_f$——指从水源至最不利喷头的总的沿程水头损失（m）；
   $\sum h_j$——指从水源至最不利喷头的总的局部水头损失（m）；
   ΔH——指水源水面或井内最低水位与最不利喷头的高差（m）。

具体选择水泵型号时，可参照有关水泵生产厂家的产品目录，使所选水泵的实际流量和扬程稍大于上述计算值，以确保满足设计要求。

2.3.3 喷灌系统的施工

为了保证喷灌系统管网的合理埋深和泄水坡度，避免无效劳动，降低重负荷作业对喷灌管网的不利影响，喷灌工程施工前应做好以下几点工作：

①未来绿地实际地坪基本到位；

②大型树木的调整工作基本完成；

③计划中拟拆除的地上构筑物或设施事先拆除，欲修建的地上构筑物或设施应完成的土建工程；

④了解和掌握喷灌区域内埋深小于 1m 的各种地下管线和设施的分布情况；

⑤另外施工前还要进行图纸审核、现场复核和技术交底等技术准备。

（1）施工放样

施工放样是把图纸上的设计方案搬到实际现场的过程。施工放样是喷灌施工的第一步，这项工作对于实现设计意图、保证喷灌均匀度十分重要。

1）放样原则

施工放样一般应遵循以下原则：

①尊重设计意图；

②尊重客观实际；

③由整体到局部；

④先喷头后管道；

⑤遵循点、线、面的顺序。

2）放样方法

绿地喷灌区域分为闭边界区域和开边界区域。草场和高尔夫球场多为开边界区域，而市政、商用、住宅区和园林绿化喷灌的区域一般都属于闭边界区域。闭边界喷灌区域的施工放样首先应该确定喷灌区域的边界。在大多数情况下，喷灌与绿化区域基本吻合，且喷灌工程放样前绿化区域已确定。在此情况下，可直接按点、线、面的顺序确定喷头位置，进而结合设计图纸确定管道位置。在喷灌区域与绿化区域不相吻合或喷灌工程施工时绿化区域尚没有实地确定时，就需要通过现场实测确定喷灌区域的边界。常用的实测方法有直角坐标法、极坐标法和交汇法。无论采用哪种方法确定喷灌区域的边界，都需要进行图纸与实际的核对，如果两者之间的误差在允许的范围内，则可直接进行喷头定位，并在喷头定位的同时进行必要的误差修正；如果图纸与实际之间的误差超出允许的范围，应该对设计方案作必要的修改；然后按照修改后的方案放样，以保证施工放样质量。

喷灌区域边界确定之后，得到一组封闭的曲线或折线，接着是在这些封闭曲线或折线包围的喷灌区域里进行喷头定位。首先确定边界上拐点的喷头位置，然后确定边界上任何两个拐点之间的喷头位置，最后确定非边界的喷头位置。喷头定位工作完成之后，根据设计图纸在实地进行管网联结，即得沟槽位置，确定沟槽位置的过程称为沟槽定线。沟槽定线前应清除沟槽经过路线的所有障碍物，并准备小旗、木桩、石灰等依测定的路线定线，以便挖掘沟槽。

（2）沟槽开挖与回填

1）沟槽开挖

在新建绿地进行喷灌施工时，可直接根据放样结果按要求开挖沟槽，如果是已经建好的绿地，则须预先移走植物再开挖沟槽。

沟槽开挖应满足以下要求：

①沟槽宽度应便于管道的安装施工且应尽量挖得窄些，一般情况下槽床宽度可由下式确定：

$$B = D + 400$$

式中　B——沟槽宽度；

　　　D——管道外径。

②沟槽深度应满足喷头的安装和泄水要求，埋地管道能承受顶部荷载，一般沟槽深度由下式确定：

$$H = D + h$$

式中　H——沟槽深度；

　　　D——管道外径；

　　　h——管道顶部以上土层厚度，在绿地里一般要求 $h=500\mathrm{mm}$，普通道路下 $h=1200\mathrm{mm}$。

③沟槽坡度：当地的冻土层深度一般不影响开挖的深度，即便在寒冷的北方地区也是这样；这主要是因为增加管道埋深丝毫无助于喷灌系统的防冻。解决喷灌系统冬季防冻问题的关键在于做好入冬前的泄水工作。为此，沟槽开挖时应根据设计要求保证槽床有2‰左右的坡度坡向指定泄水点。

2）沟槽回填

管道安装完毕并经水压试验合格后可进行沟槽回填。喷灌系统的沟槽回填不宜采用机械方法，回填的时间宜在昼夜中气温较低的时段。沟槽回填应分两步完成，先部分回填再全部回填。

①部分回填：部分回填是指管道以上范围内约100mm的回填，一般采用砂土或筛过的原土回填，其中不应含有砖瓦砾石或其他杂质硬物。管道两侧应分层夯实，禁止用石块或砖砾等杂物单侧回填。对于聚乙烯管，填土前应对管道进行压力冲水，冲水压力应接近管道的工作压力，防止回填过程中管道被挤压变形，影响喷灌系统的水力条件。

②全部回填：全部回填采用符合要求的原土，要求用轻夯或踩实的方法分层回填，一次填土 100~150mm，直至高出地面100mm左右。回填到位后必须对整个沟槽进行水夯，使回填部分下沉，避免绿化工程完成后出现局部下沉，影响绿化效果。

（3）管道安装

管道安装是绿地喷灌工程中的主要施工项目。管道安装应满足以下基本要求：

①管道敷设应在槽床标高和管道基础质量经检查合格后进行。

②管道的最大承受压力必须满足设计要求。

③敷设管道前要对管材、管件、密封圈等重新作一次外观检查，有质量问题的均不得采用。

④管材应平稳下沟，不得与沟壁或槽床激烈碰撞。

⑤管道在敷设过程中可以适当弯曲，但弯曲半径不得小于管径的300倍。

⑥管道穿公路时应设钢套管。

⑦管道安装施工中断时，应采取管口封堵措施，防止杂物进入管道。安装结束后，敷设管道时所用的垫块应及时拆除。

⑧管道系统中设置的阀门井的井壁应勾缝，阀门井底用砾石回填，以满足阀门井泄水要求。

（4）水压试验和泄水试验

管道安装完之后，应分别进行水压试验和泄水试验。

（5）设备安装

对于加压型喷灌系统，设备安装除喷头、阀门外，还有水泵和电机。水泵和电机安装与一般给水排水系统中的安装方法相同。

喷头安装时应注意以下几点：

①喷头安装前应彻底冲洗管道系统，直到管网末端出水变清为止，以免管道中杂物堵塞喷头。

②喷头应进行质量检查，合格后才可安装。

③喷头安装高度以喷头顶部与草坪根部或灌木惨剪高度平齐为宜。

④在平地或坡度不大的场合，喷头的安装轴线与地面垂直；如果地形坡度大于喷头的安装轴线，应取铅垂线和地面垂线形成的夹角的平分线，这样可以最大限度地保证组合喷灌均匀度。

⑤根据喷头的安装位置，合理设置其喷洒角度，无论是散射喷头还是旋转喷头，在喷头顶部均有喷洒范围的起点标记，安装位于绿地边界的喷头时，应根据喷头的旋转方向将起点标记与对应的绿地边界对齐。

■ 本章小结

一、园林给水施工

1. 给水管网的布置形式有树枝形和环形
2. 给水管网的水力计算

给水管网的水力计算步骤如下：

（1）确定最高日用水量 Q_d；

（2）确定最高日最高时用水量 Q_h；

（3）计算管段设计流量 q；

（4）确定管段的管径 D；

（5）水头损失计算；

（6）给水管管径快速估算法。

二、园林排水施工

1. 排水系统的分类与组成

按照来源不同，城市排水系统可以分为生活污水、工业废水和降水三类。

2. 排水体制

排水体制一般分为合流制和分流制两种。

3. 园林排水方式有地形排水、明沟排水、管道排水等

4. 常用排水管材

有排水铸铁管、缸瓦管、排水塑料管、钢筋混凝土管，其中最常用的是混凝土管和钢筋混凝土管。

三、园林喷灌施工

（1）喷灌系统的组成与分类：喷灌系统一般由喷头、管道、控制设备、过滤设备、加压设备及水源组成。喷灌系统根据其喷灌方式，可分为喷灌和微喷灌（含滴灌、渗灌）两种形式。

（2）喷灌系统的设计：可分为收集资料、用水量分析、选择喷头与工作压力、喷头的布置、划分轮灌组、水力计算、确定管径、计算水头压力损失、选择水泵。

（3）喷灌系统的施工：可分为施工放样、沟槽开挖与回填、管道安装、水压试验和泄水试验、设备安装等。

复习思考题

1. 常用的给水管材有哪些？各有什么特点？
2. 常用的雨水管道的接口和基础类型有哪几种？其适用范围的情况如何？
3. 简述喷灌工程的施工程序。

实训3　给水管道施工

一、目的意义
（1）了解给水管道施工的一般步骤；
（2）掌握给水球墨铸铁管（推入式T型）施工方法；
（3）弄清给水球墨铸铁管（推入式T型）施工中应该注意的问题。
二、场地要求（场地、材料、工具、人员）
（1）场地：已完沟槽；
（2）材料：给水球墨铸铁管若干、肥皂或洗衣粉、水；
（3）工具：叉子、捯链、连杆千斤顶等配套工具；
（4）人员：3～4人为一组。
三、操作步骤

推入式球墨铸铁管施工程序为：

下管—清理承口和胶圈—上胶圈—清理插口外表面及刷润滑剂—接口—检查。

将管子完整地下到沟槽后，应清刷承口，铲去所有的粘结物，如砂、泥土和松散涂层及可能污染水质、划破胶圈的附着物等。随后将胶圈清理洁净，将弯成心形，或花形的胶圈放入承口槽内就位。

把胶圈都装入承口槽，确保各个部位不翘不扭，仔细检查胶圈的固定是否正确。

清理插口外表面，插口端应是圆角并有一定锥度，以便容易插入承口。在承口内胶圈的内表面刷润滑剂（肥皂水、洗衣粉）。插口外表面刷润滑剂。

插口对承口找正后，上安装工具，扳动手扳葫芦（或叉子），使插口慢慢装入承口。最后用探尺插入承插口间隙中，以确定胶圈位置。插口推入位置应符合标准。

推入式球墨铸铁管的施工应注意以下几点：

（1）正常的接口方式是将插口端推入承口，但特殊情况下，承口装入插口亦可。

（2）胶圈存放应注意避光，不要叠合挤压，长期贮存应放入盒子里，或用其他材料覆盖。

（3）上胶圈时，不得将润滑剂刷在承口内表面，以免接口失败。

（4）安装前应准备好配套工具。为防止接口脱开，可用手扳葫芦锁管。

四、考核项目

（1）上胶圈：胶圈平整，固定。

（2）接口：插口与承口对正，胶圈位置准确，插口推入位置应符合标准。

五、评分标准

六、纪律要求（各学院自定）

实训4　喷灌系统水压、泄水试验

一、目的意义

（1）了解水压试验、泄水试验在喷灌系统中的重要性；

（2）掌握水压试验、泄水试验的方法、步骤；

（3）了解水压试验、泄水试验的一般要求。

二、场地要求（场地、材料、工具、人员）

（1）场地：已完给水管网一部分；

（2）工具：压力表；

（3）人员：3~4人为一组。

三、操作步骤

1. 水压试验

水压试验一般按照以下步骤进行：

（1）缓慢向试压管道中注水，同时排出管道内的空气，水慢慢进入管道以防水锤或气锤。

（2）严密试验：将管道内的水加压到0.35MPa并保持2h，检查各部位是否有渗漏或其他不正常现象。

（3）强度试验：严密试验合格后，对管道再次缓慢加压至强度试验压力，保持1h，检查各部位是否有渗漏或其他不正常现象。在2h内压力下降幅度小于5%，且管道无变形，表明管道强度试验合格。

（4）在严密试验和强度试验过程中，每当压力下降0.02MPa时应向管内补水。

（5）水压试验不合格应及时检修，检修后达到规定养护时间再次进行水压试验。

（6）水压试验合格后，应立即泄水，进行泄水试验。

2. 泄水试验

水压试验合格后应立即泄水，以检查管网的泄水能力。泄水时应打开所有手动泄水阀，截断立管堵头，以免管道中出现负压，影响泄水效果。泄水停止后，检查管道中是否存在堵管积水，并在图纸或现场作标记。泄水区域检查完毕后，应调整河床坡度或采取局部泄水的处理措施进行处理。处理后重复上述步骤重新进行水压和泄水试验，直至合格。

四、考核项目

（1）水压试验。

（2）泄水试验。

五、评分标准

六、纪律要求（各学院自定）

第3章 园林砌体工程施工

园 林 工 程 （二）

园林砌体工程施工中最常见的是花坛砌体与挡土墙的施工。花坛砌体在庭院、园林绿地中广为存在，常常成为局部空间环境的构图中心和焦点，对活跃庭院空间环境，点缀环境绿化景观起到十分重要的作用。它是在具有一定几何轮廓的植床内，种植各种不同色彩的观花、观叶与观果的园林植物，从而构成一幅富有鲜艳色彩或华丽纹样的装饰图案，以供观赏。在中国古典园林中，花坛是指边缘用砖石砌成的种植花卉的土台子。

挡土墙砌体是在园林建设上用以支持并防止土体坍塌的工程结构体，也就是所见的在土坡外侧人工修建的防御墙。在园林施工过程中，由于使用功能、植物生长、景观要求等的需要，常将不同坡度的地形按要求改造成所需的场地。在地形改造过程中，当斜坡超过容许的极限坡度时，原有的土体就会失去平衡，发生滑坡和塌方，因此需在土体边坡外侧修建挡土墙来维持边坡稳定。花坛墙体实际也是挡土墙的一种。在花坛与挡土墙工程施工过程中，经常会应用到砌体工程。园林砌体工程与装饰对景观视觉影响较大。砌体工程包括砌砖和砌石。砖石砌体在园林中被广泛采用，它既是承重构件、围护构件，也是主要的造景元素之一，尤其是砖、石所形成的各种墙体，在分隔空间、改变设施的景观面貌，反映地方乡土景观特征等方面得到广泛而灵活的运用。本章将介绍花坛砌体与挡土墙及其施工等内容。

3.1　花坛施工

花坛作为硬质景观和软质景观的结合体，具有很强的装饰性，可作为主景，也可作为配景。根据它的外部轮廓造型与形式，可分为如下几种：独立花坛、组合花坛、立体花坛、异形花坛。花坛在布局上，一般设在道路的交叉口、公共建筑的正前方或园林绿地的入口处，或在广场的中央，即游人视线的交汇处，构成视觉中心。花坛的平、立面造型应根据所在园林空间环境特点、尺度大小、拟栽花木生长习性和观赏特点来定。

花坛边缘的砖石砌体叫边缘石。花坛边缘处理方法很多，一般边缘石有磷石、砖、条石以及假山等，也可在花坛边缘种植一圈装饰性植物。边缘石的高度一般为100～150mm，最高不超过300mm，宽度为100～150mm，若兼作坐凳则可增至500mm，具体视花坛大小而言。

3.1.1　花坛砌体材料

大多数砌体系指将块材用砂浆砌筑而成的整体。砌体结构所用的块材有：烧结普通砖、非烧结硅酸盐砖、黏土空心砖、混凝土空心砖、小型砌块、粉煤灰实心中型砌块、料石、毛石和卵石等。花坛砌体材料常用的有：烧结普通砖、料石、毛石、卵石和砂浆等。

（1）烧结普通砖

烧结普通砖是以黏土、页岩、煤矸石、粉煤灰为主要原料，经焙烧而成的，其尺寸为 240mm×115mm×53mm。因其尺寸全国统一，故也称标准砖。烧结普通砖分烧结黏土砖和其他烧结普通砖。

1) 烧结黏土砖

烧结黏土砖是以砂质黏土为原料，经配料调制、制坯、干燥、焙烧而成，保温、隔热及耐久性能良好，强度能满足一般要求。烧结黏土砖又分为：实心砖、空心砖（大孔砖）和多孔砖。无孔洞或孔洞率小于15%的砖通称实心砖，也有些地方有比标准尺寸略小些的实心黏土砖，其尺寸为 220mm×105mm×43mm。实心黏土砖按生产方法不同，分为手工砖和机制砖；按砖的颜色可分红砖和青砖，一般来说青砖较红砖结实、耐碱、耐久性好。

为了节省用土和减轻墙体自重，在实心砖的基础上还进行了改造，做成空心砖（大孔砖）和多孔砖，即孔洞率等于或大于15%。黏土空心砖常见的为以下三种型号：

KP1 标准尺寸为 240mm×115mm×90mm；

KM1 标准尺寸为 190mm×180mm×90mm；

KP2 标准尺寸为 240mm×180mm×115mm。

其中，KM1 型具有符合建筑模数的优点，但无法与标准砖同时使用，必须生产专门的"配砖"方能解决砖墙拐角、丁字接头处的错缝要求；KP1 与 KP2 型则可以与标准砖同时使用。多孔砖可以用来砌筑承重的砖墙，而大孔砖则主要用来砌框架围护墙、隔断墙等承自重的砖墙。

黏土砖的强度等级用 MU×× 表示，例如，我们过去称为 100 号砖的强度等级用 MU10 表示。它的强度等级是以它的试块受压能力的大小而定的。烧结普通砖根据抗压强度分为 MU30、MU25、MU20、MU15、MU10 五个强度等级。烧结普通砖根据尺寸偏差、外观质量、泛霜和石灰爆裂分为优等品、一等品、合格品三个质量等级。优等品适用于清水墙，一等品、合格品可用于混水墙。烧结普通砖的外形为直角六面体，其公称尺寸为：长 240mm、宽 115mm、高 53mm。配砖规格为 175mm×115mm×53mm。一般常用的砖为 MU10、MU7.5。

2) 其他烧结普通砖

其他烧结普通砖包括烧结煤矸石砖和烧结粉煤灰砖等。烧结煤矸石砖是以煤矸石为原料的；烧结粉煤灰砖的原料是粉煤灰加部分黏土。它们是利用工业废料制成的，优点是化废为宝、节约土地资源、节约能源。其他烧结普通砖的强度等级与烧结黏土砖相同。

烧结多孔砖是以黏土、页岩、煤矸石等为主要原料，经焙烧而成的。烧结多孔砖的外形为矩形体，其长度、宽度、高度尺寸应符合下列要求：

a. 290、240、190、180mm；

b. 175、140、115、90mm。

烧结多孔砖根据抗压强度、变异系数分为 MU30、MU25、MU20、MU15、MU10 五个强度等级。烧结多孔砖根据尺寸偏差、外观质量、强度等级和物理性能分为优等品、一等品、合格品三个等级。

除烧结普通砖外，还有硅酸盐类砖，简称不烧砖。它们是由硅酸盐材料压制成型并经高压釜蒸压而成。其种类有：灰砂砖、粉煤灰砖、矿渣硅酸盐砖等。其强度等级为MU25～MU7.5之间，尺寸与标准砖相同。与烧结普通砖相比，硅酸盐类砖耐久性较差。由于其化学稳定性等因素，使用没有黏土砖广。园林中的花坛、挡土墙等砌体所用的砖须经受雨水、地下水等侵蚀，故采用黏土烧结实心砖、烧结煤矸石砖等，而灰砂砖、粉煤灰砖、矿渣硅酸盐砖等则不宜使用。

（2）石材

石砌体所用的石材应质地坚实，无风化剥落和裂纹。用于清水墙、柱表面的石材，尚应色泽均匀。石材的抗压强度高，耐久性好。石材的强度等级可分为：MU100、MU80、MU60、MU50、MU40、MU30、MU20、MU15和MU10。它是由把石块做成边长70mm的立方体，经压力机压至破坏后，得出的平均极限抗压强度值来确定的。石材按其加工后的外形规则程度可分为料石和毛石。

1）料石

料石亦称条石，系由人工或机械开采的较规划的六面体石块，经人工略加凿琢而成，依其表面加工的平整程度分为毛料石、粗料石、半细料石和细料石四种。毛料石一般仅稍加倍整，厚度不小于200mm，长度为厚度的1.5～3.0倍；粗料石表面凸、凹深度要求不大于20mm，厚度和宽度均不小于200mm，长度不大于厚度的3.0倍；半细料石除表面凸、凹深度要求不大于10mm外，其余同粗料石；细料石经细加工，表面凸、凹深度要求不大于2mm，其余同粗料石。料石常由砂岩、花岗石、大理石等质地比较均匀的岩石开采琢制，至少有一面的边角整齐，以便互相合缝，主要用于墙身、踏步、地坪、挡土墙等。粗料石部分可选来用于毛石砌体的转角部位，控制两面毛石墙的平直度。

2）毛石

毛石是由人工采用撬凿法和爆破法开采出来的不规则石块。由于岩石层理的关系，往往可以获得相对平整的和基本平行的两个面。它适宜用于基础、勒脚、一层墙体，此外，在土木工程中用于挡土墙、护坡、堤坝等。

（3）砂浆

砂浆是由骨料（砂）、胶结料（水泥）、掺合料（石灰膏）和外加剂（如微沫剂、防水剂、抗冻剂）加水拌合而成。当然，掺合料及外加剂是根据需要而定的。砂浆是园林中各种砌体材料中块体的胶结材料，使砌块通过它的粘结形成一个整体。砂浆起到填充块体之间的缝隙的作用，把上部传下来的荷载均匀地传到下面去，还可以阻止块体的滑动。同时因砂浆填满了块材间的缝隙，也减少了透气性，提高了砌体的隔热性和抗冻性等。砂浆应具备一定的强度、粘结力和工作度（或叫流动性、稠度）。

1）砂浆类型

砂浆可分为以下几种：

①水泥砂浆：即由水泥、砂、水拌合而成的，主要用在受湿度大的墙体、基础等部位。水泥砂浆强度高、耐久性好，但其拌合后保水性差，砌筑前会游离出很多的水分，砂浆摊铺在砖面上后这部分水分将很快被砖吸走，使铺砖发生困难，因而会降低砌筑质量。失去一定水分的砂浆必将影响其正常硬化，减少砖与砖之间的粘结，而使强度降低。因此，在强度等级相同的条件下，采用水泥砂浆砌筑的砌体强度要比用其他砂浆时低，当用水泥砂浆替代混合砂浆砌筑时，砂浆的强度应调整，一般应该提高一个等级。

②混合砂浆：是由水泥、石灰膏、砂子（有的加少量微沫剂节省石灰膏）等按一定的重量比例配制搅拌而成的。混合砂浆具有一定的强度和耐久性，且保水性、和易性较好，便于施工，质量容易保证。是一般墙体中常用的砂浆。主要用于地面以上墙体的砌筑。

③防水砂浆是在1:3（体积比）水泥砂浆中，掺入水泥重量3%~5%的防水粉或防水剂搅拌而成的。主要用于防潮层、水池内外抹灰等。

④勾缝砂浆是由水泥和细砂以1:1（体积比）拌制而成的。主要用于清水墙面的勾缝。

2）组成砂浆的原材料要求

①水泥：水泥的强度等级应根据设计要求进行选择。水泥砂浆采用的水泥，其强度等级不宜大于32.5级；水泥混合砂浆采用的水泥，其强度等级不宜大于42.5级。

②砂：砂宜用中砂，其中毛石砌体宜用粗砂。砂的含泥量：对水泥砂浆和强度等级不小于M5的水泥混合砂浆不应超过5%；强度等级小于M5的水泥混合砂浆，不应超过10%。

③石灰膏：生石灰熟化成石灰膏时，应用孔径不大于3mm×3mm的网过滤，熟化时间不得少于7d；磨细生石灰粉的熟化时间不得小于2d。沉淀池中贮存的石灰膏，应采取防止干燥、冻结和污染的措施。配制水泥石灰砂浆时，不得采用脱水硬化的石灰膏。

④黏土膏：采用黏土或粉质黏土制备黏土膏时，宜用搅拌机加水搅拌，通过孔径不大于3mm×3mm的网过筛。用比色法鉴定黏土中的有机物含量时应浅于标准色。

⑤电石膏：制作电石膏的电石渣应用孔径不大于3mm×3mm的网过滤，检验时应加热至70℃并保持20min，没有乙炔气味后，方可使用。

⑥粉煤灰：粉煤灰的品质指标应符合表3-1的要求。

⑦磨细生石灰粉：磨细生石灰粉的品质指标应符合表3-2的要求。

粉煤灰品质指标 表3-1

序号	指标	级别		
		Ⅰ	Ⅱ	Ⅲ
1	细度（0.045mm方孔筛筛余），（%）不大于	12	20	45
2	摇水量比，（%）不大于	95	105	115
3	烧失量，（%）不大于	5	8	15
4	含水量，（%）不大于	1	1	不规定
5	三氧化硫，（%）不大于	3	3	3

建筑生石灰粉品质指标 表3-2

序号	指标		钙质生石灰粉			镁质生石灰粉		
			优等品	一等品	合格品	优等品	一等品	合格品
1	CaO+MgO含量，（%）不小于		85	80	75	80	75	70
2	CO_2含量，（%）不大于		7	9	11	8	10	12
3	细度	0.90mm筛筛余（%）不大于	0.2	0.5	1.5	0.2	0.5	1.5
		0.125mm筛筛余（%）不大于	7.0	12.0	18.0	7.0	12.0	18.0

⑧水：水质应符合现行行业标准《混凝土拌合用水标准》JGJ63的规定。

⑨外加剂：凡在砂浆中掺入有机塑化剂、早强剂、缓凝剂、防冻剂等，应经检验和试配符合要求后，方可使用。有机塑化剂应有砌体强度的形式检验报告。

3）砂浆技术条件

砌筑砂浆的强度等级宜采用M20、M15、M10、M7.5、M5、M2.5。

水泥砂浆拌合物的密度不宜小于1900kg/m³；水泥混合砂浆拌合物的密度不宜小于1800kg/m³。砌筑砂浆的稠度应按表3-3的规定选用。

砌筑砂浆的稠度 表3-3

砌体种类	砂浆稠度（mm）
烧结普通砖砌体	70~90
轻骨料混凝土小型空心砌块	60~90
烧结多孔砖、空心砖砌体	60~80
烧结普通砖平拱式过梁 空斗墙、筒拱 普通混凝土小型空心砌块 砌体加气混凝土砌块砌体	50~70
石砌体	30~50

砌筑砂浆的分层度不得大于30mm。

水泥砂浆中水泥用量不应小于200kg/m³；水泥混合砂浆中水泥和掺加料

总量宜为 300~350kg/m³。

具有冻融循环次数要求的砌筑砂浆，经冻融试验后，质量损失率不得大于 5%，抗压强度损失率不得大于 25%。

4）砌筑砂浆配合比计算与确定

①砂浆试配强度 $f_{m,0}$

砂浆的试配强度应按下式计算：

$$f_{m,0} = f_2 + 0.645\sigma \quad (3-1)$$

式中 $f_{m,0}$——砂浆的试配强度，精确至 0.1MPa；

f_2——砂浆抗压强度平均值，精确至 0.1MPa；

σ——砂浆现场强度标准差，精确至 0.01MPa。

当有统计资料时，砂浆现场强度标准差 σ 应按下式计算：

$$\sigma = \sqrt{\frac{\sum_{i=1}^{n} f_{m,i}^2 - n\mu_{fm}^2}{n-1}} \quad (3-2)$$

式中 $f_{m,i}$——统计周期内同一品种砂浆第 i 组试件的强度（MPa）；

μ_{fm}——统计周期内同一品种砂浆 n 组试件强度的平均值（MPa）；

n——统计周期内同一品种砂浆试件的总组数，$n \geq 25$。

当不具有近期统计资料时，砂浆现场强度标准差 σ 可按表3-4取用。

砂浆强度标准差 σ 选用值（MPa）　　　　　表3-4

施工水平	砂浆强度等级					
	M2.5	M5	M7.5	M10	M15	M20
优良	0.50	1.00	1.50	2.00	3.00	4.00
一般	0.62	1.25	1.88	2.50	3.75	5.00
较差	0.75	1.50	2.25	3.00	4.50	6.00

②水泥砂浆配合比选用

水泥砂浆材料用量可按表3-5选用。

每立方米水泥砂浆材料用量　　　　　表3-5

砂浆强度等级	每立方米砂浆水泥用量（kg）	每立方米砂浆砂用量（kg）	每立方米砂浆用水量（kg）
M2.5、M5	200~230	1m³ 砂的堆积密度值	270~330
M7.5、M10	220~280		
M15	280~340		
M20	340~400		

注：1. 此表水泥强度等级为 32.5 级，大于 32.5 级水泥用量宜取下限；
2. 根据施工水平合理选择水泥用量；
3. 当采用细砂或粗砂时，用水量分别取上限或下限；
4. 稠度小于 70mm 时，用水量可小于下限；
5. 施工现场气候炎热或干燥季节，可酌情增加用水量。

③配合比试配、调整与确定

试配时应采用工程中实际使用的材料，应采用机械搅拌。搅拌时间，应自投料结束算起，对水泥砂浆和水泥混合砂浆，不得少于120s；对掺用粉煤灰和外加剂的砂浆，不得少于180s。

按计算或查表所得配合比进行试拌时，应测定砂浆拌合物的稠度和分层度，当不能满足要求时，应调整材料用量，直到符合要求为止。然后确定为试配时的砂浆基准配合比。

试配时至少应采用三个不同的配合比，其中一个为基准配合比，其他配合比的水泥用量应按基准配合比分别增加及减少10%。在保证稠度、分层度合格的条件下，可将用水量或掺加料用量作相应调整。

对三个不同的配合比进行调整后，应按现行行业标准《建筑砂浆基本性能试验方法》JGJ 70—90 的规定成型试件，测定砂浆强度，并选定符合试配强度要求且水泥用量最少的配合比作为砂浆配合比。如果水泥石灰砂浆配合比（水：水泥：石灰膏：砂）为 270:162:168:1450。则以水泥为1，配合比为 1.66:1:1.04:8.95。

5) 砂浆拌制及使用

砌筑砂浆应采用砂浆搅拌机进行拌制。砂浆搅拌机可选用活门卸料式、倾翻卸料式或立式，其出料容量常用200L。

搅拌时间从投料完算起，应符合下列规定：

①水泥砂浆和水泥混合砂浆，不得少于2min。
②水泥粉煤灰砂浆和掺用外加剂的砂浆，不得少于3min。
③掺用有机塑化剂的砂浆，应为 3～5min。

拌制水泥砂浆，应先将砂与水泥干拌均匀，再加水拌合均匀。

拌制水泥混合砂浆，应先将砂与水泥干拌均匀，再加掺加料（石灰膏、黏土膏）和水拌合均匀。

拌制水泥粉煤灰砂浆，应先将水泥、粉煤灰、砂干拌均匀，再加水拌合均匀。

掺用外加剂时，应先将外加剂按规定浓度溶于水中，在拌合水投入时投入外加剂溶液，外加剂不得直接投入拌制的砂浆中。

砂浆拌成后和使用时，均应盛入贮灰器中。如砂浆出现泌水现象，应在砌筑前再次拌合。

砂浆应随拌随用。水泥砂浆和水泥混合砂浆必须分别在拌成后3h和4h内使用完毕；当施工期间最高气温超过30℃时，必须分别在拌成后2h和3h内使用完毕。对掺用缓凝剂的砂浆，其使用时间可根据具体情况延长。

6) 砌筑砂浆质量

砌筑砂浆试块强度验收时其强度合格标准必须符合以下规定：

同一验收批砂浆试块抗压强度平均值必须大于或等于设计强度等级所对应的立方体抗压强度；同一验收批砂浆试块抗压强度的最小一组平均值必须大于

或等于设计强度所对应的立方体抗压强度的 0.75 倍。

抽检数量：每一检验批且不超过 250m³ 砌体的各种类型及强度等级的砌筑砂浆，每台搅拌机应至少抽检一次。

检验方法：在砂浆搅拌机出料口随机取样制作砂浆试块（同盘砂浆只应制作一组试块），最后检查试块强度试验报告单。

当施工中或验收时出现下列情况，可采用现场检验方法对砂浆和砌体强度进行原位检测或取样检测，并判定其强度：

①砂浆试块缺乏代表性或试块数量不足；

②对砂浆试块的试验结果有怀疑或有争议；

③砂浆试块的试验结果，不能满足设计要求。

3.1.2 花坛砌体的施工

砖砌体施工通常包括：抄平→放线→摆砖样→立皮数杆→挂准线→铺灰→砌砖等工序。

砌筑工程施工是一个传统工种工程的施工方法。砌筑工程一般是指应用砌筑砂浆，采用一定的工艺方法将普通黏土砖、硅酸盐类砖、石块和各种砌块砌筑成为各种砌体的施工活动。

把花坛及花坛群搬到地面上去，就必须要经过施工前准备工作、定点放线、砌筑花坛墙体、填土整地、图案放样、花卉栽植等几道工序。花坛砌体施工要根据施工复杂程度准备工具，常用工具为皮尺、绳子、木桩、木槌、铁锹、经纬仪等，并按规范要求清理施工现场。

（1）施工前准备工作

1）砂浆拌制

①停放机械的地方，土质要坚实平整，防止土面下沉造成机械倾侧。

②砂浆搅拌机的进料口上应装上铁栅栏遮盖保护。严禁脚踏在拌合筒和铁栅栏上面操作。传动皮带和齿轮必须装防护罩。

③工作前应作如下检查：

检查搅拌叶有无松动或磨刮筒身现象；检查出料机械是否灵活；检查机械运转是否正常。

④必须在搅拌叶达到正常运转后，方可投料。

⑤转叶转动时，不准用手或棒等其他物体去拨刮拌合筒口灰浆或材料。

⑥出料时必须使用摇手柄，不准用手转拌合筒。

⑦工作中机具如遇故障或停电，应拉开电闸，同时将筒内拌料清除。

2）砌块淋湿

砖、小型砌块等，均应提前在地面上用水淋（或浸水）至湿润，不应在砌块运到操作地点时才进行，以免造成场地湿滑。

3）材料运输

①车子运输砖、砂浆等应注意稳定，不得高速行驶，前后车距离应不少于

2m；下坡行车，两车距应不少于10m。禁止并行或超车。所载材料不许超出车厢之上。

②禁止用手向上抛砖运送，人工传递时，应稳递稳接，两人位置应避免在同一垂直线上。

③在操作地点的地面临时堆放材料时，要放在平整坚实的地面上，不得放在湿润积水或泥土松软、崩裂的地方，基坑0.5~1.0m以内不准堆料。

4）作业条件

①基础砌砖前基槽或基础垫层施工均已完成，并办理好工程隐蔽验收手续。

②砌筑前，地基均已完成并办理好工程隐蔽验收手续。

③砌体砌筑前应做好砂浆配合比技术交底及配料的计量准备。

④普通砖、空心砖等在砌筑前一天应浇水湿润，湿润后普通砖、空心砖含水率宜为10%~15%，不宜采用即时浇水淋砖，即时使用。各种砌体，严禁干时砌筑。

⑤砌体施工应弹好花坛的主要轴线及砌体的砌筑控制边线，经有关技术部门进行技术复线，检查合格，方可施工。基础砌砖应弹出基础轴线和边线、水平标高。

⑥砌体施工：应设置皮数杆，并根据设计要求、砖块规格和灰缝厚度在皮数杆上标明皮数及竖向构造的变化部位。

⑦根据皮数杆最下面一层砖的标高，可用拉线或水准仪进行抄平检查，如砌筑第一皮砖的水平灰缝厚度超过20mm时，应先用细石混凝土找平，严禁在砌筑砂浆中掺填砖碎或用砂浆找平，更不允许采用两侧砌砖、中间填心找平的方法。

（2）定点放线与工艺流程

1）定点放线

根据设计图和地面坐标系统的对应关系，用测量仪器把花坛群中主花坛中心点坐标测设到地面上，再把纵横中轴线上的其他中心点的坐标测设下来，将各中心点连线，即在地面上放出了花坛群的纵横线。据此可量出各处个体花坛的中心，最后将各处个体花坛的边线放到地面上就可以了。具体可按龙门板上轴线定位钉将花坛墙身中心轴线放到基础面上，弹出纵横墙身边线，墙身中心轴线，见图3-1。

2）摆砖样

按选定的组砌方法，在墙基顶面放线位置试摆砖样（生摆，即不铺灰），尽量使门窗垛符合砖的模数，偏差小时可通过竖缝调整，以减小斩砖数量，并保证砖及砖缝排列整齐、均匀，以提高砌砖效率。

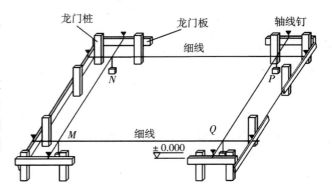

图3-1 龙门板

3）立皮数杆（图 3-2）

皮数杆上划有每皮砖和灰缝的厚度，以及门窗洞、过梁、楼板底面等的标高。它立于墙的转角处，其基准标高用水准仪校正。如墙的长度很大，可每隔 10 至 15m 再立一根。

4）铺灰砌砖

常用的有"三一"法和铺浆法。"三一"砌砖法的操作要点是一铲灰，一块砖，一挤揉，并随手将挤出的砂浆刮去，操作时砖块要放平，跟线。

铺浆法：铺浆法即先用砖刀或小方铲在墙上铺 500~750mm 左右长的砂浆，用砖刀调整好砂浆的厚度，再将砖沿砂浆面向接口处推进并揉压，使竖向灰缝有 2/3 高的砂浆，再用砖刀将砖调平，依次操作的方法。它也是较好的方法，但要求砂浆的和易性一定要好。

实心砖砌体大都采用一顺一顶、三顺一顶、梅花顶等组砌方法。

砖砌体的台阶水平面上及挑出部分最上一皮砖均应采用丁砌层砌筑。

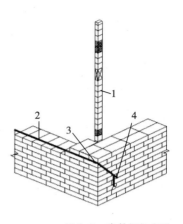

图 3-2 皮数杆与水平控制线
1—皮数杆；2—水平控制线；3—转角处水平控制线固定钢钉；4—末端水平控制线固定钢钉

5）砌体工程执行的标准

按照自 2002 年 4 月 1 日起施行的《砌体工程施工质量验收规范》GB 50203—2002 规定，砌筑工程施工主要是砖砌体工程、混凝土小型空心砌块工程、石砌体工程、配筋砌体工程、填充墙砌体工程等分项工程的施工。为了保证砌体工程的施工质量，必须全面执行国家现行有关标准。

（3）花坛墙体的砌筑

花坛工程的主要工序就是砌筑花坛墙体。放线完成后，开挖墙体基槽，基槽的开挖宽度应比墙体基础每边宽 100mm 左右，深度根据设计而定。槽底土面要整齐、夯实，有松软处要进行加固，不得留下不均匀沉降的隐患。在砌基础之前，槽底应做一个 100mm 厚的垫层，作基础施工找平用。墙体一般用砖砌筑，高度为 150~450mm，其基础和墙体可用 M5 水泥砂浆、MU7.5 标准砖做成。墙砌筑好之后，回填泥土将基础埋上，并夯实泥土。再用水泥和粗砂配成 1:2.5 的水泥砂浆，对墙抹面，抹平即可，不要抹光；或按设计要求勾砖缝。最后，按照设计，用磨制花岗石片、釉面墙地砖等贴面装饰，或者用彩色水磨石、水刷石、斩假石、喷砂等方法饰面。

如果用普通砖砌筑，普通砖墙厚度有半砖、四分之三砖、一砖、一砖半、二砖等，常用砖墙根据其厚度不同，可采用全顺（120mm）、两平一侧（180mm 或 300mm）、全丁、一顺一丁、梅花丁或三顺一丁的砌筑形式（图 3-3）。

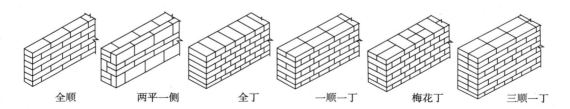

图 3-3 砖墙砌筑形式

砖墙的水平灰缝厚度和竖向灰缝宽度一般为10mm，但不应小于8mm，也不应大于12mm。灰缝的砂浆应饱满，水平灰缝的砂浆饱满度不得低于80%。

1）基础砌筑

实心黏土砖用作基础材料，是园林中花坛砌体工程常用的基础形式之一。它属于刚性基础，以宽大的基底逐步收退，台阶式地收到墙身厚度，收退多少应按图纸实施，一般有：等高式大放脚每两皮一收，每次收退1/4砖长；间隔式大放脚两层一收及间一层一收交错进行。大放脚是一种扩大的刚性基础，它的宽度为半砖长的整数倍。地基与大放脚之间有一层C10~C15的混凝土垫层，厚度一般为100mm，宽度每边比大放脚最下层宽100mm。

大放脚有等高式和间隔式。等高式大放脚是每砌两皮砖，两边各收进1/4砖长（60mm）；间隔式大放脚是每砌两皮砖及一皮砖，轮流两边各收进1/4砖长（60mm）。砖基础的转角处、交接处，为错缝需要应加砌配砖（3/4砖、半砖或1/4砖）。

特别要注意，等高式和间隔式大放脚（不包括基础下面的混凝土垫层）的共同特点是最下层都应为两皮砖砌筑（图3-4）。

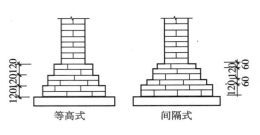

图3-4 砖基础大放脚形式

大放脚的转角处、交接处，为错缝需要应加砌配砖（3/4砖、半砖或1/4砖）。

图3-5所示是底宽为二砖半等高式砖基础大放脚转角处分皮砌法。

2）多孔砖墙砌筑

因为实心砖墙日渐稀少，所以重点介绍砌筑多孔砖墙。在常温状态下，多孔砖应提前1~2d浇水湿润。砌筑时砖的含水率宜控制在10%~15%。多孔砖墙一般应采用"三一"砌砖法砌筑；也可采用铺浆法砌筑，铺浆长度不得超

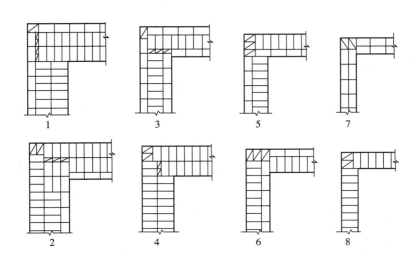

图3-5 大放脚转角处分皮砌法

过750mm；当施工期间最高气温高于30℃时，铺浆长度不得超过500mm。

方形多孔砖一般采用全顺砌法，多孔砖中手抓孔应平行于墙面，上下皮垂直灰缝相互错开半砖长。矩形多孔砖宜采用一顺一丁或梅花丁的砌筑形式，上下皮垂直灰缝相互错开1/4砖长（图3-6）。

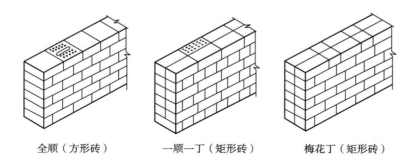

图3-6 多孔砖墙砌筑形式

方形多孔砖墙的转角处，应加砌配砖（半砖），配砖位于砖墙外角（图3-7）。

方形多孔砖的交接处，应隔皮加砌配砖（半砖），配砖位于砖墙交接处外侧（图3-8）。

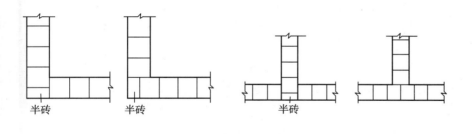

图3-7 方形多孔砖墙转角砌法（左）

图3-8 方形多孔砖墙交接处砌法（右）

矩形多孔砖墙的转角处和交接处砌法同烧结普通砖墙转角处和交接处相应砌法。

多孔砖墙的灰缝应横平竖直。水平灰缝厚度和垂直灰缝宽度宜为10mm，但不应小于8mm，也不应大于12mm。

多孔砖墙灰缝砂浆应饱满。水平灰缝的砂浆饱满度不得低于80%，垂直灰缝宜采用加浆填灌方法，使其砂浆饱满。

如果用毛石块砌筑墙体，其基础采用C10混凝土，厚100mm，砌筑高度由设计而定，为使毛石墙体整体性强，常用料石压顶或钢筋混凝土现浇，再用1:1水泥砂浆勾缝或用石材本色水泥砂浆勾缝作装饰。

3.1.3 质量要求

烧结普通砖砌体的施工质量只有合格一个等级。烧结普通砖砌体质量合格应达到以下规定：

①主控项目应全部符合规定；

②一般项目应有80%及以上的抽检处符合规定，且偏差值最大在允许偏

差值的 150% 以内。

达不到上述规定，则为施工质量不合格。

总之，砖砌体的施工质量总体要把握"横平竖直，灰缝饱满，错缝搭接，组砌得当" 16 字诀。

具体要抓住砌体的"内三度"、"外三度"和接槎规范、质量通病的防治。

① "内三度"：一是砖、石、砌块的强度；二是砂浆的强度；三是砂浆的灰缝（特别是砖的水平灰缝）的饱满度。

② "外三度"：在实测时的三项允许偏差，一是砌体的垂直度；二是砌体的平整度；三是砌体的十皮砖的厚度。

③ 接槎规范：凡是墙体有接槎的部位必须按规范规定留置保证砌体能形成共同作用的整体。

3.1.4 花坛种植床整理

在已完成的边缘石圈子内，进行翻土作业。一面翻土，一面挑选、清除土中杂物，一般花坛土壤翻挖深度不应小于 250mm，若土质太差，应当将劣质土全清除掉，另换新土填入花坛中。在填土之前，先填进一层肥效较长的有机肥作为基肥，然后才填进栽培土，一般的花坛，其中央部分填土应该较高，边缘部分填土则应低一些。单面观赏的花坛，前边填土应低些，后边填土则应高些。花坛土面应做成坡度为 5%～10% 的坡面。

在花坛边缘地带，土面高度填至填体顶面以下 20～30mm，以后经过自然沉降，土面即降到比缘石顶面低 70～100mm 之处，这就是边缘土面的合适高度。花坛内土面一般要填成弧形面或浅锥形面，单面观赏花坛的上面则要填成平坦土面或是向前倾斜的直坡面。填土达到要求后，要把上面的土粒整细、耙平，以备植物图案放线，栽种花卉植物。

3.2 挡土墙施工

挡土墙被广泛应用于园林环境中，是防止土坡坍塌、承受侧向压力的构筑物，它在园林建筑工程中被广泛地用于房屋地基、堤岸、码头、河池岸壁、路堑边坡、桥梁台座、水榭、假山、甬道、地下室等工程中。在山区、丘陵地区的园林中，挡土墙常常是非常重要的地上构筑物，起着十分重要的作用。在地势平坦的园林中，为分割空间、遮挡视线、丰富景观层次，有时会人工砌筑墙体，成为造景功能上的景墙。

3.2.1 园林挡土墙的功能作用

挡土墙是园林环境中重要的地上构筑物之一，它在园林景观设计中有着十分重要的作用。具体作用可归结如下：

(1) 固土护坡，阻挡土层塌落

挡土墙的主要功能是在较高地面与较低地面之间充当泥土阻挡物，以防止陡坡坍塌。当由厚土构成的斜坡坡度超过所允许的极限坡度时，土体的平衡即遭到破坏，发生滑坡与坍塌。因此，对于超过极限坡度的土坡，就必须设置挡土墙，以保证陡坡的安全。

（2）节省占地，扩大用地面积

在一些面积较小的园林局部，当自然地形为斜坡地时，要将其改造成平坦地，以便能在其上修筑房屋。为了获得最大面积的平地，可以将地形设计为两层或几层台地，这时，上下台地之间若以斜坡相连接，则斜坡本身需要占用较多的面积，坡度越缓，所占面积越大。如果不用斜坡而用挡土墙来连接台地，就可以少占面积，使平地的面积更大些。可见，挡土墙的使用，能够节约用地并扩大园林平地的面积。

（3）削弱台地高差

当上下台地地块之间高差过大，下层台地空间受到强烈压抑时，地块之间挡土墙的设计可以化整为零，分作几层台阶形的挡土墙，以缓和台地之间高度变化太强烈的矛盾。这就是说，挡土墙还有削弱台地高差的作用。

（4）制约空间和空间边界

当挡土墙采用两方甚至三方围合的状态布置时，就可以在所围合之处形成一个半封闭的独立空间。有时，这种半闭合的空间很有用处，能够为园林造景提供具有一定环绕性的良好的外在环境。如西方文艺复兴后期出现的巴洛克式园林的"水剧场"景观，就是在采用幻想式洞窟造型的半环绕式的台地挡土墙前创造出的半闭合喷泉水景空间。

（5）造景作用

由于挡土墙是园林空间的一种竖向界面，在这种界面上进行一些造型造景和艺术装饰，就可以使园林的立面景观更加丰富多彩，进一步增强园林空间的艺术效果。因此我们说，挡土墙可以美化园林的立面。

图3-9 具有造景功能的挡土墙

挡土墙的作用是多方面的，除了上述几种主要功能外，它还可作为园林绿化的一种载体，增加园林绿色空间或作为休息之用（图3-9）。

3.2.2 园林挡土墙的材料与构造

（1）园林挡土墙的材料

在古代有用麻袋、竹筐取土，或者用铁丝笼装卵石成"石龙"，堆叠成庭园假山的陡坡，以取代挡土墙，也有用连排木桩插板作挡土墙的，这些土、钢丝、竹木材料都用不太久，所以现在的挡土墙常用石块、砖、混凝土、钢筋混凝土等硬质材料构成。

(2) 石块

不同大小、形状和地区的石块，都可以用于建造挡土墙。

石块一般有两种形式：A. 毛石（或天然石块）；B. 加工石。

无论是毛石或加工石，用来建造挡土墙都可使用下列两种方法：A. 浆砌法；B. 干砌法。

浆砌法，就是将各石块用粘结材料粘合在一起。干砌法是不用任何粘结材料来修筑挡土墙，此种方法是将各个石块巧妙地镶嵌成一道稳定的砌体，则由于重力作用，每块石头相互咬合十分牢固，增加了墙体的稳定性。

(3) 砖

砖也是挡土墙的建造材料，它比起石块，能形成平滑、光亮的表面。砖砌挡土墙需用浆砌法。

(4) 混凝土和钢筋混凝土

挡土墙的建造材料还有混凝土，既可现场浇筑，又可预制。现场浇筑具有灵活性和可塑性；预制水泥件则有不同大小、形状、色彩和结构标准。从形状或平面布局而言，预制水泥件没有现浇的那种灵活和可塑之特性。有时为了进一步加固，常在混凝土中加钢筋，成为钢筋混凝土挡土墙，也可分为现浇和预制两种，外表与混凝土挡土墙相同。

(5) 木材

粗壮木材也可以做挡土墙，但须进行加压和防腐处理。用木材做挡土墙，其目的是使墙的立面不要有耀眼和突出的效果，特别能与木建筑产生统一感。其缺点是没有其他材料经久耐用，而且还需要定期维护，以防止其受风化和潮湿的侵蚀。木质墙面最易受损害的部位是与土地接触的部分，因此，这一部分应安置在排水良好、干燥的地方，尽量保持干燥。实际工程中应用较少。

3.2.3 园林挡土墙的构造类型

园林中一般挡土墙的构造情况有如下几类（图3-10）：

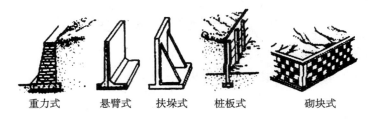

图3-10 园林挡土墙的构造类型

重力式　悬臂式　扶垛式　桩板式　砌块式

(1) 重力式挡土墙

这类挡土墙依靠墙体自重取得稳定性，在构筑物的任何部分都不存在拉应力，砌筑材料大多为砖砌体、毛石和不加钢筋的混凝土。用不加筋的混凝土时，墙顶宽度至少应为200mm，以便于混凝土浇筑和捣实。基础宽度则通常为墙高的1/3或1/5。从经济的角度来看，重力墙适用于侧向压力不太大的地方，墙体高度以不超过 1.5m 为宜，否则墙体断面增大，将使用大量砖石材料，其经济性反而不如其他的非重力式墙。园林中通常都采用重力式挡土墙。

（2）悬臂式挡土墙

其断面通常为 L 形或倒 T 形，墙体材料都是用混凝土。墙高不超过 9m 时，都是经济的。3.5m 以下的低矮悬臂墙，可以用标准预制构件或者预制混凝土块加钢筋砌筑而成。根据设计要求，悬臂的脚可以向墙内一侧、墙外一侧或者墙的两侧伸出，构成墙体下的底板。如果墙的底板伸入墙内侧，便处于它所支承的土壤下面，也就利用了上面土壤的压力，使墙体自重增加，可更加稳固墙体。

（3）扶垛式挡土墙

当悬臂式挡土墙设计高度大于 6m 时，在墙后加设扶垛，连起墙体和墙下底板，扶垛间距为 1/3~1/2 墙高，但不小于 2.5m。这种加了扶垛壁的悬臂式挡土墙，即被称为扶垛式墙。扶垛壁在墙后的，称为后扶垛墙；若在墙前设扶垛壁，则叫前扶垛墙。

（4）桩板式挡土墙

预制钢筋混凝土桩，排成一行插入地面，桩后再横向插下钢筋混凝土栏板，栏板相互之间以企口相连接，这就构成了桩板式挡土墙。这种挡土墙的结构体积最小，也容易预制，而且施工方便，占地面积也最小。

（5）砌块式挡土墙

按设计的形状和规格预制混凝土砌块，然后用砌块按一定花式做成挡土墙。砌块一般是实心的，也可做成空心的。但孔径不能太大，否则挡土墙的挡土作用就降低了。这种挡土墙的高度在 1.5m 以下为宜。用空心砌块砌筑的挡土墙，还可以在砌块空穴里充填树胶、营养土，并播种花卉或草籽，以保证水分供应；待花草长出后，就可形成一道生趣盎然的绿墙或花卉墙。这种与花草种植结合一体的砌块式挡土墙，被称作"生态墙"。

3.2.4 挡土墙施工

砌体工程包括砌砖和砌石。砌体工程涉及的范围很广，各种建筑物和构筑物都有砌体工程项目。如花池、水池、挡土墙、驳岸、围墙、管沟、检查井等构筑物都应用到砌体工程。

砖石结构有许多优点，如取材易，施工方便，造价低，可节约钢材、木材和水泥，耐火、隔热、隔声性能好等。同时，它也存在一些缺点，如砖石结构强度低、自重大、抗振性能差等。

（1）园林挡土墙的横断面确定（以重力式为例）

①直立式：直立式挡土墙指墙面基本与水平面垂直，但也允许有约10∶1~10∶0.2 的倾斜度的挡土墙。直立式挡土墙由于墙背所承受的水平压力大，只适用于几十厘米到两米以内高度的挡土墙。

②倾斜式：倾斜式挡土墙常指墙背向土体倾斜，倾斜坡度在20°左右的挡

土墙。

这种形式水平压力相对减少,同时墙背坡面与天然土层比较密贴。倾斜式挡土墙可以减少挖方数量和墙背回填土的数量,适用于中等高度的挡土墙。

③台阶式:对于更高的挡土墙,为了适应不同土层深度的土压力和利用土的垂直压力增加稳定性,可将墙背做成台阶形。

(2) 挡土墙砌体工程施工

挡土墙砌体工程与花坛墙体的砌筑工艺一样,下面重点以石挡土墙毛石或料石砌筑为例对挡土墙砌体进行阐述。砖砌体的施工可以参考花坛墙体的施工。

1) 料石砌体砌筑施工要点

料石砌体应采用铺浆法砌筑,料石应放置平稳,砂浆必须饱满。砂浆铺设厚度应略高于规定灰缝厚度,其高出厚度:细料石宜为 3~5mm;粗料石、毛料石宜为 6~8mm。

料石砌体的灰缝厚度:细料石砌体不宜大于 5mm;粗料石和毛料石砌体不宜大于 20mm。

料石砌体的水平灰缝和竖向灰缝的砂浆饱满度均应大于 80%。

料石砌体上下皮料石的竖向灰缝应相互错开,错开长度应不小于料石宽度的 1/2。

2) 料石基础

料石基础的第一皮料石应坐浆丁砌,以上各层料石可按一顺一丁进行砌筑。阶梯形料石基础,上级阶梯的料石至少压砌下级阶梯料石的 1/3 (图 3-11)。

3) 料石墙

料石墙厚度等于一块料石宽度时,可采用全顺砌筑形式。

料石墙厚度等于两块料石宽度时,可采用两顺一丁或丁顺组砌的砌筑形式(图 3-12)。

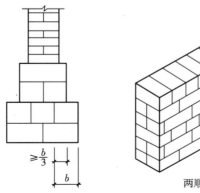
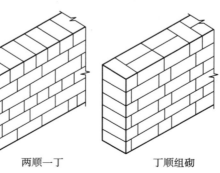

图 3-11 阶梯形料石基础(左)

图 3-12 料石墙砌筑形式(右)

两顺一丁是两皮顺石与一皮丁石相间。

丁顺组砌是同皮内顺石与丁石相间，可一块顺石与丁石相间或两块顺石与一块丁石相间。

在料石和毛石或砖的组合墙中，料石砌体和毛石砌体或砖砌体应同时砌筑，并每隔 2~3 皮料石层用丁砌层与毛石砌体或砖砌体拉结砌合。丁砌料石的长度宜与组合墙厚度相同（图3-13）。

有些花坛边缘还有可能设计有金属矮栏花饰，应在饰面之前安装好。矮栏的柱脚要埋入墙内，并用水泥砂浆浇筑固定。待矮栏花饰安装好后，才进行墙体饰面工序。砌筑毛石挡土墙应符合下列规定（图3-14）：

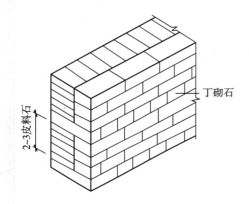
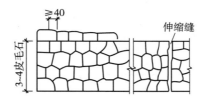

图 3-13　料石和砖的组合墙（左）

图 3-14　毛石挡土墙立面（右）

①每砌 3~4 皮毛石为一个分层高度，每个分层高度应找平一次；

②外露面的灰缝厚度不得大于 40mm，两个分层高度间分层处的错缝不得小于 80mm。

料石挡土墙宜采用丁顺组砌的砌筑形式。当中间部分用毛石填砌时，丁砌料石伸入毛石部分的长度不应小于 200mm。石挡土墙的泄水孔当设计无规定时，施工应符合下列规定：

①泄水孔应均匀设置，在每米高度上间隔 2m 左右设置一个泄水孔；

②泄水孔与土体间铺设长宽各为 300mm、厚 200mm 的卵石或碎石作疏水层。

挡土墙内侧回填土必须分层夯填，分层松土厚度应为 300mm。墙顶土面应有适当坡度使流水流向挡土墙外侧面。

3.2.5　质量要求

毛石或料石砌体的施工质量也只有合格一个等级。毛石或料石砌体质量合格应达到以下规定：

①主控项目应全部符合规定；

②一般项目应有 80% 及以上的抽检处符合规定，且偏差值最大在允许偏差值的 150% 以内。达不到上述规定，则为施工质量不合格。石砌体与砖砌体

执行《砌体工程施工质量验收规范》GB 50203—2002。质量验收记录格式表如表3-6和表3-7。

石砌体工程检验批质量验收记录　　　　　　　　　　　　　　表3-6

工程名称		分项工程名称		验收部位	
施工单位				项目经理	
施工执行标准名称及编号				专业工长	
分包单位				施工班组组长	
质量验收的规定		施工单位检查评定记录		监理（建设）单位验收记录	
1. 石材强度等级	设计要求MU				
2. 砂浆强度等级	设计要求M				
3					
4					
5					
6					
7. 砂浆饱满度	≥80%				
8. 轴线位移	7.2.3条				
9. 垂直度(每层)	7.2.3条				
10. 顶面标高	7.3.1条				
11. 砌体厚度	7.3.1条				
12. 表面平整度	7.3.1条				
13. 灰缝平直度	7.3.1条				
14. 组砌形式	7.3.2条				
施工单位检查评定结果	验收专业质量检查员：　　　项目专业质量（技术）负责人： 　　　　　　　　　　　　　　　　　　　　　　　　　年　月　日				
监理（建设）单位验收结论	监理工程师（建设单位项目技术负责人）： 　　　　　　　　　　　　　　　　　　　　　　　　　年　月　日				

砖砌体工程检验批质量验收记录

表 3-7

工程名称		分项工程名称		验收部位	
施工单位				项目经理	
施工执行标准名称及编号				专业工长	
分包单位				施工班组组长	

	质量验收的规定		施工单位检查评定记录	监理（建设）单位验收记录
主控项目	1. 砖强度等级	设计要求 MU		
	2. 砂浆强度等级	设计要求 M		
	3. 斜槎留置	5.2.3 条		
	4. 直槎拉结钢筋及接槎处理	5.2.4 条		
	5. 砂浆饱满度	≥80%		
	6. 轴线位移	≤10mm		
	7. 垂直度（每层）	≤5mm		
一般项目	1. 组砌方法	5.3.1 条		
	2. 水平灰缝厚度	5.3.2 条		
	3. 顶(楼面)标高	±15mm 以内		
	4. 表面平整度	清水 5mm 混水 8mm		
	5. 门窗洞口	±5mm		
	6. 窗口偏移	20mm		
	7. 水平灰缝平直度	清水 7mm 混水 10mm		
	8 清水墙游丁走缝	20mm		

施工单位检查评定结果	验收专业质量检查员：　　　项目专业质量（技术）负责人： 　　　　　　　　　　　　　　　　　　　　　　　　　　年　月　日
监理（建设）单位验收结论	监理工程师（建设单位项目技术负责人）： 　　　　　　　　　　　　　　　　　　　　　　　　　　年　月　日

3.2.6 安全要求

除了应遵守建筑工地常规安全要求外，还必须做到以下几点：

(1) 对基槽、基坑的要求

基槽、基坑应视土质和开挖深度留设边坡，如因场地小，不能留设足够的边坡，则应支撑加固。基础摆底前还必须检查基槽或基坑，如有塌方危险或支撑不牢固，则必须采取可靠措施后再进行工作。工作过程中要随时观察周围土壤情况，发现裂缝和其他不正常情况时，应立即离开危险地点，待采取必要措施后才能继续工作。基槽外侧 1m 以内严禁堆物。人进入基槽工作应有上下设施（踏步或梯子）。

(2) 材料运输

搬运石料时，必须起落平稳，两人抬运应步调一致，石料不准随意乱堆。向基槽内运送石料或砖块，应尽量采用滑槽，上下工作要相互联系，以免伤人或损坏墙基或土壁支撑。

当搭跳板（又称铺道）或搭设运输通道运送材料时，要随时观察基槽（坑）内操作人员，以防砖块等掉落伤人。

(3) 取石

在石堆上取石，不准从下掏挖，必须自上而下进行，以防倒塌。

(4) 基槽积水的排除

当基槽内有积水，需要边砌筑、边排水时，要注意安全用电，水泵应用专用闸刀和触电保护器，并指派专人监护。

(5) 雨雪天的要求

雨雪天应注意做好防滑工作，特别是上下基槽的设施和基槽上的跳板要钉好防滑条。

3.3 挡土墙排水处理

挡土墙后土坡的排水处理对于维持挡土墙的安全意义重大，因此应给予充分重视。常用的排水处理方式有：

(1) 地面封闭处理

在墙后地面上根据各种填土及使用情况采用不同地面封闭处理以减少地面渗水。在土壤渗透性较大而又无特殊使用要求时，可作 20~30mm 厚夯实黏土层或种植草皮封闭。还可采用胶泥、混凝土或浆砌毛石封闭。

(2) 设地面截水明沟

在地面设置一道或数道平行于挡土墙的明沟，利用明沟纵坡将降水和上坡地面径流排除，减少墙后地面渗水。必要时还要设纵、横向盲沟，力求尽快排除地面水和地下水（图3-15）。

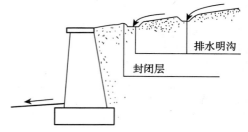

图 3-15 墙后土坡排水明沟

(3) 内外结合处理

在墙体之后的填土之中，用乱毛石做排水盲沟，盲沟宽不小于500mm。经盲沟截下的地下水，再经墙身的泄水孔排出墙外。泄水孔一般宽20～40mm，高以一层砖石的高度为准，在墙面水平方向上每隔2～4m设一个，竖向上则每隔1～2m设一个。混凝土挡土墙可以用直径为50～100mm的圆孔或用毛竹竹筒作泄水孔。

有的挡土墙由于美观上的要求不允许墙面留泄水孔，则可以在墙背面抹一层防水砂浆，刷两遍防水涂料或填一层厚度500mm以上的黏土隔水层，并在墙背面盲沟以下设置一道平行于墙体的排水暗沟。暗沟两侧及挡土墙基础上面用水泥砂浆抹面或做出沥青砂浆隔水层，做一层黏土隔水层也可以。墙后积水可以通过盲沟、暗沟再从沟端被引出墙外（图3-16、图3-17）。

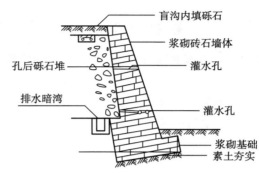

图3-16 墙背排水盲沟与暗沟

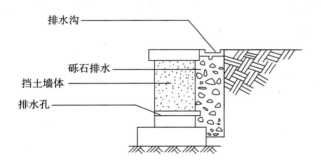

图3-17 墙背碎石与排水孔

■ 本章小结

砌筑工程是一个综合的施工过程，它包括材料的准备、运输、脚手架的搭设和砌体砌筑等。本章学习重点是砖砌体对砌筑材料的要求、组砌工艺、质量要求以及质量通病的防治措施。要求学生了解石砌体的施工工艺；熟悉砌体对材料的要求；掌握砖砌体的施工工艺、质量要求及质量通病的防治；掌握园林施工放线方法和挡土墙的施工工艺。

砌筑工程是指普通砖、石和各类砌块的砌筑。砖砌体在我国有悠久历史，它取材容易、造价低、施工简单，目前仍为园林砌体施工中的主要工种工程之一。砖砌体的缺点是自重大、劳动强度高、生产效率低，且烧砖多占用农田，难以适应现代建筑工业化的需要，因此已经是砌块材料改革的重点。学习时应该把握几点：

1. 园林施工曲线平面放线有其平面几何的特殊性；
2. 普通砖、石和各类砌块的砌筑方法与土建工程基本一致；

3. 毛石挡土墙尤其应该把握下列规定：每砌 3～4 皮为一个分层高度，每个分层高度应找平一次；外露面的灰缝厚度不得大于 40mm，两个分层高度间分层处的错缝不得小于 80mm。挡土墙的泄水孔当设计无规定时，施工应符合下列规定：泄水孔应均匀设置，在每米高度上间隔 2m 左右设置一个泄水孔；泄水孔与土体间铺设长宽各为 300mm、厚度为 200mm 的卵石或碎石作疏水层。

复习思考题

1. 砌体结构常用的材料有哪些规格与指标？砌筑砂浆有哪些种类，如何配置与使用？
2. 砌筑砂浆的试块是如何留置和评定的？
3. 砌筑中墙体的组砌方法有哪些？

习　题

1. 砖砌体与石砌体的施工工艺流程与砌筑要点是什么？
2. 根据验收规范，砌体结构的施工如何划分验收批，填充墙砌体的主控项目与一般项目有哪些技术要求？

实训 5　砌体施工

砖砌体的砌筑施工实地操作。

实训 5　指导

一、目的意义

通过实训要求学生运用基本理论和掌握的知识，掌握园林工程施工中砌体的基本施工工艺和方法，掌握砌筑砂浆的配制方法和砌体工程的质量要求、保证质量的技术措施，为今后工作打下基础。

二、场地要求（场地、材料、工具、人员）

具备砌体实训车间。要求如下：

1. 材料及主要机具

（1）砖：品种、强度等级必须符合设计要求，实际工程中要求有出厂合格证、试验单。

（2）水泥：品种及强度等级应根据砌体部位及所处环境条件选择，一般宜采用强度等级 32.5 的普通硅酸盐水泥或矿渣硅酸盐水泥。

（3）砂：用中砂，配制 M5 以下砂浆所用砂的含泥量不超过 10%，M5 及其以上砂浆的砂含泥量不超过 5%，使用前用 5mm 孔径的筛子过筛。

（4）掺合料：白灰熟化时间不少于 7d，或采用粉煤灰等。

（5）其他材料：墙体拉结筋及预埋件、木砖应刷防腐剂等。

（6）主要机具：应备有大铲、瓦刀、扁子、托线板、线坠、小白线、卷尺、水平尺、皮数杆、小水桶、灰槽、砖夹子、扫帚等。

2. 作业条件

（1）场地平整。

（2）弹好墙身轴线，根据进场砖的实际规格尺寸，经验线符合设计要求，办完预检手续。

（3）按设计标高要求立好皮数杆，皮数杆的间距以5～10m为宜。

（4）砂浆由试验室做好试配，准备好砂浆试模（6块为一组）。

三、操作步骤

1. 熟悉一般花坛挡土墙施工工艺知识

（1）熟悉花坛挡土墙施工工艺程序

花坛挡土墙施工工艺程序如下图：

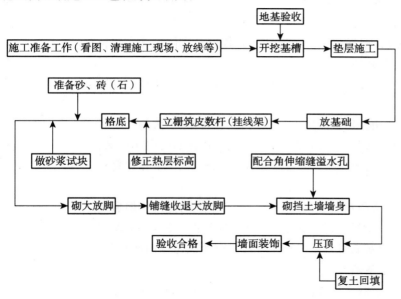

（2）讨论花坛挡土墙体的砌筑安排

放线完成后，开挖墙体基槽，槽底土面要整齐、夯实；在砌基础之前，槽底做一个100mm厚的粗砂垫层；用砖砌筑墙体；墙砌筑好之后，回填泥土将基础埋上，并夯实泥土；再用水泥和粗砂配成1:2.5的水泥砂浆，对墙抹面，抹平即可，不要抹光。

（3）了解后续花坛种植床的整理

在已完成的边缘石圈子内，填进一层肥效较长的有机肥作为基肥，然后填进栽培土，进行翻土作业，一面翻土，一面挑选、清除土中杂物。把上面的土粒整细、耙平，以备植物图案放线，栽种花卉植物。

2. 砖砌体的砌筑施工实地操作

（1）工艺流程

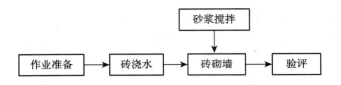

(2) 砖浇水

黏土砖必须在砌筑前一天浇水湿润,一般以水浸入砖四边 1.5cm 为宜,含水率为 10%~15%,常温施工不得用干砖上墙;雨季不得使用含水率达饱和状态的砖砌墙。水泥砖参照黏土砖执行。

(3) 砂浆搅拌

砂浆配合比应采用重量比,计量精度水泥为 ±2%,砂、灰膏控制在 ±5% 以内。宜用机械搅拌,搅拌时间不少于 1.5min。

(4) 砌砖墙

1) 组砌方法:砌体一般采用一顺一丁(满丁、满条)、梅花丁或三顺一丁砌法。

2) 排砖撂底(干摆砖):根据弹好的位置线,认真核对砌体尺寸,其长度是否符合排砖模数,排砖时必须作全盘考虑。

3) 选砖:砌墙应选择棱角整齐,无弯曲、裂纹,颜色均匀,规格基本一致的砖。

4) 盘角:砌砖前应先盘角,每次盘角不要超过五层,新盘的大角,及时进行吊、靠。如有偏差要及时修整。盘角时要仔细对照皮数杆的砖层和标高,控制好灰缝大小,使水平灰缝均匀一致。大角盘好后再复查一次,平整和垂直完全符合要求后,再挂线砌墙。

5) 挂线:砌筑一砖半墙必须双面挂线,如果墙长几个人均使用一根通线时,中间应设几个支线点,小线要拉紧,每层砖都要穿线看平,使水平缝均匀一致、平直通顺;砌一砖厚混水墙时宜采用外手挂线,可照顾砖墙两面平整,为下道工序控制抹灰厚度奠定基础。

6) 砌砖:砌砖宜采用一铲灰、一块砖、一挤揉的"三一"砌砖法,即满铺、满挤操作法。砌砖时砖要放平。里手高,墙面就要张;里手低,墙面就要背。砌砖一定要跟线,"上跟线,下跟棱,左右相邻要对平"。水平灰缝厚度和竖向灰缝宽度一般为 10mm,但不应小于 8mm,也不应大于 12mm。砌筑砂浆应随搅拌随使用,一般水泥砂浆必须在 3h 内用完,水泥混合砂浆必须在 4h 内用完,不得使用过夜砂浆。砌筑墙时应随砌随将舌头灰刮尽。

四、考核项目

每小组 5 人,选择下列砌体平面形式的一种(墙宽 0.24m、高 0.9m,长度自定):

1. 砌体主控项目质量标准

(1) 砖的品种、强度等级必须符合设计要求。

(2) 砂浆品种及强度等级应符合设计要求。同品种、同强度等级砂浆各

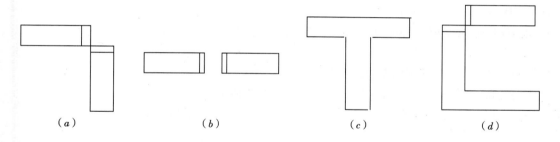

(a)　　　　　　(b)　　　　　　(c)　　　　　　(d)

组试块抗压强度平均值不小于设计强度值,任一组试块的强度最低值不小于设计强度的75%。

(3) 砌体砂浆必须密实饱满,实心砖砌体水平灰缝的砂浆饱满度不小于80%。

2. 一般砌体项目质量标准

(1) 砌体上下错缝,无4皮砖的通缝(通缝指上下2皮砖搭接长度小于25mm)。

(2) 砖砌体接槎处灰浆应密实,缝、砖平直(每处接槎部位水平灰缝厚度小于5mm或透亮的缺陷不超过5个)。

3. 允许偏差项目表

项次	项目			允许偏差(mm)	检验方法
1	轴线位置偏移			10	用经纬仪或拉线和尺量检查
2	基础和墙砌体顶面标高			±15	用水准仪和尺量检查
3	垂直度	每层		5	用2m托线板检查
		全高	≤10m	10	用经纬仪或吊线和尺量检查
			>10m	20	
4	表面平整度	清水墙、柱		5	用2m靠尺和楔形塞尺检查
		混水墙、柱		8	
5	水平灰缝平直度	清水墙		7	拉1dm线和尺量检查
		混水墙		10	
6	水泥、灰缝厚度(10皮砖累计数)			±8	与皮数杆比较和尺量检查
7	清水墙游丁走缝			20	吊线和尺量检查,以底层第一皮砖为准
8	门窗洞口(后塞口)	宽度		±5	尺量检查
		门口高度		+15(-5)	
9	预留构造柱(宽度、深度)			±10	尺量检查
10	外墙上、下窗口偏移			20	用经纬仪或吊线检查,以底层窗口为准

第3章　园林砌体工程施工　145

五、评分标准

(1) 能操作规范地完成一种砌体平面形式砌筑成果,质量经检测合格占 65%。

(2) 能够准确填写砌体允许偏差项目表占 15%。

(3) 认真完成对砌体砌筑施工的小结占 20%。考核分为四个等级:

优秀(85 分以上)、良好(84~78 分)、合格(77~60 分)、不合格(59 分以下)。

六、纪律要求(各学院自定)

实训 6　调查分析

调查分析园林挡土墙景观。

实训 6　指导

一、目的意义

掌握园林挡土墙景观的设计施工方法,了解园林挡土墙景观所用材料、铺装的设计施工要求。

二、场地要求

可供参观的实地园林景观。

三、操作步骤

1. 熟悉块石园林挡土墙景观基本施工

如上图所示,建造以上块石园林挡土墙景观施工步骤如下:

1)准备工作

建造一个 6m 长、1.2m 高的挡土墙所需材料:平台块石:84 块,每块 400mm×200mm×200mm。

建造 6m 长沟、0.8m 宽的台阶和种植地所需材料:平台块石:116 块,每块 400mm×200mm×200mm。

第 1 步:挡土墙地基整平与压实。从挡土墙的开始处,挖大约 600mm 宽、6m 长的沟。

第 2 步:把土壤堆在一边。如果是渗水良好的黏土,可以重新填充于挡土墙后。否则，就得另外放入土壤或砂子。

第 3 步：开始放置块石之前，用水准仪或水平尺来检查地面是否平坦。

第 4 步：如果地面有坡度，就把沟做成台阶状，并在低的一面另放一层块石。

2）挡土墙施工

第 5 步：开始放置块石。在挖掘的坡度与块石层之间留出大约 200mm 宽的缝，并按角度放置，以便每个拐角能安插在一起。这样它们可以连接起来，使墙既具有强度，又有稳定性。最后，墙后用砂子或土壤回填后压实。如果有水渗流或黏土层的问题，最好在土壤下面砌一个碎石和河砂的排水层。

第 6 步：放完一层块石后，用肥沃的土壤填满它们之间的孔隙及后边的空间。

第 7 步：把第二排放在第一排上面，但稍微靠后。这使得底层块石上的部分孔洞可见，完工后用于种植。

第 8 步：用水准仪确保水平面平坦，也可用建造线维持墙体笔直。

第 9 步：继续放置块石，直至需要的高度。

第 10 步：全部块石放好后，就往填土的块石上浇水，并压实。然后所有的缝隙均可再加土填满。

3）台阶施工

第 11 步：按规定宽度砌筑台阶。注意，每块块石的空心部分均要等到块石放好后才能铲入砂浆。

第 12 步：压实每步台阶后面的土壤，并确保开始放置下排块石之前其表面绝对水平。

4）种植容器

第 13 步：沿着台阶竖直摆放额外的块石长路，并让中空面朝上。必要时，还可把它们堆起来，使块石高于踏步。

第 14 步：用肥沃的土壤填满石孔，制作种植容器。

第 15 步：若台阶是弯曲的，则踏步的有些部分可能还有缝隙。这时要用砂浆填满或种上地被植物。

5）结尾

第 16 步：在墙上和台阶的边缘种上抗逆性强的爬藤或攀缘植物，不久这个结构就将被繁茂的枝叶覆盖。

2. 从四个方面来调查和分析园林挡土墙景观

1）园林挡土墙景观效果

园林挡土墙景观可与周围的山、水、建筑、花草、树木、石景等景物紧密结合，均可成景，园林挡土墙与周围景观浑然一体。在实习中要把好的园林挡土墙记录下来（画草图或拍成照片）。

2）园林挡土墙景观中常用的材料

园林挡土墙景观中常用的路面面层材料有两种：一种是天然材料，另一种是人造材料。

天然材料的园林挡土墙有块石挡土墙、碎石挡土墙等。

人造材料的路面面层有混凝土挡土墙、斩假石挡土墙。在实习中记下所见的挡土墙材料、规格和适用的地方。

3）园林挡土墙景观的设计施工要求

在实习中，根据园林挡土墙景观的设计施工要求，记录你所见的园林挡土墙景观。

4）调查园林挡土墙景观常见"病害"并分析其原因

四、考核项目

学生每5人一组，通过实地的参观调查后，分组进行讨论，每组根据技术要领，对所调查的实例进行剖析，并写出分析报告。要求每位同学都要提出自己的观点和认识，重点讨论的应配以相关的图形进行说明。依据考核标准进行量化。考核分为四个等级：

优秀（85分以上）、良好（84~78分）、合格（77~60分）、不合格（59分以下）。

五、考核标准

考核标准 等级	挡土墙组景效果 （25分）	挡土墙面层材料 （30分）	挡土墙图案描绘 （30分）	挡土墙"病害"调查分析 （15分）
优秀（85分以上）	说明详细，有绘图	种类全面，记录认真	图样清晰，真实	有图例，"病因"分析正确
良好（84~71分）	说明详细，无绘图	种类较全面，记录认真	图样清晰，基本真实	有图，"病因"分析较正确
合格（70~60分）	说明较详细，有绘图	种类不全，记录较细致	图样较清晰，基本真实	无图，"病因"分析正确
不合格（59分以下）	说明不详细，无绘图	种类不全，记录不认真	图样模糊，不真实	"病因"分析不正确

园林工程（二）

第4章 园林水景工程施工

水景，是园林景观的重要组成部分。而水景工程，则是园林工程施工中要求较高、难度较大的一个部分。因此，结合当前水景工程施工的具体实际，通过本章节的学习，希望学生了解并掌握一般水景工程的施工工艺，以及水体岸坡工程、水池喷泉工程、室内水景工程等相关水景工程的施工流程和工艺。

古今中外，凡造景无不涉及水体，水是环境艺术空间创作的一个重要因素，可借以构成各种格局的园林景观，艺术地再现自然。

4.1 水体在造园中的作用、形式与分类

4.1.1 水体在造园中的作用

水是纯洁、智慧、神圣的象征。自古以来，"仁者乐山，智者乐水"，理水一直是我国园林中构成景观的主要元素之一，是中国园林的灵魂。在中国传统的自然山水园中，水和山同样重要，以各种不同的水型，配合山石、花木和园林建筑来组景，是中国造园的传统手法，也是园林工程的重要组成部分。

水是流动的、不定形的，与山的稳重、固定恰成鲜明对比。水中的天光云影和周围景物的倒影，水中的碧波游鱼、荷花睡莲等，使园景生动活泼，所以有"山得水而活，水得山而媚"之说。园林中的水面还可以供人划船、游泳，或作其他水上活动，并有调节气温、湿度、滋润土壤的功能，又可用来浇灌花木和防火。由于水无定形，它在园林中的形态是由山石、驳岸等来限定的，掇山与理水不可分，所以《园冶》一书把池山、溪涧、曲水、瀑布和埋金鱼缸等都列入"掇山"一章。理水也是排泄雨水、防止土壤冲刷、稳固山体和驳岸的重要手段。

自然风景中的江湖、溪涧、瀑布等具有不同的形式和特点，为中国传统园林理水艺术提供创作源泉。传统园林的理水，是对自然山水特征的概括、提炼和再现。各类水的形态的表现，不在于绝对体量接近自然，而在于风景特征的艺术真实；各类水的形态特征的刻画，主要在于水体源流，水情的动、静，水面的聚、分，符合自然规律，在于岸线、岛屿、矶滩等细节的处理和背景环境的衬托。运用这些手法来构成风景面貌，做到"小中见大"、"以少胜多"。这种理水的原则，对现代城市公园，仍然具有其借鉴的艺术价值和节约用地的经济意义。

4.1.2 水体的形式与分类

水体的形态与水体所在的环境、造景的要求有关。园林水体的分类多种多样，水体形态也多种多样。总的来说，园林水体可按水体的形式、功能和状态来分。

（1）按水体的形式分

根据水体的形式，可将水体分为自然式水体、规则式水体和混合式水体3种。

自然式水体：是指边缘不规则、变化自然的水体。如保持天然的或模仿天然形状的河、湖、池、溪涧、泉、瀑等，水体随地形变化而变化，常与山石结合，如苏州怡园水面，如图4-1所示。

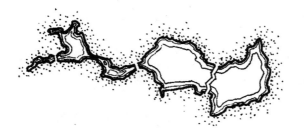

图4-1　苏州怡园水面

规则式水体：是指边缘规则、具有明显轴线的水体，一般是指由人工开凿而成的呈几何形状的水体。

混合式水体：是前两种形式交替穿插而形成的水体，能使水体更富于变化，适用于水体组景。如苏州留园水面，如图4-2所示。

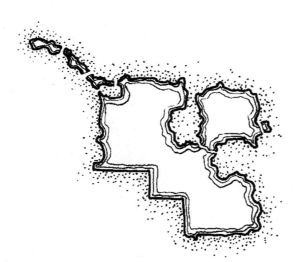

图4-2　苏州留园水面

（2）按水体的功能分

根据水体的利用功能可将其分成观赏性水体和开展水上活动水体两种。

观赏性水体：是以装饰性构景为主的面积较小的水体，具有很强的可视性、透景性。

开展水上活动的水体：可以开展水上活动（如游船、游泳、垂钓、滑冰等），具有一定面积的水体。此类水体的活动性与观赏性相结合，并有较好的水质、较缓的驳岸和流畅的岸线，大多数综合性公园都属此类。

（3）按水流的状态分

按水流的状态可将水体分为静态水体和动态水体两种。

静态水体：指园林中成片状汇集的水面，常以湖、塘、池等形式出现，主要特点为安详、宁静、朴实、明朗。其能对周边景物形成倒影，不但丰富了环境景观，而且增加了环境气氛。

动态水体：主要是对流水而言。其主要形式有溪涧、喷水、瀑布、跌水等，能利用水姿、水色、水声创造动态、活泼的水体景观，使人感到欢快、振奋。

4.2 一般水景工程的施工工艺

园林中的各种水体，如湖、溪涧、瀑布与跌水、泉等常常是园林的构图中心，也是山水园最具特色的造园要素。在考虑水景设计时，可以利用这些要素进行设计，并形成很好的景观效果。下面，分别介绍园林水景中的湖、池、溪涧、瀑布、跌水等水景工程。

4.2.1 湖

湖一般为大型开阔的静水面，但园林中的湖，一般比自然界的湖泊小得多，基本上只是一个自然式的水池。但因其相对空间较大，常作为全园的构图中心。

（1）湖的设计

水面宜有聚有分，聚分得体。聚则水面辽阔，分则增加层次变化，并可组织不同的景区。小园的水面聚胜于分，如苏州网师园内水面集中，池岸廊榭都较低矮，给人以开朗的印象；大园的水面虽可以分为主，仍宜留出较大水面使之主次分明，并配合岸上或岛屿中的主峰、主要建筑物构成主景，如颐和园的昆明湖（图4-3）与万寿山佛香阁、北海与琼岛白塔等。园林中的湖，应凭借地势，就低凿水，掘池堆山，以减少土方工程量。岸线应自然曲折，做成港汊、水湾、半岛，湖中设岛屿，用桥梁、汀步连接，也是划分空间的一种手法。岸线较长的，可多用土岸或散置矶石，小水面亦可全用自然叠石驳岸。沿岸道路可与水体忽远忽近，路面标高则宜接近水面，使人有凌波之感。湖水常以溪涧、河流为源，其宣泄之路宜隐蔽，尽量做成狭湾，逐渐消失，产生不尽之意。

湖泊有天然湖和人工湖之分。人工湖是人工依地势就低挖凿而成的水域，

图4-3 颐和园水体

沿境设景，自成天然图画，如现代公园中的人工大水面；天然湖则是自然的水域景观，如杭州西湖、无锡太湖等。

湖的特点是水面宽阔平静，平远开朗，有好的湖岸线及周边的天际线。另外，湖还可以因有一定水深而有利于水产养殖。

(2) 湖的布置要点

①应充分利用湖的特性，形成依山傍水、岸线曲折有致的水体景观。

②湖岸线处理要讲究"线"形艺术，应有凹有凸，不宜呈成角、对称、圆弧、直线等线形。园林湖面忌"一览无余"，可用岛、堤、桥、舫等形成阴阳、虚实、湖岛相间的空间分隔，使湖面有丰富的变化。同时，驳岸应有高低错落的变化，并使水位适当，使人有亲切之感。

③开挖人工湖要注意地基情况，应选择土质密细、厚实的壤土，不宜选黏土或渗透性强的土。

(3) 人工湖施工要点

①一切按设计图纸确定施工过程，确定土方量，定点放线。

②考虑基址渗漏情况。好的湖底，其全年水量损失占水体体积的 5%～10%；而一般湖底为 10%～20%，较差的湖底则为 20%～40%，并以此制定施工方法及工程措施。

③湖底做法应因地制宜，可用灰土层湖底、聚乙烯薄膜防水层湖底和混凝土湖底等。其中灰土做法适合于大面积湖体，混凝土适合于小面积湖体。如图4-4所示，是常见的几种湖底做法。

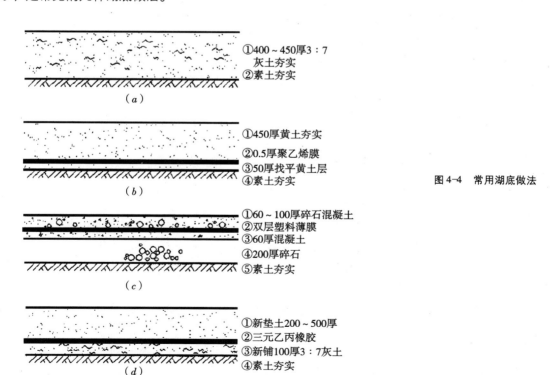

图 4-4 常用湖底做法

A. 灰土层湖底。当湖的基土为黄土时，可在湖底做 40~45cm 厚的 3:7 灰土层，并每隔 20m 留一伸缩缝，如图 4-4（a）所示。

B. 聚乙烯薄膜防水层湖底做法。当基土微漏时，可采用如下结构，如图 4-4（b）所示。

C. 混凝土湖底。当水面不大，防漏要求又很高时，可以采用这样的结构。采用此种结构的湖底，如其形状比较规整，则 50m 内可不做伸缩缝；如其形状变化较大，则可在其长度约 20m、且断面狭窄处做伸缩缝。

D. U 型混凝土膨胀剂（简称 UEA）应用的湖底。用 U 型膨胀剂配制的混凝土具有抗裂防渗、补偿收缩自应力等优良性能，可达到早期和中期合理膨胀的目的。

4.2.2 水池

水池在城市园林中可美化市容，起到重点装饰的作用。水池的形态、种类很多，其深浅和池壁、池底的材料也各不相同。规则的方整之池，则显气氛肃穆庄重；而自由布局、复合参差跌落之池，可使空间活泼、富有变化。池底的嵌画、隐雕、水下彩灯等手法，使水景在工程的配合下，无论在白天或夜晚都能得到各种变幻无穷的奇妙景观。

材料不同、形状不同、要求不同、设计与施工也有所不同。园林中，水池可用砖（石）砌筑，具有结构简单、节省模板与钢材、施工方便、造价低廉等优点。近年来，随着新型建筑材料的出现，水池结构出现了柔性结构，以柔克刚，另辟蹊径。目前在工程实践中常用的有混凝土水池、砖水池、玻璃布沥青席水池、再生橡胶薄膜水池、油毛毡防水层（二毡三油）水池等。

（1）水池的设计原则

①水池设计包括平面设计、立面设计、剖面设计及管线设计。其平面设计主要是显示其平面及尺度，标注出池底、池壁顶、进水口、溢水口和泄水口、种植池的高程和所取剖面的位置等。水池的立面设计应反映主要朝向、各立面的高度变化和立面景观，剖面应有足够的代表性，要反映出从地基到壁顶层的各层材料厚度。

②池的形式分为自然式水池、规则式水池和混合式水池 3 种。在设计中可视具体情况而设计形式多样、既美观又耐用的水池，如图 4-5 所示。

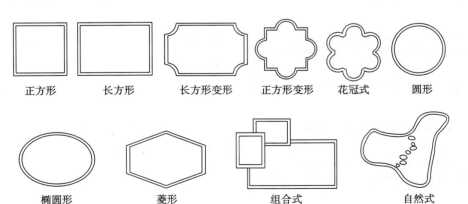

图 4-5 水池的平面形式示例

③在设计时,要注意强调岸线的艺术性。通过铺饰、点石、配置使岸线产生变化,增加观赏性,并在一定程度上弱化其人工味。

④在设计时,规则式水池若需要较大的欣赏空间,要有一定面积的铺装或大片草坪来陪衬,有时还需雕塑、喷泉共同组景。自然式人工池,装饰性强,即便是在有限的空间里,也能发挥很好的效果,关键是要很好地组合山石、植物及其他要素,使水池更加自然美观。

⑤人工池通常是园林的构图中心,一般可布置在广场中心、道路尽端,或者与亭、廊、花架、花坛等组合形成独特的景观。水池布置要因地制宜、充分考虑园址现状,其位置一般应在园中最醒目的地方,并要注意池岸设计,做到开合有效、聚散得体。有时因造景需要,在池内可养鱼、种植花草。但是水生植物不宜过多,而且要根据水生植物的特性配置,池水也不宜过深,如图4-6、图4-7所示。

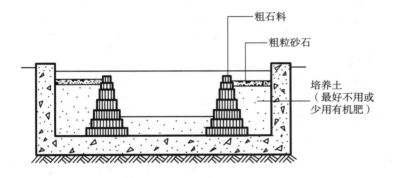

图4-6　水生植物栽培池之一

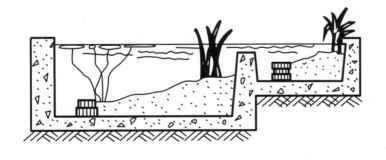

图4-7　水生植物栽培池之二

（2）水池的设计和施工过程

①首先,对水池的外观进行设计,画出平面图、立面图、效果图等。平面设计主要考虑与所在环境的气氛、建筑、道路的线形特征和视线关系等相谐调统一。

②其次,进行水池的施工图设计,一般要画出剖面图、管线布置图、各单项土建工程详图等。如剖面图包括池岸、池底进出水口高程,池岸、池底结构、表层（防护层）、防水层、基础做法,池岸与山石、绿地、树木接合部做法,池底种植水生植物手法等;设水循环处理的水池要注明循环路线及设施

要求。

③据施工图进行施工。

4.2.3 溪涧

园林中的溪涧是自然界中溪涧的艺术再现,是连续的带状水体。溪浅而阔,水沿溪而下,柔和随意;涧深而窄,水量充足,水流急湍,扣人心弦。

(1) 溪涧的设计

溪涧宜多弯曲以增长流程,显示出水体源远流长、绵延不尽的意境。一般多用自然石岸,以砾石为底,溪水宜浅,可数游鱼,又可涉水。游览小径须时缘溪行、时踏汀步、两岸树木掩映,表现山水相依的景象,如杭州"九溪十八涧"。有时亦可造成河床石骨暴露、流水激湍有声,如无锡寄畅园的"八音涧"。曲水也是溪涧的一种,今绍兴兰亭的"曲水流觞"就是用自然山石以理涧法做成的。有些园林中的"流杯亭"在亭子中的地面凿出弯曲成图案的石槽,让流水缓缓而过,这种做法已演变成为一种建筑小品。

如图4-8所示是溪涧的一般模式,由图可知溪涧的一般特点:曲折而长的带状水面,明显的宽窄对比,溪中常有汀步、小桥、滩、点石等,且随流水走向有若隐若现的小路。

溪涧一般多设计于瀑布或涌泉的下游,布置讲究师法自然。平面要求弯弯曲曲,对比强烈;立面则要求有缓有陡,空间分隔开合有序。整个带状空间应层次分明,组合合理,富于节奏感。布置时,宜选陡石之地,并利用水姿、水色和水声;同时还可配置一些水生植物,或者养一些鱼类。

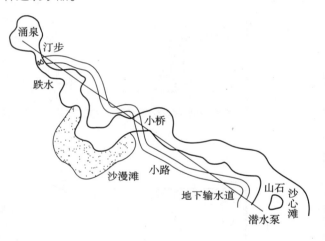

图4-8 溪涧的一般模式

(2) 溪涧的布置

①一般需要结合地貌的起伏变化进行布置。其平面应有自然的曲折变化和宽窄变化,其纵向断面有陡缓不一和高低不等的变化。溪流的宽度通常在100~200cm,水深在30~100cm左右。溪流的坡势应依流势确定,一般普通溪流的坡度为0.5%,急流处为3%左右,缓流处不超过1%。

②水流、水槽及沿岸的其他景物都应有一种节奏感,并富于韵律的变化。

③水的形式可以交替采用缓流、急流、跌水、小瀑布、池等形式。

④溪涧中常布置有汀步、小桥、浅滩、点石等,沿水流安排时隐时现的小路,溪中宜栽植一些水生植物如鸢尾、石菖蒲、玉蝉花等,两侧则可配置一些低矮的花灌木如迎春、溲疏等,以减少人工造景的痕迹。

⑤溪涧的末端宜用一稍大的水池收尾,使其符合自然之理。

⑥对于溪底，可选用大卵石、砾石、瓷砖、石料等铺砌处理，以美化景观。

（3）溪涧的施工要点

根据溪涧流水的特点，溪道通常应具有较强的防渗和抗冲刷能力，因此一般采用混凝土结构，如图4-9、图4-10所示。

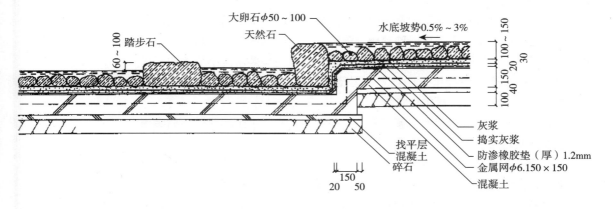

图4-9 溪道结构图（一）

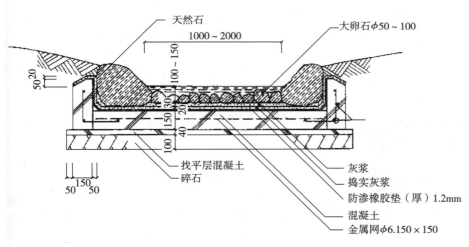

图4-10 溪道结构图（二）

①可用石灰粉按照设计图纸放出溪流（溪壁外沿）的外轮廓，以作为挖方边界线。在转折点及变坡点处打上定位桩，桩上标明设计标高及挖深。

②溪的深度一般不大，其基槽断面既可采用梯形也可用直槽式。一般宜人工挖槽，挖至设计标高并经夯实平整后铺碎石垫层，其厚度一般为10~15cm。

③在柔性防水材料（如油毡卷材）与碎石垫层之间需设置一层厚2.5~5cm的砂垫层，对防水层起衬垫保护作用。

④溪流的岸壁常用卵石和自然山石装点。砌筑时主要考虑景观的自然，砂浆暴露要尽量少，起防渗作用的是其背后的混凝土层。

⑤要严格按照操作规范（如混凝土结构工程施工及验收规范、地下防水

工程施工及验收规范等）进行施工。

4.2.4 瀑布

瀑布是动态的水体，有天然的和自然的两种。天然的瀑布是由于河床突然陡降而形成落水高差，水跌落往下，形成千姿百态、优美动人的壮观之景；人工瀑布则是以天然瀑布为范本，通过工程修建的落花流水景观。

水从悬岩或陡坡直泻而下的瀑布，在城市环境及园林中应用最多。大的瀑布可产生巨大的声响，表现出一种磅礴的气势；而较小的瀑布形态则因所依附的构筑物不同，有着十分丰富的形式。在建筑物的某些角落常见小型瀑布，如街头墙角、楼梯侧、电梯旁、广场上、屋檐下、屋角等处都充塞着这些小瀑布，软化着那些硬质、呆板的建筑物。

瀑布主要有垂直瀑布和水平瀑布两种。前者瀑布宽度小于其落差，后者瀑布宽度大于其落差。

（1）瀑布的构成

瀑布一般由背景、上游水源、落水口、瀑身、承水潭和溪流六部分组成，而瀑身则是观赏的主体，如图4-11所示。瀑布一般有三个特点，即水流经过之处由坚硬扁平的岩石组成，边缘轮廓线可见；瀑布口多为结构紧密的岩石悬挑而出，又称"泻水石"；瀑布落水后到水潭，潭周有岩石和湿生植物。

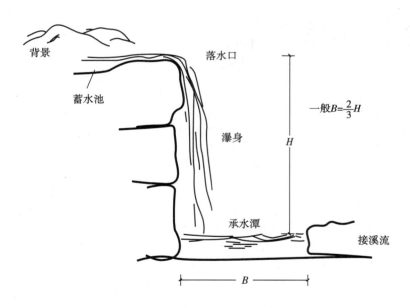

图4-11 自然式瀑布模式及瀑身落差与潭面宽度的关系

（2）瀑布落水的形式

常见的有直落、对落、布落、离落、壁落、滑落、段落和连续落等，应根据具体景观的需要选择相应的落水形式。

（3）瀑布设计与布置要点

第一，考虑瀑布给水问题，必须有足够的水源。一般是利用天然地形的水位差，或直接利用城市自来水，或用水泵循环供水三种方法来满足瀑布用水。

第二，从景观角度说，要有一定的天然情趣。为与环境相谐调，瀑布设计应注意营造生态的水体景观，并要依环境的特殊情况、空间气氛、观赏距离等选择瀑布的造型。

第三，瀑布落水口是处理的关键，为保证效果，要求堰口平滑，以保证堰口有较好的出水效果。

第四，从结构上来说，凡瀑布流经的岩石缝隙都应封死，以免泥土被冲刷至潭中，影响水质。

第五，瀑布承水潭宽度至少应是瀑布高度的 2/3，以防水花溅出，如图 4-11 所示。

（4）瀑布的施工要点

瀑布实际上是山与水的直接结合。其工程要素即是假山（或塑山塑石）、湖池、溪流等的配合布置，施工方法可参照有关内容。需要指出的是，整个水流路线必须做好防渗漏处理，将石隙封严堵死，以保证结构安全和瀑布的景观效果。

此外，无论自然式还是规则式瀑布，均应采取适当措施控制堰顶蓄水池供水管水流速度所产生的影响。如在出水管口处加设挡水板或增加蓄水池深度等，以减少上游紊流对瀑身形态的干扰。

4.2.5 跌水

跌水是指水流从高向低呈台阶状分级跌落的动态水景，是构成溪流等水景的基本单元，具有动态和声响的效果，因而应用较广。

（1）跌水的特点

首先，跌水是自然界落水现象之一，是连续落水组景的方法。因而，跌水选址一般是在坡面较陡或景致需要的地方。

其次，跌水人工化明显，其供水管、排水管应注意藏而不露。一般多布置于水源源头，水量较瀑布少。

（2）跌水的形式

跌水的形式多种多样，就其落水的形态来分，一般将跌水分为单级式跌水、二级式跌水、三级式跌水、多级式跌水、悬臂式跌水、陡坡跌水等。

①单级式跌水：也称一级跌水，由进水口、胸墙、消力池及下游溪流组成。进水口是经供水管引水到水源的出口。胸墙也称跌水墙，它能影响水态、水声和水韵，要求坚固、自然。消力池即承力池，其作用是缓解水流冲击力，避免下游受到激烈冲刷。

②二级式跌水：即溪流下落时，具有二阶落差的跌水。

③多级式跌水：即溪流下落时，具有三阶以上落差的跌水。有时为了造景

需要、渲染环境气氛，可配置彩灯，使水景生机盎然。

（3）跌水的设计布置要点

首先，要分析地形条件，重点在地势高低变化、水源水量情况及周围景观空间等。

其次，确定跌水的形式。水量大，落差大，可选择单级跌水；水量小，地形具有台阶状落差，可选用多级式跌水。

再者，水量控制是其中的一个关键点。人工跌水水景水量过大则能耗大，长期运转费用高；水量过小则达不到预期的设计效果。因此，根据水景的规模确定适当的水流量十分重要。

最后，跌水应结合泉、溪涧、水池等其他水景综合考虑，并注意利用山石、树木、藤本隐蔽供水管、排水管，增加自然气息，丰富立面层次。

4.3 水体岸坡工程施工

园林水体要求有稳定、美观的水岸以维持陆地和水面形成一定的面积比例，防止陆地被淹、水岸倒塌或由于冻胀、风浪淘刷等造成的水体塌陷、岸壁崩塌而淤积水中等，破坏原有的设计意图，因此在水体边缘必须建造驳岸与护坡。同时，作为水景组成的驳岸与护坡直接影响园林水体景观，必须从实用、经济、美观几个方面一起考虑。

驳岸是亲水景观中应重点处理的部位。驳岸与水线形成的连续景观线是否能与环境相协调，不但取决于驳岸与水面间的高差关系，还取决于驳岸的类型及用材的选择。园林中驳岸是园林工程的组成部分，必须在符合技术要求的条件下具有造型美，并同周围景色相协调。

4.3.1 驳岸

驳岸是指一面临水的挡土墙，是支持和防止坍塌的水工构建物，修筑时要求坚固和稳定。

（1）驳岸的设计

园林驳岸按断面形状可分为整形式和自然式两类。对于大型水体和风浪大、水位变化大的水体以及基本上是规则式布局的园林中的水体，常采用整形式直驳岸，用石料、砖或混凝土等砌筑整形岸壁；而对于小型水体和大水体的小局部，以及自然式布局的园林中水位较为稳定的水体，常采用自然式山石驳岸或有植被的缓坡驳岸。自然式山石驳岸可做成岩、矶、崖、岫等形状，采取上伸下收、平挑高悬等形式。

在进行驳岸设计时，要先确定驳岸的平面位置与岸顶高程。与城市河流接壤的驳岸，需按照城市河道系统规定的平面位置建造；而园林水体的内部驳岸则根据水体施工设计确定驳岸位置。平面图上常水位线显示水面位置，岸顶高程则应比最高水位高出一段以保证湖水不致因风浪拍岸而涌入岸边陆地地面，但具体应视实际情况而定。

驳岸修筑时多以打桩或柴排沉褥作为加强基础的措施。选坚实的大块石料为砌块，也有采用断面加宽的灰土层作基础，将驳岸筑于其上。驳岸最好直接建在坚实的土层或岩基上，如果地基松软，须作基础处理。近年来中国南方园林构筑驳岸，多用加宽基础的方法以减少或免除地基处理工程。驳岸常用条石、块石混凝土、混凝土或钢筋混凝土作基础；用浆砌条石、浆砌块石勾缝、砖砌抹防水砂浆、钢筋混凝土以及用堆砌山石作墙体；用条石、山石、混凝土块料以及植被作盖顶。在盛产竹、木材的地方，也有用竹、木、圆条和竹片、木板经防腐处理后作竹木桩驳岸的。驳岸每隔一定长度要有伸缩缝，其构造和填缝材料的选用应力求经济耐用、施工方便。

（2）驳岸的分类与结构

①根据压顶材料的形态特征及应用方式，驳岸可分为规则式、自然式和混合式三种。

A. 规则式驳岸。岸线平直或呈几何线形，一般用整形的砖、石料或混凝土块压顶的驳岸属规则式，如图 4-12～图 4-14 所示。

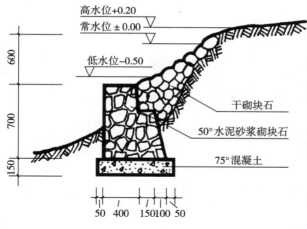

图 4-12 干砌块石驳岸

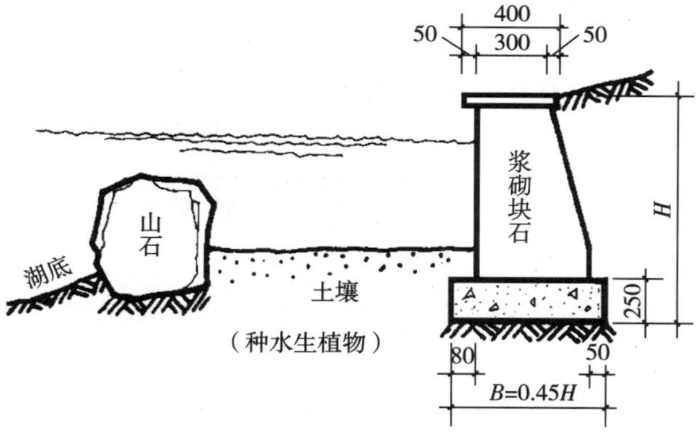

图 4-13 浆砌块石驳岸（一）

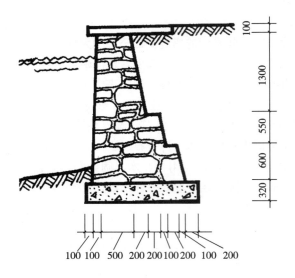

图4-14 浆砌块石驳岸（二）

B. 自然式驳岸。岸线曲折多变，压顶常采用自然山石材料或仿生形式，如假山石驳岸、仿树桩驳岸等，如图4-15～图4-17所示。

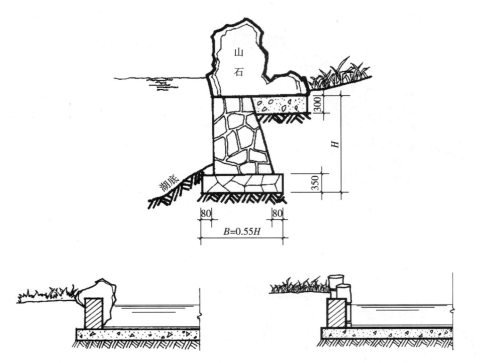

图4-15 假山石驳岸（上）
图4-16 塑山石岸（左）
图4-17 塑松竹岸（右）

C. 混合式驳岸。一般根据周围环境特征和其他要求分段采用规则式或自然式驳岸，就整个水体而言就是混合式驳岸。某些大型水体，环境情况多变，如地形的平坦或起伏、建筑的风格或布局的变化、空间性质的变化等。因此，不同地段可因地制宜选择相适宜的驳岸形式。

②根据结构形式，驳岸可分为重力式、后倾式、插板式、板桩式、混合圬工式等。

A. 重力式驳岸。主要依靠墙身自重来保证岸壁的稳定，以抵抗墙后土体的压力（图4-18a），墙身的主材可以是混凝土、块石或砖等。

B. 后倾式驳岸。是重力式驳岸的特殊形式。墙身后倾，受力合理，经济节省（图4-18b）。

C. 插板式驳岸。由钢筋混凝土制成的支墩和插板组成，其特点是体积小、造价低（图4-18c）。

D. 板桩式驳岸。由板桩垂直打入土中，板边用企口嵌组而成，分自由式和锚着式两种（图4-18d）。对于自由式的桩，入土深度一般取水深的2倍，锚着式可浅一些。这种形式的驳岸在施工时无须排水、挖基槽，因此适用于现有水体岸壁的加固处理。

E. 混合圬工式驳岸。由两部分组成，下部采用重力式块石驳岸或板桩，上部则采用块石护坡（图4-18e）。

若湖底有淤泥层或流沙层，为控制沉陷或防止不均匀沉陷，常用桩基对驳岸基础进行加固。桩基的材料可以是混凝土、灰土或木材（柏木或杉木）等。

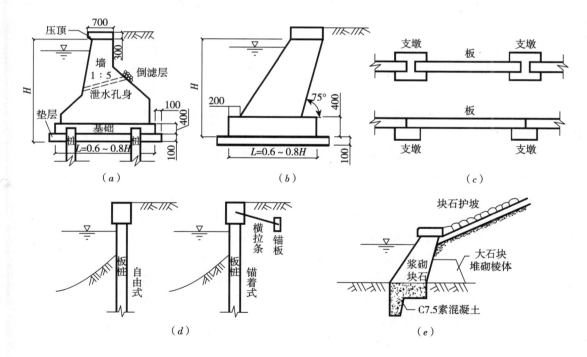

图 4-18 驳岸的结构形式
(a) 重力式驳岸；
(b) 后倾式驳岸；
(c) 插板式驳岸；
(d) 板桩式驳岸；
(e) 混合圬工式驳岸

③常见驳岸类型。就实际应用而言，最能反映驳岸造型要求和景观特点的是驳岸工程的墙身主材料和压顶材料。

A. 假山石驳岸。墙身常用毛石、砖或混凝土砌筑，一般隐于常水位以下，岸顶布置自然山石，是最具园林特色的驳岸类型（图4-15）。

B. 卵石驳岸。常水位以上用大卵石堆砌或将较小的卵石贴于混凝土上，风格朴素自然。

C. 条石驳岸。岸墙和压顶用整形花岗岩条石砌筑，坚固耐用、简洁大方，但造价较高。

D. 虎皮石驳岸。墙身用毛石砌成虎皮形式，砂浆缝宽2~3cm，可用凸缝、平缝和凹缝，压顶多用整形块料。

E. 竹桩驳岸。南方地区冬季气温较高，没有冻胀破坏，加上又盛产毛竹，因此可用毛竹建造驳岸。竹桩驳岸由竹桩和竹片笆组成，竹桩间距一般为60cm，竹片笆纵向搭接长度不少于30cm，且位于竹桩处。

F. 混凝土仿树桩驳岸。常水位以上用混凝土塑成仿松皮木桩等形式，别致而富有韵味，观赏效果好。

实际上除竹桩驳岸外，大多数驳岸的墙身通常采用浆砌块石。对于这类砖、石驳岸，为了适应气温变化造成的热胀冷缩，其结构上要适当设置伸缩缝。一般每隔10~25m设置一道，缝宽2~3cm，内嵌木板条或沥青油毡等。

（3）驳岸施工

驳岸的施工在挖湖施工后、湖底施工前进行。

①放线。依据设计图上水体常水位线确定驳岸的平面位置，并在基础两侧各加宽20cm放线。

②挖槽。常采用人工开挖，对需要放坡及支撑的地段，要按照规定放坡、加支撑，一般不宜在雨季进行。雨期施工宜分段、分片完成，施工期间若基槽内因降雨积水，应在排干后挖除淤泥垫以好土。

③夯实地基。基槽开挖完成后进行夯实，遇到松软土层时，需增铺14~15cm厚灰土一层加固。

④浇筑基础。驳岸的基础类型中，块石混凝土最为常见。施工时石块要垒紧，不得仅列于槽边，然后浇筑M15~M20水泥砂浆。灌浆务必饱满，要渗满石间空隙。

⑤砌筑岸墙。浆砌块石用M5水泥砂浆，要砂浆饱满、勾缝严密。伸缩缝的表面应略低于墙面，用砂浆勾缝掩饰。若驳岸高差变化较大，还应做沉降缝，常采用局部增设伸缩缝的方法兼作沉降缝。

⑥砌筑压顶。施工方法应按设计要求和压顶方式确定，要精心处理好常水位以上部分。用大卵石压顶时要保证石和混凝土的结合密实牢固，混凝土表面再用2~3cm厚1:2水泥砂浆抹缝处理。

4.3.2 护坡

护坡主要是防止滑坡、减少地面水和风浪的冲刷，以保证岸坡的稳定。护坡多用于自然式缓坡湖岸，能产生自然、亲水的效果，在园林中使用很多。

（1）护坡的类型和结构

常见的有草地护坡、编柳抛石护坡、块石护坡等。

1）草地护坡

当岸壁坡角在自然安息角以内，水面上缓坡在 1:20~1:5 间起伏变化是很美的，这时水面上部分可以用草地护坡。目前也采用直接在岸边播种子并用塑料薄膜覆盖，效果也很好。如在草坡上散置数块山石，还可以丰富地貌，增加风景的层次。如图 4-19~图 4-21 所示。

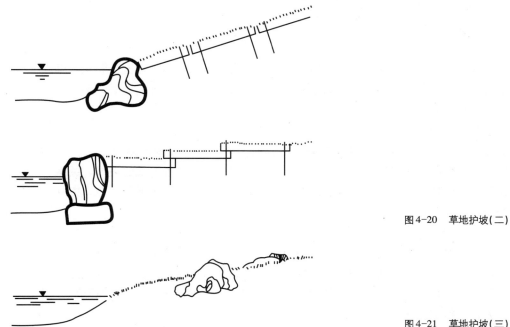

图 4-19　草地护坡（一）

图 4-20　草地护坡（二）

图 4-21　草地护坡（三）

2）编柳抛石护坡

是指将块石抛置于绕柳橛十字交叉编织的柳条筐格内的护坡方法。柳条发芽后便成为较好的护坡设施，富有自然野趣。

3）铺石护坡

在岸坡较陡、风浪较大的情况下或出于造景的需要，在园林中常使用铺石护坡，如图 4-22、图 4-23 所示。护坡的石料，最好选用石灰岩、砂岩、花岗岩等质地的顽石，在寒冷的地区还要考虑石块的抗冻性。护坡不允许土壤从护面石下面流失，为此应做过滤层，并且护坡应预留排水孔，每隔 25m 左右做一伸缩缝。

对于小水面，当护面高度在 1m 左右时，护坡的做法比较简单。当水面较大、坡面较高（一般在 2m 以上）时，则护坡要求较高。块石护岸多用于砌石块，用 M7.5 水泥砂浆勾缝，压顶石用 M7.5 浆砌块石，坡脚石一定要坐在湖底下。

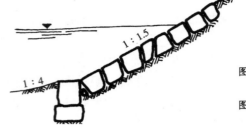

图 4-22　铺石护坡（一）（左）

图 4-23　铺石护坡（二）（右）

（2）护坡施工

以铺石护坡为例，其施工的程序和要点如下：

1）放线挖槽

按设计放出护坡的上、下边线。若岸坡地面坡度和标高不合设计要求，则需开挖基槽，经平整后夯实。如果在土方施工时已整理出设计的坡面，则经简单平整后夯实即可。

2）砌坡脚石、铺倒滤层

先砌坡脚石，其基础可用混凝土或碎石。大石块（或预制混凝土块）坡脚用 M5~M7.5 水泥砂浆砌筑，混凝土也可现浇。无论哪种方式的坡脚，关键是要保证其顶面的标高。铺倒滤层时，要注意摊铺厚度，一般下厚上薄，如从 20cm 逐渐过渡为 10cm 等。

3）铺砌块石

由于是在坡面上施工，倒滤层碎料容易滑移而造成厚薄不均，因此施工前应拉绳网控制，以便随时矫正。从坡脚处起，由下而上铺砌石块，石块要呈品字形排列，彼此贴紧。用铁锤随时打掉过于突出的棱角，石块间用碎石填满、垫平，不得有虚角。

4）勾缝

一般而言，块石干砌较为自然，石缝内还可长草。为更好地防止冲刷、提高护坡的稳定性等，也可用 M7.5 水泥砂浆进行勾缝（凸缝或凹缝）。表 4-1 说明了驳岸与护坡在作用、形式及施工方法上的差异。

驳岸与护坡在作用、形式及施工方法上的差异　　表 4-1

项目	驳　岸	护　坡
定义	一面临水的挡土墙，是支持和防止坍塌的水工构筑物。多用岸壁直墙，有明显的墙身，岸壁大于 45°	保护坡面、防止雨水径流冲刷及风浪拍击对岸坡的破坏的一种水工措施，在土壤斜坡 45° 内可用
作用	维系陆地与水面的界限，使其保持一定的比例关系；能保持水体岸坡不受冲刷；可强化岸线的景观层次	防止滑坡；减少地面水和风浪的冲刷；保证岸坡稳定；自然的缓坡能产生自然亲水的效果

续表

项目	驳 岸	护 坡
形式	1. 规则式：块石、砖、混凝土砌筑的几何形式的岸壁，简洁明快，缺少变化，一般为永久性，要求较好的砌筑材料和较高的施工技术。 2. 自然式：外观无固定形状或规格的岸坡处理。自然亲切、景观效果好，如假山石驳岸、卵石驳岸。 3. 混合式：规则式与自然式驳岸相结合的驳岸的造型。一般为毛石岸墙、自然山石岸顶，易于施工，具装饰性，适于地形许可并有一定装饰要求的湖岸	1. 草皮护坡：坡度在 1:20～1:5 之间的湖岸缓坡。可应用假俭草、狗牙根等草种。 2. 灌木护坡：适于大水面的平缓的坡岸，可用沼生植物。 3. 铺石护坡：当坡岸较陡、风浪较大或因造景需要时，可采用铺石护坡。护坡可用石灰岩、砂岩、花岗岩等石料
施工方法	1. 放线：根据常水位线，确定平面位置。 2. 挖槽：人工或机械开挖。 3. 夯实基础：将地基夯实。 4. 浇筑基础：块石之间要分隔，不得置于边缘。 5. 砌筑岸墙：墙面平整、砂浆饱满。25～30m 左右作伸缩缝。 6. 砌筑压顶：用预制混凝土板块或大块方整石压顶，顶面向水中挑出 5～6cm，顶面高出水位 50cm 为宜	以铺石护坡为例： 1. 放线挖槽：按设计要求放样，挖基础梯形槽，并夯实土基。 2. 砌坡脚石、铺倒滤层：按要求分层填筑，坡脚石宜用大石块，并灌足砂浆。 3. 铺砌块石：从坡脚石起，由下而上铺砌块石，石块呈品字形排列，保持与坡面平行。 4. 补缝、勾缝：如有需要，石间可用砂浆和碎石填满、垫满、填平，并用 M7.5 水泥砂浆勾缝

4.4 水池喷泉工程施工

喷泉原是一种自然景观，是承压水的地面露头。园林中的喷泉，一般是为了造景需要，人工建造的具有装饰性的喷水装置，常应用于城市广场、公共建筑、园林小品中，于室内外空间得到广泛应用。喷泉不仅可以振奋精神，陶冶情操，丰富城市的面貌，还能湿润周围空气，减少尘埃，降低气温。喷泉的细小水珠同空气分子撞击，能产生大量的负氧离子。因此，喷泉有益于改善城市面貌和增进居民的身心健康。

4.4.1 喷泉的类型

在现实生活中，喷泉的类型很多，常见的有：
①普通装饰性喷泉：常由各种花形图案组成固定的喷水形。
②雕塑装饰性喷泉：喷泉的喷水水形与雕塑、小品等相结合。
③人工水能造景型：如瀑布、水幕等用人工或机械塑造出来的各种大型水柱等。
④自控喷泉：利用先进的计算机技术或电子技术将声、光、电等融入喷泉技术中，以造成变幻多彩的水景，如音乐喷泉、电脑控制的涌泉、间歇泉等。

4.4.2 喷泉的选址与环境要求

在选择喷泉位置、布置喷水池周围的环境时，要考虑喷泉的主题、形式，要与环境相谐调,把喷泉与环境统一考虑,用环境渲染和烘托喷泉,以达到装饰环境或借助喷泉的艺术联想来创造意境的目的。一般情况下,喷泉的位置多设于建筑、广场的轴线焦点或端点处;也可根据喷泉特点,做一些喷泉小景,自由地装饰室内外的空间。

4.4.3 喷泉设计基础

(1) 常见的喷头类型

喷泉设计中,喷头的选择非常重要。在水景中广泛使用的各种类型的喷头,其作用是把一定量的水经过喷嘴的造型,形成各种预想的、绚丽的水花喷射在水面的上空。喷头一般耐磨性好,不易锈蚀,由有一定强度的黄铜或青铜制成,在实际使用中应注意各种喷头的特性。

目前,常见的喷头式样有以下几种:

①单射流喷头。其是压力水喷出的最基本的形式,也是喷泉中应用最广的一种形式。

②喷雾喷头。这种喷头的内部装有一个螺旋状导流板,使水能形成圆周运动,而水喷出后,能形成细小的水流弥漫成雾状水滴。

③环形喷头。其出水口成环状断面,水沿孔壁喷出形成外实内空的环形水柱,气势粗犷、雄伟。

④蒲公英形喷头。这种喷头是在圆球形壳体上,装有很多同心放射状喷管,并在每个管头上装一个半球形变形喷头。它能喷出像蒲公英一样美丽的球形或半球形水花,可以单独使用,也可以几个喷头高低错落地布置,显得格外新颖。

⑤变形喷头。这种喷头的类型很多,它们的共同特点是在出水口的前面有一个可以调节的、形状各异的反射器,使水流通过反射器起到使水花造型的作用,从而形成各式各样的、均匀的水膜,如牵牛花形、半球形、扶桑花形等。

(2) 喷泉水形的基本形式

随着喷泉设计的不断改造与创新,新的喷泉水形不断丰富与发展,如图4-24所示,列举了几种基本的喷泉水形。

(3) 喷泉的供水形式

喷泉的水源应为无色、无味、无有害杂质的清洁水。因此,喷泉除用城市自来水作为水源外,其他如冷却设备和空调系统的废水也可作为喷泉的水源。

喷泉供水的形式,简单地说可以有以下几种:

①直接用自来水供水,使用后的水排入城市雨水管网。供水系统简单,占地小,造价低,管理简单;但给水不能重复使用,耗水量大,运行费用高;再者如水压不稳时,会影响喷泉的水形。一般此种供水主要用于小型喷泉,或孔流、涌泉、水膜、瀑布、壁流等,或与假山石结合,适合于小庭院、室内大厅和临时场所。

序号	名称	喷泉水形	序号	名称	喷泉水形
①	单射形		b.	向内编织	
②	水幕形		c.	篱笆形	
③	拱顶形		⑦	屋顶形	
④	向心形		⑧	喇叭形	
⑤	圆柱形		⑨	圆弧形	
⑥	编织形 a. 向外编织				

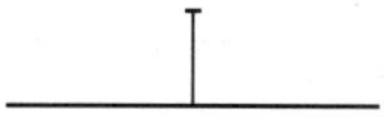

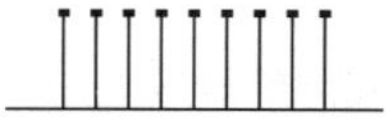

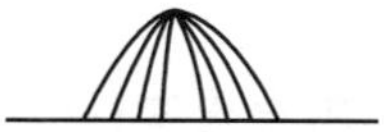

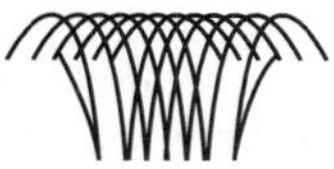

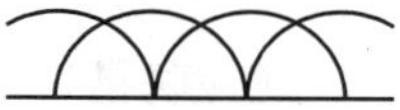

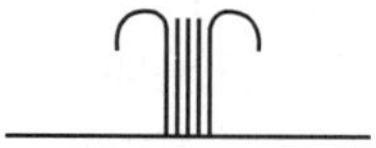

图 4-24 喷泉水形的基本形式

②为保证喷水具有稳定的高度和射程，给水需经过特设的水泵房加压。喷出的水仍排入城市雨水管网。

③为了节约用水，并有足够的水压和用水量，大型喷泉可采用循环供水的方式。循环供水的方式有两种：

A. 用离心泵：将水泵房置于地面上较隐蔽处，以不影响绿化效果为宜。

B. 用潜水泵：将其直接放在喷水池中或水体内低处。

④在有条件的地方，可利用高位的天然水源供水，用毕排除。

此外，为了喷水池的卫生安全，要在池中设过滤器和消毒设备，以清除水中的污染物、藻类等，水应及时更换。

（4）喷泉构筑物的组成

喷泉除管线设备外，还需配套的构筑物有喷水池、泵房及给、排水井等。

1）喷水池

喷水池是喷泉的重要组成部分，在喷泉的结构组成和景观效果中均占有十分重要的地位。其本身不仅能起到独立成景，起点缀、装饰、渲染环境的作用，而且能维持正常的水位以保证喷水。因此，可以说喷水池是集审美功能与实用功能于一体的动静（喷时动，停时静）相兼的人工水景。

①喷水池的形式和大小

园林中的喷水池主要分为规则式水池和自然式水池两种。规则式水池平面形状呈几何形，如圆形、椭圆形、矩形、多边形、花瓣形等；自然式水池的岸线常为自然曲线，如弯月形、肾形、心形、泪珠形、蝶形、云形、梅花形、葫芦形等。现代喷水池多采用流线型,活泼大方,富于时代感。

喷水池的尺寸与规划主要取决于规划中所赋予它的功能,但它与喷水池所在地理位置的风向、风力、气候温度等关系极大,直接影响了水池的面积和形状。喷水池的平面尺寸除需满足喷头、管道、水泵、进水口、泄水口、溢水口、吸水坑等布置要求外,还应防止在设计风速下水滴不致被风大量地吹出池外,所以喷水池的平面尺寸一般应比计算要求每边再加大 50~100cm。喷水越高,水池越大。

而喷水池深度一般应按管道、设备的布置要求确定,但也不宜太深,以免发生危险。在设有潜水泵时,应保证吸水口的淹没深度不小于 50cm;在设有水泵吸水口时,应保证吸水喇叭口的淹没深度不小于 50cm。泵房多采用地下或半地下式,应考虑地面排水,地面应有不小于 5‰的坡度,坡向集水坑。泵房应加强通风,同时为解决半地下式泵房与周围景物相协调的问题,常将泵房设计成景观构筑物,如设计成亭、台或隐蔽在山崖、瀑布之下等。

②喷水池的结构与构造

根据水池构造材料的不同,喷水池的结构形式可分为砖砌结构喷水池、毛石砌结构喷水池和钢筋混凝土结构喷水池等。其一般由基础、防水层、池底、池壁、压顶等五部分组成。

A. 基础

基础是水池的重要组成部分,一般由灰土层和混凝土层组成。灰土层一般厚 30cm,C10 混凝土垫层厚 10~15cm。

B. 防水层

喷水池工程中,防水工程质量的好坏对水池安全使用及其寿命有直接影响。因此,正确选择和合理使用防水材料是保证水池质量的关键之一。

目前,水池防水材料种类较多。如按材料分,主要有沥青类、塑料类、橡胶类、金属类、混凝土及有机复合材料等;如按施工方法分,有防水卷材、防水涂料和防水薄膜等。

水池防水材料的选用,可根据具体要求确定。一般水池采用普通防水材料即可;钢筋混凝土水池也可采用抹 5 层防水砂浆(水泥+防水粉)做法;临时性水池还可将吹塑纸、塑料布、聚苯板组合起来使用,也有很好的防水效果。

C. 池底

池底直接承受水的竖向压力,要求坚固耐久。多用钢筋混凝土池底,一般厚度大于 20cm。如果水池容积大,要配双层钢筋网。施工时,每隔 20m 选择最小断面处设变形缝(伸缩缝),变形缝用止水带或沥青麻丝填充。每次施工必须由变形缝开始,不得在中间留施工缝,以防漏水,如图 4-25 所示。

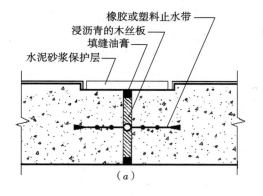
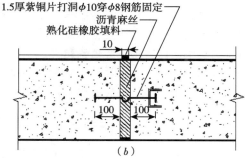

图 4-25 伸缩缝示意

D. 池壁

池壁是水池的竖向部分，承受池水的水平压力，水愈深容积愈大，压力也愈大。池壁一般有砖砌池壁、块石池壁和钢筋混凝土池壁 3 种，壁厚视水池大小而定。砖砌池壁具有施工方便的优点，但红砖多孔，砌体接缝多，易渗漏，不耐风化，使用寿命短；块石池壁自然朴素，要求垒砌严密、勾缝紧密；钢筋混凝土池壁厚度多小于 300mm，常用 150～200mm 厚。

E. 压顶

压顶属于池壁最上部分，其作用主要为保护池壁，也可起到较好的装饰作用。

压顶可防止污水、泥沙流入池中，同时也可防止池水溅出。压顶做法必须考虑环境条件，要与景观相协调，可做成平顶、拱顶、挑伸、倾斜等多种形式，材料常用混凝土和块石等。

此外，完整的喷水池还必须设有供水管、补给水管、泄水管、溢水管及沉泥池等。管道穿过水池时，必须安装止水环，以防漏水，如图 4-26 所示。

2）泵房

泵房是指安装水泵等提水设备的专用构筑物，其空间较小，结构比较简单。水泵是否需要修建专用的泵房应根据需要而定。在喷泉工程中，凡采用清水离心泵循环供水的都应设置泵房；凡采用潜水泵循环供水的均不设置泵房。泵房的形式根据泵房与地面的相对位置可分为地上式泵房、地下式泵房和半地下式泵房 3 种。

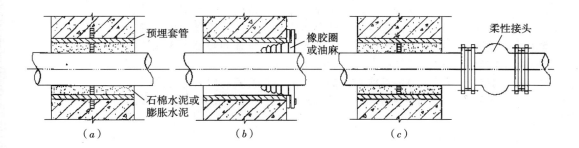

图 4-26 喷水池中管道穿过池壁常见做法

泵房的主要作用是保护水泵，避免其长期暴露在外、因生锈等原因而影响运行；也可防止泥沙、杂物等侵入水泵，影响转动，降低水泵寿命甚至损坏水泵。同时，设置泵房也是出于安全的需要，以利于管理。此外，由于喷泉造景需要，各种管线都应以各种形式掩饰起来。

为了保证喷泉安全可靠地运行，泵房内的各种管线应布置合理、调控有效、操作方便、易于管理。一般泵房管线系统布置如图4-27所示。

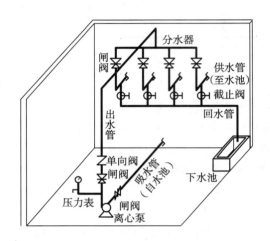

图4-27 泵房管线系统示意

此外，泵房内还应设置供电及电气控制系统，保证水泵、灯具和音响的正常工作。

3）给水阀门井与排水阀门井

喷泉用水一般由自来水供给。当水源引入喷泉附近时，应在给水管道上设置给水阀门井。给水阀门井内安装截止阀控制，根据给水需要，可随时开启和关闭，便于操作。

而排水阀门井的作用是连接由水池引出的泄水管和溢水管在井内交汇，然后再排入排水管网。为便于控制，在泄水管道上应安装闸阀，溢水管应接于阀后，以确保溢水管排水通畅。

(5) 喷泉管道的布置

喷泉设计中，当喷水池形式、喷头位置确定后，就要考虑管网的布置。喷泉管网主要由吸水管、供水管、补给水管、溢水管、泄水管及供电线路等组成。

喷泉管道要根据实际情况布置，不但要注意获得稳定等高的喷流，还要注意其隐蔽性和装饰性。所有管道均要进行防腐处理，管道接头要严密，安装必须牢固。管道安装完毕后，应认真检查并进行水压试验，保证管道安全，待一切正常后再安装喷头。而喷泉照明多为内侧给光，给光位置为喷高2/3处，照明线路采用防水电缆，以保证供电安全，如图4-28所示。

在一些大型的自控喷泉中，管线布置极为复杂，并安装功能独特的阀门和电器元件，如电磁阀、时间继电器等，并配备中心控制室，用以控制水形的变化。

(6) 喷泉的水力计算

喷泉设计中，为了达到预定的水形，必须确定与之相关的水力流量（喷嘴

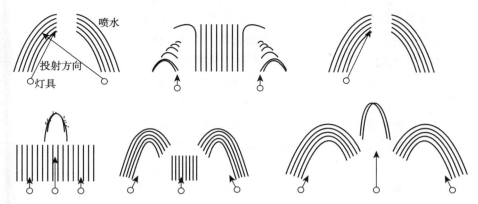

图 4-28 喷泉照明的布光位置与投射方向

流量、各管段流量、总流量等)、管径、水泵扬程、工作压力等要素,从而为管径选择和水泵选型提供依据。水力计算是保证实现喷水造型必不可少的。

4.5 室内水景工程施工

提到水景设计,人们往往立即联想到园林、城市广场以及各类室外娱乐休闲场所等等。无论是波光粼粼的水池还是名目繁多的喷泉,水景总能给人带来赏心悦目、怡养性情的享受。今天生活在城市中的现代人,远离了自然,生活空间狭小,于是与山水相伴、回归自然成为都市人生活的理想境界。为了满足人们亲水的天性,设计师把水景引入室内,使人们在家中、在建筑物的内部,也能欣赏水景,享受亲水的乐趣。

4.5.1 室内水景的功能

和室外水景设计一样,室内水景设计也承担着精神与实用的双重功能。一处精心设计的室内水景,可以营造意境,引发人们的诗情画意;观赏性的水生动植物,不仅赏心悦目,还能为生活增添情趣;而潺潺的水声,更能让心神沉静,让自然融入,成为都市人释放身心压力、缓解紧张情绪的一剂良药。从实用功能上来说,室内水景为水生动植物提供了良好的生长环境,各种喷泉、跌水和涓水能提高室内氧气与空气负离子含量。在干燥地区,室内水景还起着提高室内空气湿度、改善室内生态环境的作用。

4.5.2 室内水景的形式

室内水景的形式,基本可以分为动态水景和静态水景两大类。静态水景平静幽深,可以缓冲和软化建筑物硬质界面;而动态水景明快活泼,形声兼备,既增加了室内空间的生机,又能满足视觉艺术的需要。

室内静态水景的类型,除了传统的水族箱,一般以小型水池为主。根据水池的地面高度，可以分为下沉式水池和凸起于地面的水池，而后者，只要地板有足够的强度，可以适合于任何楼层。而根据水池的形状，水池类型又可分为规整的几何形和不规整的仿自然形。几何形的水池形态较为简单，适合于使用在商场、酒店大厅、会展中心等大型公共空间或具有现代设计风格的室内空间；不规整的仿自然形水池的形态十分丰富，它可以是由石材、木材或其他仿天然的材质围建的一弘碧水，可以是一个周围种着植物的老式木制水桶，也可以是置于室内一角的单个或成组的陶瓷水罐等等。这种配合着各种水生植物的仿自然形水面，有回归自然的情趣，可以为居家、餐饮等较为休闲的空间平添情趣，成为视觉焦点。

室内动态水景形式则十分丰富，常见类型有喷泉、水帘、水幕、碧泉、涌流、管流、跌水等等，每一类型又有许多不同的表现形式。只要设计师有足够想象力，就可以创造出花样繁多的动态水景。

（1）喷泉

喷泉在现代城市景观设计中十分常见，也是室内水景设计中运用最广泛的一种形式。喷泉利用水泵加压，使水从喷嘴喷射而出。通过精心设计喷嘴，喷射的水可形成各种艺术造型，如牵牛花、蒲公英、孔雀开屏、半球、花篮等等，此外还可以形成水柱或水雾。室内喷泉可大可小，可高可低，可单一可组合，从而产生高低不同、水态各异、形式多样的水景形式。一般来说，各种大、中型喷泉或花样喷泉比较适合于较大型的室内公共空间，如大型的购物中心、会展中心、候车大厅、酒店大堂等，而家庭、酒吧等场地则适合采用小型、微型喷泉，小巧精致、赏心悦目。

（2）水幕和水帘

水幕和水帘是利用成排的小孔使水从高处直泻下来，形成一个平面的水的帘幕。水帘的形式应用于观赏性门时形成水帘门，应用于大面积的玻璃窗时则形成水幕窗。水幕和水帘一般起着分隔室内空间和降温增湿的作用，其所分隔的空间，有似隔非隔、似隐又透的朦胧意向，其所营造的闲适、雅致、朦胧的气氛，尤其适合餐厅、茶楼、酒吧等休闲场所。

（3）壁泉

在人工建筑的墙面，不论其凹凸与否，都可形成壁泉，壁泉形式又可分为墙壁型和雕塑型两种。水沿着墙壁顺流而下，或从石砌的墙缝中流出称为墙壁型壁泉。在香港某交易广场的电梯处，水从电梯两侧石砌缝隙中缓缓流出，发出潺潺的水声，乘梯的人仿佛置身于雨声淅沥的山间道上，使人在封闭的建筑物内部也能感受山间小道的美景。雕塑型壁泉则是将水与挂于墙面的雕塑相结合，使水从雕塑的某个部分流出，常见的如狮头吐水、蟠龙吐水、跃鱼吐水等等。雕塑型壁泉不仅占用空间小，而且形声俱佳，适应范围十分广泛，成为室内水景中平中见奇的手法。

（4）涌泉

水自下向上涌出，不作高喷，称为涌泉，涌泉在自然界较为常见。通过人工设计不同压力及图形的水头,可产生不同形体、高低错落的涌泉。室内涌泉的设计,一般是使水从水池底部涌出,在水面形成翻涌的水头,也可使水从特殊加工的卵石、陶瓷或其他构造物表面涌出。涌泉有流水的动感,却没有水花飞溅,也没有大的声响,在室内水景设计中独具特色。

(5) 跌水

跌水的形成来自于山间溪涧,它是一种利用水的连续高差,使水从构造物中分层连续流出的水景。这种构造物可以是规则的台阶和水槽,可以是独立雕塑或陶瓷水罐,也可以是其他富于想象力的自然形态。在香港尖沙嘴中艺广场室内,曾设计了一个台阶式水槽系列,由二楼至地下,总高约 10 余米,构造物是一组长长短短、层层叠叠约有十七八层的水槽,水由上而下,依次流入各级水槽,最终汇入底层圆形水池,使单调的商场内部有了一个奇趣横生的水景。

(6) 管流

水从管状物中流出称为管流。以竹竿或其他空心的管状物组成管流水景,可以营造出返璞归真的乡野情趣,其产生的水声也可以构成一种不错的效果。

室内水景除了以上列举的常见类型,还有山涧溪流、水车、溢水等等。在美国亚特兰大的一处公园建筑内,设计师利用水泵将水抽至高处,使水从屋顶玻璃天窗呈雨滴状泻下,创造了一种超越人们日常生活经验的蓝天雨滴的奇异感受。可见只要设计师有足够的创造力,只要与室内空间融为一体,室内水景的创意和可能就是无穷的。

■ 本章小结

根据园林水景工程建设的需要,结合当前水景工程施工的具体实际,本章(节)较为详细、全面地介绍了一般水景工程的施工工艺,以及水体岸坡工程、水池喷泉工程、室内水景工程等相关水景工程的施工流程和工艺。通过本章(节)的理论学习,配以相关的试验实训,会使大家的理论水平和实践技能都有较大的提高。

复习思考题

1. 水景工程有哪些主要形式?各自的施工流程如何?
2. 池底的处理需要注意哪些方面?如何防止池底渗水?
3. 考虑如何才能构建一个生态化的水景?
4. 考虑如何才能因地制宜地发挥水景的最大景观、生态效益,并尽量节约建造成本?

实训 7　人工瀑布、溪流施工

一、目的意义

（1）掌握溪流施工的一般步骤和方法，了解人工瀑布施工的一般步骤和方法。

（2）了解新工艺、新技术、新材料等在人工瀑布、溪流施工中的应用。

二、场地要求（场地、材料、工具、人员）

（1）材料要求、工具：大小卵石、灰土、石灰、砂、水泥、聚乙烯薄膜、木桩、绳子、泥刀、铁锹、铁铲、软管等。

（2）场地要求：有一定地形变化的室外实训场地一处。

（3）人员要求：4～6名同学为一组合作。

三、操作步骤及技术要点

（1）介绍人工瀑布、溪流施工的一般步骤和方法，介绍新工艺、新技术、新材料等在水景工程中的相关应用，并以溪流施工为主展开实训操作。

（2）按照图纸划线放样，并用石灰、绳子等标出轮廓线。

（3）开挖土方，并按照要求夯实基础。

（4）铺设灰土层。

（5）浇筑混凝土层垫层和水泥砂浆结合层。

（6）铺设聚乙烯薄膜。

（7）浇筑水泥砂浆结合层和混凝土池底。

（8）结合工程和美观的需要，堆叠大小卵石，进行溪底和两侧驳岸的处理。

（9）养护。

（10）验收成果。

四、考核项目

记录溪流施工的过程及主要技术环节的能力，并整理成实习报告。

五、评分标准

按实习报告评分。

实训 8　水池喷泉工程施工

一、目的意义

（1）掌握水池施工的一般步骤和方法，了解喷泉施工的一般步骤和方法。

（2）了解新工艺、新技术、新材料等在水池、喷泉施工中的应用。

二、场地要求（场地、材料、工具、人员）

（1）材料要求、工具：大小卵石、碎石、石灰、砂、水泥、聚乙烯薄膜、木桩、绳子、泥刀、铁锹、铁铲、软管等。

（2）场地要求：场地较为平整的室外实训场地一处。

(3) 人员要求：4~6 名同学为一组合作。
三、操作步骤及技术要点
(1) 介绍水池、喷泉施工的一般步骤和方法，介绍新工艺、新技术、新材料等在水景工程中的相关应用，并以水池施工为主展开实训操作。
(2) 按照图纸划线放样，并用石灰、绳子等标出轮廓线。
(3) 开挖土方，并按照要求夯实基础。
(4) 铺设碎石垫层。
(5) 浇筑混凝土层垫层和水泥砂浆找平层。
(6) 铺设聚乙烯薄膜。
(7) 浇筑水泥砂浆保护层和混凝土池底。
(8) 浇筑水泥砂浆抹面压实赶光，并结合工程和美观的需要，堆叠大小卵石，进行溪底和两侧驳岸的处理。
(9) 养护。
(10) 验收成果。
四、考核项目
记录水池施工的过程及主要技术环节的能力，并整理成实习报告。
五、评分标准
按实习报告评分。

实训 9　室内水景工程施工

一、目的意义
(1) 了解几种室内水景施工的一般步骤和方法，掌握室内岩石跌水施工的一般步骤和方法。
(2) 了解新工艺、新技术、新材料等在室内水景施工中的应用。
二、场地要求（场地、材料、工具、人员）
(1) 材料要求、工具：大小块状石材、砂、水泥、弹性水池底衬、泥刀、软管等。
(2) 场地要求：适合各工序开展的室内实训场地一处。
(3) 人员要求：4~6 名同学为一组合作。
三、操作步骤及技术要点
(1) 介绍几种室内水景的一般步骤和方法，介绍新工艺、新技术、新材料等在室内水景工程中的相关应用，并以岩石跌水施工为主展开实训操作。
(2) 按照需要的高度和形状搭起石块，不要搭得太陡，以保持最自然的效果。顶部做出一个蓄水池帮助水流连贯地流动。
(3) 在岩石后面从头到尾用一块弹性的水池底衬铺满跌水的整个部分，固定位置藏在石头和砾石的后面，并把底衬底边重叠于底部的水池或水箱中。
(4) 将水流出口安放在跌水的顶部，把供水管藏在石头的后面。

（5）将出水管和底部水池或水箱里的水泵相连，打开开关，调节水流，使之不要飞溅到两边或流速太快。

（6）验收成果。

四、考核项目

记录跌水施工的过程及主要技术环节的能力，并整理成实习报告。

五、评分标准

按实习报告评分。

园林工程（二）

第5章　园路工程施工

5.1 概述

5.1.1 园路的作用

园路是贯穿园林的交通脉络，是联系若干个景区和景点的纽带，是构成园景的重要因素，其具体作用如下：

（1）划分、组织空间

园林功能分区的划分多是利用地形、建筑、植物、水体或道路。对于地形起伏不大、建筑比重小的现代园林绿地，用道路围合、分隔不同景区则是主要方式。同时，借助道路面貌（线形、轮廓、图案等）的变化可以暗示空间性质、景观特点的转换以及活动形式的改变，从而起到组织空间的作用。

（2）组织交通和导游

园路满足各种园务运输（园林绿化、维修养护、消防安全等）的要求，并为游人提供舒适、安全、方便的交通条件。园路还担负组织园林风景的动态序列，它能引导人们按照设计的意愿、路线和角度来欣赏景物的最佳画面，能引导人们到达各功能分区。

（3）提供活动场地和休息场所

在建筑小品周围、花坛、水旁、树下等处，园路可扩展为广场（可结合材料、质地和图案的变化），为游人提供活动和休息的场所。

（4）构成景色

园路自身有优美的曲线、丰富多彩的路面铺装，它与山、水、植物、建筑等等，共同构成优美丰富的园林景观。

（5）奠定水电工程的基础

园林中的给水排水、供电系统常与园路相结合，所以在园路施工时，也要考虑到这些因素。

5.1.2 园路的分类

园路的分类方法很多，常用的分类法有以下几种：

（1）依游览通行的功能分类

①主要园路。主要园路连接全园各个景区及主要建筑物，除了游人较集中外，还要通行生产、管理用车，宽度在 4m 以上。路面铺装以混凝土和沥青为主。

②次要园路。次要园路连接着园内的每一个景点，宽度在 2~4m，路面铺装的形式比较多样。

③游憩小路。这类小路可以延伸到公园的每一个角落，供游人散步、赏景之用，其宽度多为 0.7~1.2m。

（2）按面层材料分

①整体路面。包括现浇水泥混凝土路面和沥青混凝土路面。整体路面平整、耐压、耐磨，适用于通行车辆或人流集中的公园主路和出入口。

②块料路面。包括各种天然块石、陶瓷砖及各种预制水泥混凝土块料路面等。块料路面种类繁多、质地多变，图案纹路和色彩丰富，适用于广场、游步道和通行轻型车辆的地段。

③碎料路面。用各种石片、砖瓦片、卵石等碎料做成的路面，可拼成不同的精美图案，表现内容丰富，做工细致。主要用于庭院和各种游步小路。

此外，还有用砂石、各种三合土等组成的简易路面，多用于临时性或过渡性路面。

（3）园林道路从结构上来分

①路堑型（也称街道式）：立道牙位于道路边缘，路面低于两侧地面，道路排水。构造如图5-1所示。

②路堤型（也称公路式）：平道牙位于道路靠近边缘处，路面高于两侧地面（明沟），利用明沟排水。构造如图5-2所示。

③特殊型：包括步石、汀步、磴道、攀梯等。如图5-3所示。

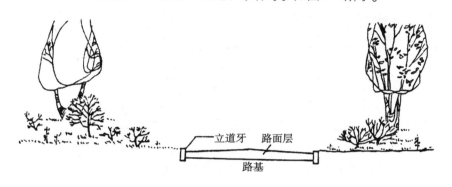

图5-1 路堑型

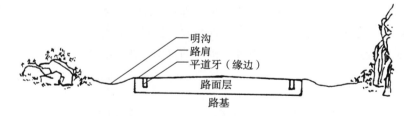

图5-2 路堤型

仿树桩步石路

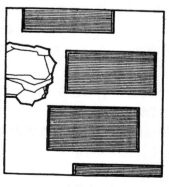

条纹步石路

图5-3 仿树桩步石路和条纹步石路

5.2 园路的线形设计

5.2.1 平面线形设计

(1) 平面线形设计内容

具体确定道路在平面上的位置,根据勘测资料和道路等级要求,以及风景景观之需,定出道路中心线的位置,确定直线段,选用平曲线半径,合理解决曲直线的衔接,恰当地设置超高、加宽路段,保证安全视距,绘出道路平面设计图。

(2) 平面线形设计要求

①对于总体规划时确定的园路平面位置及宽度应再次核实,并做到主次分明。在满足交通要求的情况下,道路宽度应趋于下限值,以扩大绿地面积的比例。游人及各种车辆的最小运动宽度,见表5-1。

游人及车辆的最小运动宽度表（m）　　　表5-1

交通种类	最小宽度	交通种类	最小宽度
单人	≥0.75	小轿车	2.00
自行车	0.6	消防车	2.06
三轮车	1.24	卡车	2.05
手扶拖拉机	0.84~1.5	大轿车	2.66

②行车道路转弯半径在满足机动车最小转弯半径条件下,可结合地形、景物灵活处理。

③园路的迂回应有目的性。一方面曲折应是为了满足地形地物及功能上的要求,如避绕障碍、串联景点、围绕草坪、组织景观、增加层次、延长游览路线、扩大视野等；另一方面应避免无艺术性、功能性和目的性的过多弯曲。

(3) 平面线形设计方法

1) 平曲线最小半径

当车辆在弯道上行驶时,为了使车体顺利转弯,保证行车安全,要求弯道上部分应为圆弧曲线,该曲线称为平曲线,其半径称为平曲线半径,见图5-4。

由于园路的设计车速较低,一般可以不考虑行车速度,只要满足汽车本身(前后轮间距)的最小转弯半径即可。因此,平曲线最小半径一般不小于6m。

2) 曲线加宽

当汽车在弯道上行驶时,由于前轮的轮迹较大,后轮的轮迹较小,出现轮迹内移现象,同时,车身所占宽度也较直线行驶时为大,弯道半径越小,这一现象越严重。为了防止后轮驶出路外(掉道),车道内侧(尤其是小半径弯道)需适当加宽,称为曲线加宽。如图5-5所示。

一条车道所需加宽值　　　$e_1 = \dfrac{L^2}{2R} + \dfrac{0.05v}{\sqrt{R}}$ 　　　(5-1)

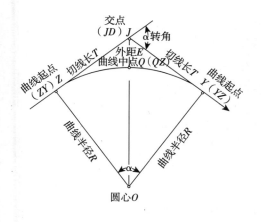
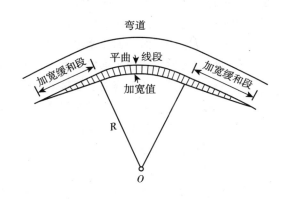

二条车道所需加宽值 $\quad e_2 = \dfrac{L^2}{R} + \dfrac{0.1v}{\sqrt{R}}$ (5-2)

图 5-4 平曲线图（左）

图 5-5 弯道加宽图（右）

式中 L——车辆后轴到车头的长度（m）；

R——曲线半径（m）；

v——设计车速。

注意：当 $R>200$m 或加宽 $e \leqslant 0.4$m 可不必加宽；加宽值加于车道内侧，为使直线路段上的宽度逐渐过渡到弯道上的加宽值，需要专门设置一段加宽缓和段；当在同时需设置超高和加宽缓和段的弯道上，则取用超高缓和段的长度为准，在只加宽而不设超高的弯道上，加宽缓和段可直接采用 10m；风景旅游道路的弯道上，不一定均设置加宽，可视条件适当加大路面内边线的半径，也可达到加宽的目的。

5.2.2 纵断面线形设计

道路的纵断面，是指车行道中心线的竖向剖面，路的中心线在断面上为连续相折的直线，在折线的交点处为使行车平顺，要设置竖曲线。在道路的纵断面图中，表示原地面标高的连线，称为"地面线"；表示道路设计标高的连线，称为"设计线"。因此，指定的某一点就必然会有以上两个标高值，这两个标高值之差，称为"施工标高"，也即填挖深度。凡设计线与地面线的交点处即表示为施工填挖零点。由于道路中线的设计标高，一般是指建成路面后的中线高度，因此在计算路基的填挖标高时，还需加减路面结构的厚度。

（1）纵断面线形设计内容

①确定路线合适的标高。

②设计各路段的纵坡及坡长。

③保证视距要求，选择竖曲线半径，配置曲线计算施工高度等。

（2）纵断面线形设计要求

①园路根据造景的需要，应随形就势，一般随地形的起伏而起伏。

②在满足造景艺术要求下，尽量利用原地形，以保证路基稳定，减少土方

量。行车路段应避免过大的纵坡和过多的折点，使线形平顺。

③园路应与相连的广场、建筑物和城市道路在高程上有合理的衔接。

④园路应配合组织地面排水。

⑤纵断面控制点应与平面控制点一并考虑，使平、竖曲线尽量错开，注意与地下管线的关系，达到经济、合理的要求。

⑥行车道路的竖曲线应满足车辆通行的基本要求，应考虑常见机动车辆外形尺寸对竖曲线半径及汇车安全的要求。

（3）纵断面的设计方法

1）纵向坡度

即道路沿其中心线方向的坡度。园路中，行车道路的纵坡一般为0.3%~8%，以保证路面水的排除与行车的安全；特殊路段应不大于12%。

2）横向坡度

即道路垂直于其中心线方向的坡度。为了方便排水，园路横坡一般在1%~4%之间，呈两面坡。弯道处因设超高而呈单向横坡。不同材料路面的排水能力不同，其所要求的纵横坡也不同。

3）竖曲线

路线纵坡转折处，应设竖曲线，以使行车平顺和驾驶员纵向视线不受阻碍。竖曲线最小半径与车速、安全视距、离心力有关。

4）超高设计

当汽车在弯道上行驶时，产生横向推力即离心力。这种离心力的大小，与行车速度的平方成正比，与平曲线半径成反比。为了防止车辆向外侧滑移及倾覆，抵消离心力的作用，就需将路的外侧抬高，即为弯道超高。设置超高的弯道部分（从平曲线起点至终点）形成了单一向内侧倾斜的横坡。为了便于直线路段的双向横坡与弯道超高部分的单一横坡有平顺衔接，应设置超高缓和段，超高缓和段一般大于15m~20m。如图5-6、图5-7所示。

图5-6 汽车在弯道上行驶受力分析图（左）

图5-7 弯道超高（右）

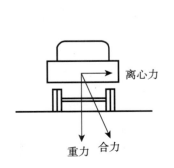
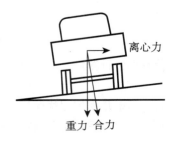
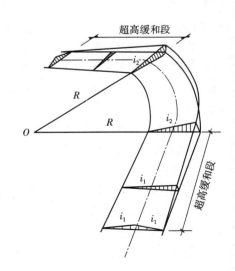

5.3 园路的典型结构

园路路面的结构形式具有多样性。但由于园林中通行车辆较少，园路的荷载较小，因此其路面结构都比城市道路简单，其典型的路面结构如图 5-8 所示。

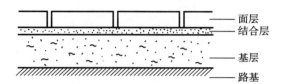

图 5-8 路面结构

5.3.1 路面各层的作用和设计要求

（1）面层

是园路最上面的一层。它直接承受人流、车辆和大气因素的作用及破坏性影响。因此，面层要求坚固、平稳、耐磨损、不滑、反光小，具有一定的粗糙度和少尘性，便于清扫。

（2）基层

位于面层之下，土基之上，是路面结构中主要的承重部分，可增加面层的抵抗能力；能承上启下，将荷载扩散、传递给路基。由于基层不直接承受人、车、气候因素的作用，因此对材料的要求比面层低，通常采用碎（砾）石、灰土或各种工业废渣作为基层。

（3）结合层

在采用块料铺筑面层时，在面层与基层之间，为了粘结和找平而设置的一层。结合层材料一般采用 3~5cm 厚粗砂、水泥石灰混合砂浆或石灰砂浆。

（4）垫层

在路基排水不良或有冻胀、翻浆的路段上，为了排水、防冻的需要，用煤渣、石灰土等水稳定性好的材料作为垫层，设于基层之下。园林中也可用加强基层的办法，而不另设此层。

（5）路基

即土基，是路面的基础，它不仅为路面提供一个平整的基面，还承受路面传来的荷载，是保证路面强度和稳定的重要条件。对于一般土壤，如黏土和砂性土，开挖后经过夯实，即可作为路基。在寒冷地区，严重的过湿冻胀土或湿软土，宜采用 1:9 或 2:8 灰土加固路基，其厚度一般为 15cm。

（6）附属工程

1）道牙

也称侧石、缘石，一般分两种形式：立道牙和平道牙。其构造如图 5-9 所示。道牙安装在路面两侧，使路面与路肩在高程上起衔接作用，并能保护路面，也便于路面排水。在园林中，道牙的材料多种多样，除砖和混凝土预制块，也可选用石、瓦、卵石等材料。

园林中有些场合也可不设道牙，如作游步道的石板路，以表现自然情趣。此时，边缘石块可稍大些，以求稳固。

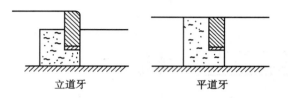

图5-9 道牙结构图

2）明沟和雨水井

是为收集路面雨水而建的构筑物，在园林中常用砖块砌成。

3）台阶、磴道和礓磋（如图5-10）

①台阶：当路面坡度超过12°时，为了便于行走，在不通行车辆的路段上，可设台阶。台阶的长度与路面宽度相同，每级台阶的高度为12～17cm，宽度为30～38cm。一般台阶不宜连续使用，如地形许可，每10～18级后应设一段平坦的地段，使游人有恢复体力的机会。为了防止台阶积水、结冰，每级台阶应有1%～2%向下的坡度，以利排水。在园林中根据造景的需要，台阶可以用天然山石、预制混凝土做成木纹板、树桩等各种形式，装饰园景。为了夸张山势，造成高耸的感觉，台阶的高度也可增至25cm以上，以增加趣味。

②磴道：在地形陡峭的地段，可结合地形或利用露岩设置磴道。当纵坡大于60%时，应作防滑处理，并设扶手栏杆等。

③礓磋：在坡度较大的地段上，一般纵坡超过15%时，本应设台阶，但为了能通行车辆，将斜面做成锯齿形坡道，称为礓磋。

图5-10 台阶与磴道
(a) 自然石板的台阶；
(b) 裸岩凿成的台阶；
(c) 室外台阶及适宜尺寸；(d) 磴道

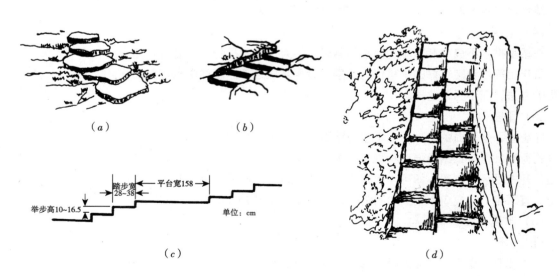

5.3.2 园路结构设计的原则和要求

园路建设投资大，为节省资金和保证使用寿命，在园路结构设计时应尽量使用当地材料，或选用建筑废料、工业废渣等，并遵循薄面、强基、稳基土的设计原则。

路基强度是影响道路强度的主要因素。当路基不够坚实时，应考虑增加基层或垫层的厚度，可减少造价较高的面层的厚度，以达到经济安全的目的。

总之，应充分考虑当地土壤、水文、气候条件，材料供应情况以及使用性质，满足经济、适用、美观的要求。

5.4 园路施工

5.4.1 地基与路面基层施工

（1）放线

按路面设计的中线，在地面上每 20~50m 放一中心桩，在弯道的曲线上，应在曲线的两端及中间各放一中心桩。在每一中心桩上要写上桩号。然后以中心桩为基准，定出边桩。沿着两边的边桩连成圆滑的曲线，这就是路面的平曲线。

（2）准备路槽

按设计路面的宽度，每侧放出 20cm 挖槽。路槽的深度应与路面的厚度相等，并且要有 2%~3% 的横坡度，使其成为中间高、两边低的圆弧形或折线形。路槽挖好后，洒上水，使土壤湿润，然后用蛙式跳夯夯 2~3 遍，槽面平整度允许误差在 2cm 以下。

（3）地基施工

首先，确定路基作业使用的机械及其进入现场的日期；重新确认水准点；调整路基表面高程与其他高程的关系；然后进行路基的填挖、整平、碾压作业。按已定的园路边线，每侧放宽 200mm 开挖路基的基槽；路槽深度应等于路面的厚度。按设计横坡度，进行路基表面整平，再碾压或打夯，压实路槽地面；路槽的平整度允许误差不大于 20mm。对填土路基，要分层填土，分层碾压；对于软弱地基，要做好加固处理。施工中注意随时检查横断面坡度和纵断面坡度。其次，要用暗渠、侧沟等排除流入路基的地下水、涌水、雨水等。

（4）垫层施工

运入垫层材料，将灰土、砂石按比例混合。进行垫层材料的铺垫、刮平和碾压。如用灰土作垫层，铺垫一层灰土叫一步灰土，一步灰土的夯实厚度应为 150mm；而铺填时的厚度根据土质不同，在 210~240mm 之间。

（5）路面基层施工

确认路面基层的厚度与设计标高；运入基层材料，分层填筑。基层的每层材料施工碾压厚度是：下层为 200mm 以下，上层 150mm 以下；基层的下层要进行检验性碾压。基层碾压后，没有达到设计标高的，应该翻起已压实部分，一面摊铺材料，一面重新碾压，直到压实为设计标高的高度。施工中的接缝，应将上次施工完成的末端部分翻起来，与本次施工部分一起滚碾压实。

(6) 面层施工准备

在完成的路面基层上，重新定点、放线，放出路面的中心线及边线。设置整体现浇路面边线的施工挡板，确定砌块路面的砌块行列数及拼装方式。面层材料运入现场。

5.4.2 散料类面层铺砌

(1) 土路

完全用当地的土加入适量砂和消石灰铺筑。常用于游人少的地方，或作为临时性道路。

(2) 草路

一般用在排水良好、游人不多的地段，要求路面不积水，并选择耐践踏的草种，如拌根草、结缕草等。

(3) 碎料路

是指用碎石、卵石、瓦片、碎瓷砖等碎料拼成的路面。图案精美丰富，色彩素艳和谐，风格或圆润细腻或朴素粗犷，做工精细，具有很好的装饰作用和较高的观赏性，有助于强化园林意境，具有浓厚的民族特色和情调，多见于古典园林中。

施工方法：先铺设基层，一般用砂作基层，当砂不足时，可以用煤渣代替。基层厚约 20～25cm，铺后用轻型压路机压 2～3 次。面层（碎石层）一般为 14～20cm 厚，填后平整、压实。当面层厚度超过 20cm 时，要分层铺压，下层 12～16cm，上层 10cm。面层铺设的高度应比实际高度大些。

5.4.3 块料类面层铺砌

用石块、砖、预制水泥板等做路面，统称为块料路面。此类路面花纹变化较多，铺设方便，因此在园林中应用较广。

施工总的要求是有良好的路基，并加砂垫层，块料接缝处要加填充物。

(1) 砖铺路面

目前我国机制标准砖的大小为 240mm×115mm×53mm，有青砖和红砖之分。园林铺地多用青砖，风格朴素淡雅，施工简便，可以拼凑成各种图案，以席纹和同心圆弧放射式排列为多（图 5-11）。砖铺地适用于庭园和古建筑附近。因其耐磨性差，容易吸水，适用于冰冻不严重和排水良好之处；坡度较大和阴湿地段不宜采用，因容易生青苔而行走不便。目前已有采用彩色水泥仿砖铺地，效果较好。日本、欧美等国家尤喜用红砖或仿缸砖铺地，色彩明快艳丽。

大青方砖规格为 550mm×550mm×100mm，平整、庄重、大方，多用于古典庭园。

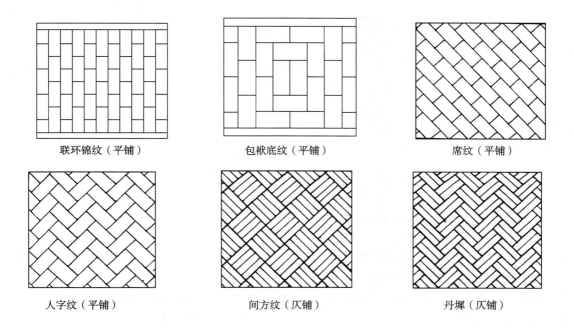

图 5-11 砖铺地路面

(2) 冰纹路面

是用边缘挺括的石板模仿冰裂纹样铺砌的路面，石板间接缝呈不规则折线，用水泥砂浆勾缝。多为平缝和凹缝，以凹缝为佳。也可不勾缝，便于草皮长出成冰裂纹嵌草路面，如图 5-12 所示。还可以做成水泥仿冰纹路，即在现浇水泥混凝土路面初凝时，模印冰裂纹图案，表面拉毛，效果也较好。冰纹路适用于池畔、山谷、草地、林中之游步道。

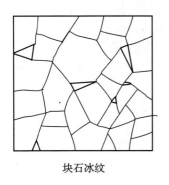
块石冰纹

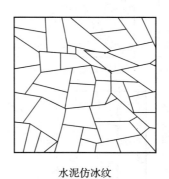
水泥仿冰纹

图 5-12 冰纹路面

(3) 乱石路面

是用天然块石大小相间铺筑的路面，采用水泥砂浆勾缝。石缝曲折自然，表面粗糙，具粗犷、朴素、自然之感，如图 5-13 所示。冰纹路、乱石路也可采用彩色水泥勾缝，增加色彩变化。

(4) 条石路面

是用经过加工的长方体石料铺筑的路面，平整规则、庄重大方、坚固耐

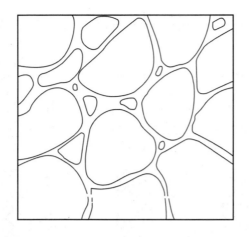

图 5-13 乱石路面

久，多用于广场、殿堂和纪念建筑物周围。

(5) 预制水泥混凝土方砖路面

用预先模制成的水泥混凝土方砖铺砌的路面，形状多变、图案丰富（如各种几何图形、花卉、木纹、仿生图案等）。也可添加无机物矿物颜料制成彩色混凝土砖，色彩艳丽。路面平整、坚固、耐久。适用于园林中的广场和规则式路段上。也可做成半铺装留缝嵌草路面，如图 5-14 所示。

仿木纹混凝土嵌草路

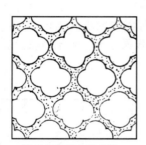
海棠纹混凝土嵌草路

彩色混凝土拼花纹

图 5-14 预制水泥混凝土方砖路

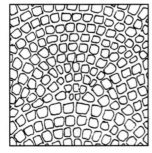
仿块石地纹

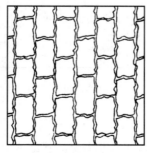
混凝土花砖地纹

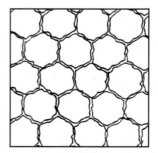
混凝土基砖地纹

(6) 步石、汀步

步石是置于陆地上的天然或人工整形块石，多用于草坪、林间、岸边或庭园等处。汀步是设在水中的步石，可自由地布置在溪涧、滩地和浅池中。块石间距离按游人步距放置（一般净距为 200mm~300mm）。

步石、汀步块料可大可小，形状不同，高低不等，间距也可灵活变化，路线可直可曲，最宜自然弯曲，轻松、活泼、自然，极富野趣。也可用水泥混凝土仿制成树桩或荷叶的形状，如图 5-15 所示。

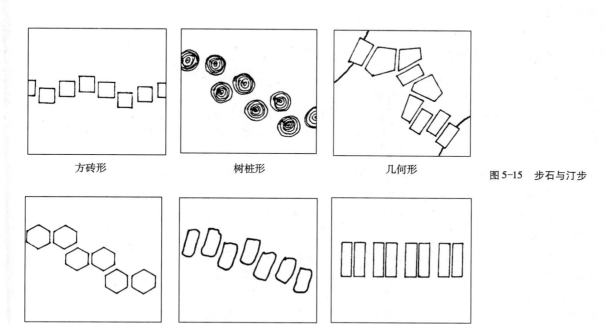

图 5-15　步石与汀步

5.4.4　胶结料类的面层施工

（1）水泥混凝土面层施工

①核实、检验和确认路面中心线、边线及各设计标高点的正确无误。

②若是钢筋混凝土面层，则按设计选定钢筋并编扎成网。钢筋网应在基层表面以上架离，架离高度应距混凝土面层顶面 50mm。钢筋网接近顶面设置要比在底部加筋更能有效防止表面开裂，也更便于充分捣实混凝土。

③按设计的材料比例，配制、浇筑、捣实混凝土，并用长 1m 以上的直尺将顶面刮平。顶面稍干一点，再用抹灰砂板抹平至设计标高。施工中要注意做出路面的横坡与纵坡。

④混凝土面层施工完成后，应即时开始养护。养护期应为 7d 以上，冬期施工后的养护期还应更长些。可用湿的织物、稻草、锯木粉、湿砂及塑料薄膜等覆盖在路面上进行养护。冬季寒冷，养护期中要经常用热水浇洒，要对路面保温。

⑤混凝土路面因热胀冷缩可能造成破坏，故在施工完成、养护一段时间后用专用锯割机按 6~9m 间距割伸缩缝，深度约 50mm。缝内要冲洗干净后用弹性胶泥嵌缝。园林施工中也常用楔形木条预埋、浇捣混凝土后拆除的方法留伸

缩缝，还可免去锯割手续。

（2）简易水泥路

底层铺碎砖瓦6～8cm厚，也可用煤渣代替。压平后铺一层极薄的水泥砂浆（粗砂）抹平、浇水、保养2～3d即可，此法常用于小路。也可在水泥路上划成方格或各种形状的花纹，既增加艺术性，也增强实用性。

5.4.5 嵌草路面的铺砌

无论用预制混凝土铺路板、实心砌块、空心砌块，还是用顶面平整的乱石、整形石块或石板，都可以铺装成砌块嵌草路面。

施工时，先在平整压实的路基上铺垫一层栽培壤土作垫层。壤土要求比较肥沃，不含粗颗粒物，铺垫厚度为100～150mm。然后在垫层上铺砌混凝土空心砌块或实心砌块，砌块缝中半填壤土，并播种草籽。

实心砌块的尺寸较大，草皮嵌种在砌块之间预留的缝中。草缝实际宽度可在20～50mm之间，缝中填土达砌块的2/3高。砌块下面如上所述用壤土作垫层并起找平作用，砌块要铺装得尽量平整。实心砌块嵌草路面上，草皮形成的纹理是线网状的。

空心砌块的尺寸较小，草皮嵌种在砌块中心预留的孔中。砌块与砌块之间不留草缝，常用水泥砂浆粘结。砌块中心孔填土亦为砌块的2/3高；砌块下面仍用壤土作垫层找平，使嵌草路面保持平整。空心砌块嵌草路面上，草皮呈点状而有规律地排列。要注意的是，空心砌块的设计制作，一定要保证砌块的结实坚固和不易损坏，因此其预留孔径不能太大，孔径最好不超过砌块直边的1/3长。

采用砌块嵌草铺装的路面，砌块和嵌草层是道路的结构面层，其下面只能有一个壤土垫层，在结构上没有基层，只有这样的路面结构才能有利于草皮的存活与生长。

5.4.6 道牙、边条、槽块

道牙基础宜与地床同时填挖碾压，以保证有整体的均匀密实度。结合层用1:3的白灰砂浆2cm。安道牙要平稳、牢固，后用M10水泥砂浆勾缝，道牙背后应用灰土夯实，其宽度50cm，厚度15cm，密实度值在90%以上。

边条用于较轻的荷载处，且尺寸较小，一般50mm宽、150～250mm高，特别适用于步行道、草皮或铺砌场地的边界。施工时应减轻它作为垂直阻拦物的效果，增加它对地基的密封深度。边条铺砌的深度相对于地面应尽可能低些，如广场铺地，边条铺砌可与铺地地面相平。槽块分凹面槽块和空心槽块，一般紧靠道牙设置，以利于地面排水，路面应稍高于槽块。

■ 本章小结

根据园路工程施工建设的需要，结合当前园路工程施工的具体实际，本章较为详细、全面地介绍了园路的作用、园路的分类；园路的线形设计；园路的结构；园路及其附属工程等相关的施工流程和工艺。通过本章的理论学习，配以相关的试验实训，会使大家的理论水平和实践技能都有较大的提高。

复习思考题

1. 园路工程的功能有哪些？常见的园路有哪几类？
2. 简述园路典型结构。
3. 园路工程的施工程序。
4. 各类型园路的施工要点是什么？

实训10　园路施工——鹅卵石铺装道路施工

一、实训目的
熟悉园路设计的基本方法；基本掌握园路施工的程序、方法。
二、实训要求
4~6人一组，按组进行。在规定时间内完成，保证质量。
三、实训内容
1. 园路设计
（1）设计环境与要求：设计的环境可以是林地、江滨、山谷等。要求路面应有图案和色彩的变化，与环境协调；结构设计合理。
（2）设计成果：路面平面设计图（大样图）、横断面图（结构图）、设计说明。
2. 园路施工
每组完成2~3 ㎡鹅卵石路面的施工任务。
（1）计算每米道路的主要材料用量，编制施工方案。
（2）工具、材料准备。
（3）施工：放线、挖槽、平整夯实、铺垫层、铺基层、铺结合层、图样放线、嵌卵石、清扫洗刷、保养。

第6章 假山工程施工

园林工程（二）

6.1 概述

6.1.1 假山的概念分类

在自然风景中，山体能构成风景、组织空间、丰富园林景观，所以我国古典园林和现代园林中常设山景，人们常把园林中人工创造的山称作"假山"。的确，它不同于自然风景中的雄伟挺拔或苍阔奇秀的真山，但它以其独特的风姿，在园林中起骨干作用。作为中国自然山水园组成部分的假山，对于形成中国园林的民族形式有重要的作用。假山工程是园林建设的专业工程，因而也是本课程重点内容之一。人们通常称呼的假山实际上包括假山和置石两个部分。假山是以山、石等为材料，以自然山水为蓝本并加以艺术的提炼和夸张，用人工再造的山水景物的通称。它是以造景游览为主要目的，同时结合其他方面的功能而发挥其综合作用。置石是以山石为材料作独立或附属性的造景布置，主要表现山石的个体美或局部组合形成不完整的山形；主要以观赏为主，也常结合一些其他方面的功能。一般地说，园林中假山的体量相对大而集中，可观可游，使人有置于自然山林之感，根据材料不同可分为土山、石山和土石山。置石的体量较小而分散，且结构也较简单，所以与假山相比，容易实现。正因为置石的体量不大，这就要求造景的目的性更加明确，格局严谨，手法洗练，"寓浓于淡"。因此只要安置有情，就能点石成景，别有韵姿，予人以"片山多致，寸石生情"的感受。置石可分为特置、对置、散置和群置。我国岭南的园林中早有灰塑假山的工艺，后来又逐渐发展成为用水泥塑的置石和假山，成为假山工程的一种专门工艺。在我国悠久的历史中，历代有名的和无名的假山匠师们吸取了土作、石作、泥瓦作等方面的工程技术和中国山水画的传统理论和技法，通过实践创造了我国独特、优秀的假山工艺，值得我们发掘、整理、借鉴，在继承的基础上把这一民族文化传统发扬光大。

假山在中国园林中运用如此广泛并不是偶然的。人工造山都是有目的性的。中国园林要求达到"虽由人作，宛自天开"的高超的艺术境界。园主为了满足游览活动的需要，必然要建造一些体现人工美的园林建筑。但就园林的总体要求而言，在景物外貌的处理上要求人工美从属于自然美，并把人工美融合到体现自然美的园林环境中去。假山之所以得到广泛的应用，主要在于假山可以满足这种要求和愿望。

6.1.2 假山的功能

假山在我国自然式山水园中，广泛地被应用。具体而言，假山和置石有以下几方面的功能作用。

（1）为自然山水园的主景和地形骨架

中国古典园林大多离不开山和水，山是园之骨，造园必先挖池堆山。园中有的以山为主景，有的则以水为主，或以山陪衬为主景，用山石堆叠驳岸、石矶、水口或护坡，自然延伸至水中，使水池产生深远意境，石秀、水曲、景幽构成苏州古典园林的鲜明特色。园林中的地形骨架蜿蜒起伏、曲折多变都以此为基础而变化，廊、亭、榭、轩等建筑物坐落其间，如南京瞻园、上海豫园、苏州环秀山庄等都是以假山为主景的。山体的主次配置，高低起伏，层次变化，山脉延续，水池、水系布置，形成全园的地形骨架；总体布局都是以山为主、以水为辅，其中建筑并不一定占主要的地位，这类园林实际上是假山园。

（2）作为园林划分空间和组织空间的手段

中国古典园林善于运用各种造景方法，根据不同的用地功能和造景特色，将园子化整为零，使之富有变化和对比，既丰富又不琐碎，从而达到小中见大，自然和谐的目的。在园内空间划分处理上，叠石掇山手法具有自然和灵活的特点，在划分的大小景区主题上求其变化的前提下，把叠石作为界面与建筑物结合，通过障景、对景、框景等手法，与水体结合迂回曲进，使空间更富有变化和情趣。并且它能够适应不同景物在空间大小、开合、高低、明暗等配景要求下，调整人们的视觉和尺度感。颐和园仁寿殿和昆明湖之间的地带，是宫殿区和居住、游览区的交界。这里用土山带石的做法堆了一座假山。这座假山在分隔空间的同时结合了障景处理。在宏伟的仁寿殿后面，把园路收缩得很窄，并采用"之"字形穿山而形成谷道。一出谷口则辽阔、疏朗、明亮的昆明湖突然展现在面前。这种"欲放先收"的造景手法取得了很好的实际效果。此外，如拙政园原入口处以黄石假山作为障景，沿廊绕过假山才能观赏到园中主景远香堂及荷池，体现了苏州园林"先抑后扬"的独特艺术构思。又如拙政园枇杷园和远香堂、腰门一带的空间用假山结合云墙的方式划分空间，从枇杷园内通过圆门北望雪香云蔚亭，又以山石作为前置夹景，都是成功的例子。

叠山置石使山池萦绕，蹊径盘回，峡谷、沟涧纵横交错，洞壑曲折婉蜒。规模较大且布置全面的假山如环秀山庄，全园以假山为主景，登临峰峦之巅，俯瞰极尽迂回曲折，沉落幽谷之底沟壑盘纡，人在其中犹如置身山林。

造园无格，叠山置石更无定式。《园冶》说："多方胜景，咫尺山林"，意思就是造园时采用叠山形式，如同绘画一般，把对自然的感受用写意的方法再现于园中，用假山来分隔空间，通过配景、借景来丰富空间景观，营造小中见大、自然惬意的氛围。

（3）用山石小品作为点缀园林空间和陪衬建筑、植物的手段

1）作为小品点缀空间

山石小品点缀与建筑、植物、水系相结合，以石造景，以石配景。使园路两侧、走廊前行方向、建筑物迂回转折空间变换处景致更富于变化，是完美园景的一种主要方法，使游人得到移步换景的艺术享受。园林中的特置石峰、花

台布置、厅堂踏步、亭前台级、山石几案、引石点缀，以及嵌壁叠石等都是常用的表现形式，山石点缀与植物陪衬结合也是中国古典园林中空间景观处理的经典做法。

2）与建筑环境、植物造景、水景的关系

园林中的假山，除了以山为主题以外，一般都是以配景和借景为主，即便是以叠山为主景也需与环境相协调，唯此才能产生特定的艺术效果。叠山布石与园林构成环境、园内的建筑景观、植物造景、水景有着密不可分的联系，相得益彰，相互辉映，构成丰富的景致。

假山与建筑的结合是中国园林景观的特色之一。在中国园林中用山石来陪衬建筑，丰富建筑立面，渲染和增加自然气氛。如《园冶》中所说：园山、厅山、楼山、阁山、书房山、池山、内室山、峭壁山、石屋等，均是用叠山来陪衬建筑的做法，在苏州园林中这样的实景比比皆是。石山与建筑物结合自然，以石配景和衬景，并适当运用局部夸张的艺术处理手法，使建筑物增加了自然的气氛。如登亭踏跺、拾级蹲配、山石蹲配、山上筑亭、池边叠石、厅前掇山、堂后布石、登楼云梯、屋前立峰、屋后置石、墙角镶隅、廊间小品、榭侧花台、透窗石景、天井点石等等均是用山石来陪衬建筑的做法。

假山与植物造景的关系最为密切。假山需有植物作衬托，如果假山上寸草不生，则显枯山一座，缺少生气。假山布置上应根据造景需要，预留适当空穴培土，种植树木花卉，则能营造出诗情画意的山林景色，游人置身其中能感受到自然气息。以石为主的采取小栽植池、树池、花池和灌木池等。土石相间叠山的栽植应结合地形和山石恰当配植，如自然栽植法、悬崖栽植法、竖向插入法、侧向种植法、缝隙栽植法、攀爬培植法等。在假山上植树应考虑树的位置、疏密、姿态、生长速度等，才能发挥较好的陪衬作用。配置植物除花台以外，一般植入的品种不必过于艳丽，以常绿为主，如松、柏、枫、竹、芭蕉、书带草等。使用紫藤、凌霄等攀缘植物对衬托山石也多有选择，效果比较理想。也可以根据传统习惯和设计构图来选择植物进行配置。

叠山与理水结合是中国园林景观的主要表现形式。中国园林有着山水园的特征，因此，人们常用"石因水而活，水因石而成趣"来形象比喻山和水的关系。从园林景观的构成看，山和水系的关系密切，如叠溪、瀑、泉、涧等都离不开水，开挖的水池，不仅显得平淡，而且池岸易崩塌，用石驳岸则是理水的主要方式。因地制宜，山石与水系的沟通，是对其石其山来龙去脉的交代，所谓"山脉之通按其水境，水道之达理其山形"讲的就是山与水相互结合的关系。园中水池山石的布置，应有主有次、有聚有分，水面辽阔可布叠小岛，有水域宽广之感；水面较小则可临水叠崖壁、山洞、山涧、水口等，视觉上达到曲折幽深、水面延伸不尽的效果。山以水为脉，得水而活；水随山转，以山为面，因得山而秀美。山、水与花木点缀物陪衬，创造出自然山水的气息。

(4) 用山石作驳岸、挡土墙、护坡和花台等

在坡度较陡的土山坡地常散置石以护坡。这些山石可以阻挡和分散地面径流，降低地面径流的流速从而减少水土流失。例如北京北海琼华岛南山部分的群置石、颐和园前山含新亭两面侧土山上的散点山石等都有减少冲刷的效用。在坡度更陡的山上往往开辟成自然式的台地，在山的内侧所形成的垂直土面多采用山石作挡土墙。自然山石挡土墙的功能和整形式挡土墙的功能基本相同，而在外观上曲折、起伏多变。例如颐和园"圆朗斋"、"写秋轩"，北海的"酣古堂"、"亩鉴室"周围都是自然山石挡土墙的佳品。

在用地面积有限的情况下要堆起较高的土山，常利用山石作山脚的藩篱。这样，就可以缩小所占的底盘面积而又具有相当的高度和体量，如无锡寄畅园西岸的土山。江南私家园林中还广泛地利用山石作花台种植红枫、南天竹和其他观赏植物，并用花台来组织庭院中的游览路线。又如现置无锡惠山山麓唐代之"听松石床"（又称"僵人石"），床、枕兼得于一石，石床另端又镌有李阳冰所题的篆字"听松"，是实用结合造景的好例子。此外，山石还用作室内外楼梯（称云梯）、园桥、汀石和镶嵌门、窗、墙等。

这里要着重指出的是，假山和置石的这些功能都是和造景密切结合的。它们可以因高就低，随势赋形。山石与园林中其他组成因素，诸如建筑、园路、广场、植物等，组成各式各样的园景，使人工建筑物或构筑物自然化，减少建筑物某些平板、生硬的线条的缺陷，增加自然、生动的气氛，使人工美通过假山或山石的过渡和自然山水园的环境取得协调的关系。因此，假山成为表现中国自然山水园最普遍、最灵活和最具体的造景手段。

6.2 假山材料

6.2.1 山石种类（图6-1）

(1) 湖石

一种湖石产于湖崖中，是由长期沉积的粉砂及水的溶蚀作用所形成的石灰石。其颜色浅灰泛白，色调丰润柔和，质地轻脆易损。该石材经湖水的溶蚀形成有大小不同的洞、窝、环、沟；具有圆润柔曲、嵌空婉转、玲珑剔透的外形，叩之有声。湖石以产于苏州太湖之西洞庭山的太湖石为最优。

另一种湖石产于石灰岩地区的山坡、土中或河流岸边，是石灰岩经地表水风化溶蚀而生成的；其颜色多为青灰色或黑灰色，质地坚硬，形状变异。目前各地新造假山所用的湖石，大多属于这一种。

环形或扇形。湖石的这些形态特征，决定了它特别适用于特置的单峰石和环透式假山。

在不同的地方和不同的环境中生成的湖石，其形状、颜色和质地都有一些差别。实际上湖石是经过溶蚀的石灰岩，在我国分布很广，只不过在色泽、纹理和形态方面有些差别。在湖石这一类山石中又可分为以下几种。

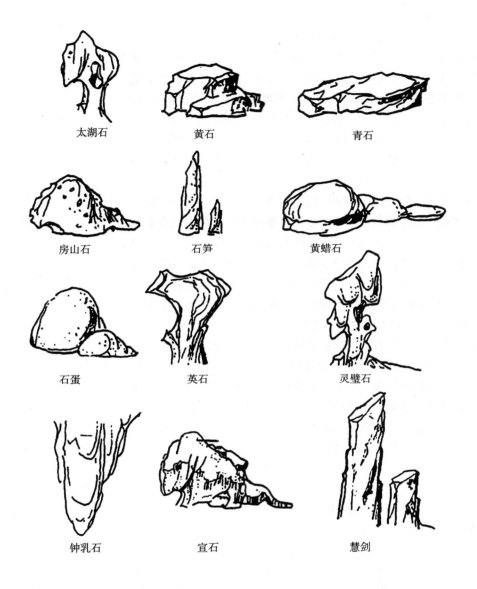

图6-1 各类假山材料

1) 太湖石

真正的太湖石原产在苏州所属太湖中的洞庭湖西山。这种山石质坚而脆，由于长期冲刷、溶蚀而形成，其纹理纵横，脉络显隐。石面上遍布坳坎，称为"弹子窝"，扣之有微声。还很自然地形成沟、缝、穴、洞。有时窝洞相套，玲珑剔透，蔚为奇观，有如天然的雕塑品，观赏价值比较高。因此常选其中形体险怪、嵌空穿眼者作为特置石峰。此石在水中和土中皆有所产，产于水中的太湖石色泽为浅灰中露白色，比较丰润、光洁，也有青灰色的，具有较大的皱纹而很细的皴皱；产于土中的太湖石于灰色中带青灰色，性质比较枯涩而少有光泽，遍多细纹，好像大象的皮肤一样。其实这类湖石分布很广，如北京、济南、安徽巢湖一带都有所产，也有称为"象皮青"的，外形富于变化，青灰中有时还夹有细的白纹。太湖石大多是从整体岩层中选择出来的。其靠山面必

·200 园林工程（二）

有人工采凿的痕迹。和太湖石相近的，还有宜兴石（即宜兴张公洞、善卷洞一带山中）、南京附近的龙潭石和青龙山石。济南一带则有一种少洞穴、多竖纹、形体顽劣的湖石，称为"趵宫石"，趵突泉、黑虎泉都用这种山岩掇山。色似象皮青而细纹不多，形象雄浑。

2）房山石

产于北京房山大灰厂一带山上，因之得名。它也是石灰岩，但为红色山土所渍满。新开采的房山石呈土红色、橘红色或淡一些的土黄色，日久以后表面带些灰黑色。质地不如南方的太湖石那样脆，但有一定的韧性。它的特征除了颜色和太湖石有明显的区别以外，密度比太湖石大，扣之无共鸣声，多密集的小孔穴而少有大洞。因此外观比较沉实、浑厚、雄壮。这类太湖石外观轻巧、清秀、玲珑，是有明显差别的。和这种山石比较接近的还有镇江所产的砚山石，形态颇多变化而色泽淡黄清润，扣之微有声。也有砂褐色的，石多穿眼相通，有外运至外省掇山的。

3）英石

产于广东英德一带。英石质坚而特别脆，用手扣之有微声。淡青灰色，有的间有白脉笼络。这种山石多为中、小形体，很少见有很大块的。英石又可分白英、灰英、黑英三种。一般所见以灰英居多，白英和黑英均甚罕见，所以多用作特置或散置。

4）灵璧石

产于安徽灵璧县磬山。石产土中，被赤泥渍满，需刮洗方显本色。其中灰色的甚为清润，质地亦脆，用手弹亦有共鸣声。石面有坳坎的变化，石形亦千变万化，但其眼少有婉转回折之势，须借人工以全其美。这种山石可掇山石小品，更多的情况下作为盆景石玩。

5）宣石

产于安徽宁国县。其色有如积雪覆于灰石上，也由于为赤土积渍，因此又带些黄色，非刷净不见其质，所以愈旧愈白。由于它有积雪一般的外貌，扬州个园用它作为冬景掇山的材料，效果颇佳。

（2）黄石

它是一种呈茶黄色的细砂岩，以其黄色而得名，质重、坚硬，形态浑厚沉实、拙重顽劣，且具有雄浑挺括之美。其产于大多山区，但以江苏常熟虞山的质地为最好。

采下的单块黄石多呈方形或长方墩状，少有极长或薄片状者。由于黄石节理接近于相互垂直，所形成的峰面具有棱角，锋芒毕露，棱之两面具有明暗对比、立体感较强的特点，无论掇山、理水都能发挥出其石形的特色。

（3）青石

属于水成岩中呈青灰色的细砂岩，质地纯净而少杂质。由于是沉积而成的岩石。石内就有一些水平层理，水平层的间隔一般不大，所以石形大多为片状，而有"青云片"的称谓。石形也有一些块状的，但成厚墩状者较少。这种石材的石面有相互交织的斜纹，不像黄石那样，一般是相互垂直的直纹。青石在北京园林假山叠石中较常见，在北京西郊洪山口一带都有出产。

(4) 石笋石

颜色多为淡灰绿色、土红灰色或灰黑色。质重而脆，是一种长形的砾岩岩石。石形修长呈条柱状，立于地上即为石笋，顺其纹理可竖向劈分：石柱中含有白色的小砾石，如白果般大小。石面上"白果"未风化的，称为龙岩；若石面砾石已风化成一个个小穴窝，则称为风岩。石面还有小规则的裂纹。石笋石产于浙江与江西交界的常山、玉山一带。

(5) 钟乳石

多为乳白色、乳黄色、土黄色等；质优者洁白如玉，作石景珍品；质色稍差者可作假山。钟乳石质重、坚硬，是石灰岩被水溶解后又在山洞、崖下沉淀生成的一种石灰石。石形变化大。石内较少孔洞，石的断面可见同心层状构造。这种山石的形状千奇百怪，石面肌理丰腴，用水泥砂浆砌假山时附着力强，山石结合牢固，山形可根据设计需要随意变化。钟乳石广泛出产于我国南方和西南地区。

(6) 石蛋

即大卵石，产于河床之中，经流水的冲击和相互摩擦磨去棱角而成。大卵石的石质有花岗岩、砂岩、流纹岩等，颜色白、黄、红、绿、蓝等各色都有。

这类石多用作园林的配景小品，如路边、草坪、水池旁等的石桌石凳；棕树、蒲葵、芭蕉、海芋等植物处的石景。

(7) 黄蜡石

它是具有蜡质光泽、圆光面形的墩状块石，也有呈条状的。其产地主要分布在我国南方各地。此石以石形变化大而无破损、无灰砂，表面滑若凝脂、石质晶莹润泽者为上品。一般也多用作庭园石景小品，将墩、条配合使用，成为更富于变化的组合景观。

(8) 水秀石

水秀石颜色有黄白色、土黄色至红褐色，是石灰岩的砂泥碎屑，随着含有碳酸钙的地表水，被冲到低洼地或山崖下沉淀凝结而成。石质不硬，疏松多孔，石内含有草根、苔藓、枯枝化石和树叶印痕等，易于雕琢。其石面形状有：纵横交错的树枝状、草秆化石状、杂骨状、粒状、蜂窝状等凹凸形状。

6.2.2 胶结材料

胶结材料是指将山石粘结起来掇石成山的一些常用的粘结性材料，如水泥、石灰、砂和颜料等，市场供应比较普遍。粘结时拌合成砂浆，受潮部分使用水泥砂浆，水泥与砂配合比为1:2.5~1:1.5；不受潮部分使用混合砂浆，水泥:石灰:砂=1:3:6。水泥砂浆干燥比较快，不怕水；混合砂浆干燥较慢，怕水，但强度较水泥砂浆高，价格也较低廉。

6.3 置石

置石也称点石，它是用山石零星布置的一种点景方法。置石用的石料较少，结构比较简单，对施工技术也没有特殊的要求。其布置形式可分为特置、对置、群置和散置。其布置特点是：以少胜多，以简胜繁，量少质高。

6.3.1 特置

特置是指将体量较大、形态奇特、具有较高观赏价值的峰石单独布置成景的一种置石方式，又称孤置山石或孤赏山石。特置的山石不一定都呈立峰的形式。特置山石大多由单块山石布置成为独立性的石景，布置的要点在于相石立意，山石体量与环境相协调。常在园林中用作入门的障景和对景，或置视线集中的廊间、天井中间、漏窗后面、水边、路口或园路转折的地方。特置山石也可以和壁山、花台、岛屿、驳岸等结合使用。新型园林多结合花台、水池或草坪、花架来布置。特置好比单字书法或特写镜头，本身应具有比较完整的构图关系。古典园林中的特置山石常刻题咏和命名。特置在我国园林史上也是运用得比较早的一种置石形式。例如现存杭州的绉云峰，上海豫园的玉玲戏，苏州的瑞云峰、冠云峰，北京颐和园的青芝岫，广州海珠花园的大鹏展翅，海幢花园的猛虎回头等都是特置山石中的名品。这些特置山石都有各自的观赏特征。

特置山石布置的特点在于相石立意、山石体量与环境相协调、有前置框景和背景的衬托和利用植物或其他办法弥补山石的缺陷等。苏州网师园北门在正对着出园通道转折处，利用粉墙作背景安置了一块体量合宜的湖石，并陪衬以植物。特置应选体量大、轮廓清晰、姿态多变、色彩突出的山石。这种山石如果和一般山石混用便会埋没它的观赏特征。特置山石可采用整形的基座，如图 6-2 所示。也可以坐落在自然的山石上面，如图 6-3 所示。这种自然的基座称为"磐"。

特置山石在工程结构方面要求稳定和耐久。关键是掌握山石的重心线，使山石本身保持重心的平衡。我国传统的做法是用石榫头稳定，如图 6-4 所示。榫头一般不用很长，大致十几厘米到二十几厘米，根据石之体量而定。但榫头要求争取比较大的直径，周围石边留有 3cm 左右即可。石榫头必须正好在重心线上。基磐上的榫眼比石榫的直径大 0.5～2.0cm。吊装山石以前，只需在石榫眼中浇灌少量粘合材料，待石榫头插入时，粘合材料便自然地充满了空隙的地方。

在没有自然基座的情况下，也可事先利用水泥混凝土浇灌的方法做一基座，并在基座上预留榫眼，待基座完全凝固后再行吊装，并在露出地表的混凝土上铺设、拼接与特置山石纹理、色泽、质地相同的山石，形成自然基座。

特置山石还可以结合台景布置。台景也是一种传统的布置手法，用石头或其他建筑材料做成整形的台。内盛土壤，台下有一定的排水设施。然后在台上布置山石和植物。或仿作大盆景布置，使人欣赏这种有组合的整体美。北京故宫御花园绛雪轩前面就是用琉璃贴面为基座，以植物和山石组合成台景。

6.3.2 对置

两个石景布置在相对的位置上，呈对称或者对立、对应状态，这种置石方式即是对置，如图6-5所示。两个景石的体量大小、姿态方向和布置位置，可以对称，也可以不对称。前者就叫对称对置，而后者则叫不对称对置。

对置的石景可起到装饰环境的配景使用。其布置一般是在庭院门前两侧、园林主景两侧、路口两侧、园路转折点两侧、河口两岸等环境条件下。

选用对置石的材料要求稍高，石形应有一定奇特性和观赏价值，即是能够作为单峰石使用的山石。两块山石的形状不必对称，大小高矮可以一致也可以不一致。在材料困难的地方，也可以用小石拼成单峰石形状，但须用两三块稍大的山石封顶，并掌握平衡，使之稳固而无倾倒的隐患。

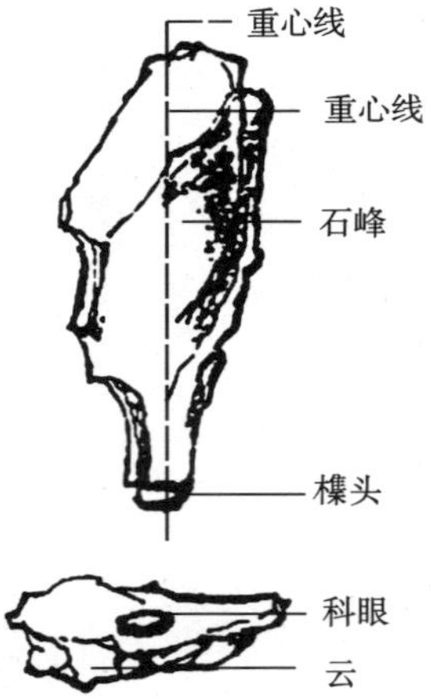

图6-2 整形基座上的特置（上左）
图6-3 自然基座上的特置（上右）
图6-4 特置山石的传统做法（下左）
图6-5 对置（下右）

6.3.3 散置

散置即所谓"攒三聚五"、"散漫理之"的布置形式。这类置石对石料的要求相对地比特置要低一些，但要组合得好。通常布置在园门的两侧、廊间、粉墙前、山脚、山坡、水畔、岛上或与其他景物结合造景。

其布置特点在于有聚有散、有断有续、主次分明、高低曲折、顾盼呼应、疏密有致、层次丰厚，仿若山岩余脉，或山间巨石散落或似风化后残存的岩石。尤其在土山上，仿效天然山体神态，散点山石，不仅用石量少，而且效果好。明代画家龚贤所著《画诀》说："石必一丛数块，大石间小石，然后联络。面宜一向，即不一向，亦宜大小顾盼。石小宜平，或从土出，要有着落。"（图 6-6）又说："石有面、有足、有腹。亦如人之俯、仰、坐、卧，岂独树则然乎。"这是可以用以评价和指导实践的。

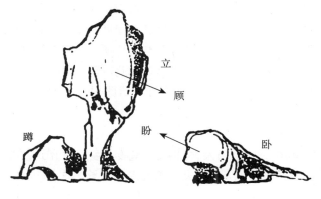

图 6-6　散置

6.3.4　群置

群置是指几块山石成组地排列在一起，作为一个群体表现。通常布置在山顶、山麓、池畔、路边、交叉路口以及大树下，还可以与峰石组合在一起。

群置山石布置时宜根据"三不等"的原则，即石之大小不等、石之高低不等、石之间距不等。石组配成之后，再在石旁栽种观赏植物。配植得体时，则树、石掩映，妙趣横生；景观之美，可以入画，如图 6-7 所示。

图 6-7　群置

6.3.5　山石器设

用山石作室内外的家具或器设也是我国园林中的传统做法。山石几案不仅有实用价值，而且又可与造景密切结合，特别是用于有起伏地形的自然式布置地段，很容易和周围环境取得协调；布置在林间空地或有树荫荫的地方，为游人提供休憩场所；它在选材方面与一般假山用材不相矛盾。一般接近平板或方墩状的石材在假山堆叠中可能不算良材，但作为山石几案却非常合适。只要有一面稍平即可，不必进行仔细加工，而且在基本平的面上也可以有自然起伏的变化，以体现其自然的外形。选用的材料体量应大一些，使之与外界空间相

第 6 章　假山工程施工　205

称，作为室内的山石器设则可适当小一些。山石器设可以随意独立布置，也可结合挡土墙、花台、驳岸等统一安排。山石几案虽有桌、几、凳之分，但在布置上却不一定按一般家具那样对称摆放，那将失去自然。山石器设是一种无形的、附属于其他景物的置石，因此对于坡地器设，乍一看是山坡上用作护坡的散点山石，但需要休息的游人到此很自然地就坐下休息，这才意识到它的用处。

6.3.6 山石与园林建筑、植物相结合的布置手法

(1) 山石与园林建筑相结合的布置手法

这是用山石来陪衬建筑的做法。用少量的山石在合宜的部位装点建筑，仿佛把建筑建在自然的山岩上一样的效果。所置山石模拟自然裸露的山岩，建筑则依岩而建。因此山石在这里所表现的实际是大山之一隅，可以适当运用局部夸张的手法。其目的仍然是减少人工的气氛，增添自然的气氛。这是要掌握的要领。常见的结合形式有以下几种。

1) 踏跺与蹲配

中国传统的建筑多建于台基之上。这样，出入口的部位就要有台阶作为室内上下的衔接部分。这种台阶可以做成整形的，而园林建筑常用自然山石做成踏跺。北京的假山师傅称为"如意踏跺"，它不仅有台阶的功能，而且有助于处理从人工建筑到自然环境的过渡。石料选择扁平状的，不一定都要求是长方形。间以各种角度的梯形甚至是不等边的三角形则会更富于自然的外观。每级为 10~30cm，有时还可以更高一些。每级的高度也不一定完全一样。由台面出来头一级可以与台基地面同高，使人在下台阶前有个准备。所以"如意踏跺"有令人称心如意的含义，石级两旁没有垂带。山石每一级向下坡方向有 2% 的倾斜坡度以便排水。石级断面上挑下收，以免人们上台阶时脚尖碰到石级上沿，术语称为不能有"兜脚"。用小块山石拼合的石级，拼缝要上下交错，以上石压下缝。

蹲配是常和如意踏跺配合使用的一种置石方式。从实用功能上来分析，它可兼备垂带和门口对置的石狮、石鼓之类装饰品的作用。从外形上看又不像垂带和石鼓那样呆板。它一方面作为石级两端支撑的梯形基座，也可以由踏跺本身层层叠上而用蹲配遮挡两端不易处理的侧面。在保证这些实用功能的前提下，蹲配在空间造型上则可利用山石的形态极尽自然变化。所谓"蹲、配"，以体量大而高者为"蹲"，体量小而低者为"配"。实际上除了"蹲"以外，也可"立"、也可"卧"，以求组合上的变化。但务必使蹲配在建筑轴线两旁有均衡的构图关系。

山石踏跺有石级平列的，也有互相错列的，有径直而入的，也有偏径斜上的。当台基不高时，可以采用像苏州狮子林"燕誉堂"前坡式踏跺。当游人出入量较大时可采用苏州留园"五峰仙馆"那种分道而上的办法。总之，踏跺虽小，但可以发挥匠心的处理却不少。一些现代园林布置常在台阶

两旁设花池,而把山石和植物结合在一起用以装饰建筑出入口。如图6-8所示。

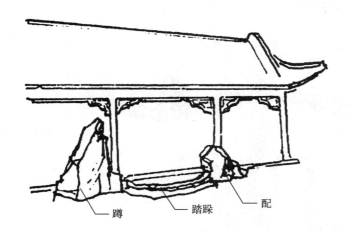

图6-8 踏跺、蹲、配

2)抱角与镶隅

建筑的墙面多成直角转折。这些拐角的外角和内角的线条都比较单调、平滞。常以山石来美化这些墙角,山石成环抱之势紧包基角墙壁面,称为抱角;对于墙内角则以山石填镶其中,称为镶隅。经过这样处理,本来是在建筑外面包了一些山石,却又似建筑坐落在自然的山岩上。山石抱角和镶隅的体量均须与墙体所在的空间取得协调。例如,一般园林建筑体量不大,所以无须做过于臃肿的抱角。而承德避暑山庄外围的外八庙,其中有些体现西藏宗教性的红墙的山石抱角却有必要做得像小石山一样才相称。当然,也可以用以小衬大的手法用小巧的山石衬托宏伟、精致的园林建筑。例如颐和园万寿山上的"圆朗斋"等建筑都采用此法,而且效果较好。山石抱角的选材应考虑如何使石与墙接触的部位,特别是可见的部位能吻合起来。如图6-9所示。

图6-9 抱角、镶隅

3)粉壁置石

即以墙作为背景,在面对建筑的墙面、建筑山墙面前基础种植的部位作石景或山景布置,因此也有称"壁山"的,这也是传统的园林手法。《园冶》所云:"峭壁山者,靠壁理也。借以粉壁为纸,以石为绘也。理者相石皴纹,仿古人笔意，植黄山松柏、古梅、美竹，收之圆窗，宛然镜游也。"在江南园林的庭院中，这种布置随处可见。拙政园海棠春坞庭院，于南面院墙嵌以山石，并种植海棠及慈孝竹，题名为"海棠春坞"，如图6-10所示。

图6-10 粉壁置石

4）回廊转折处的廊间山石小品

园林中的廊子为了争取空间的变化和使游人从不同的角度去观赏景物，在平面上往往做成曲折回环的半壁廊。这样便会在廊与墙之间形成一些大小不一、形体各异的小天井空隙地。这是可以发挥用山石小品"补白"的地方，使之在很小的空间里也有层次的变化。同时可以诱导游人按设计的游览序列入游，丰富沿途的景色，使建筑空间小中见大、活泼无拘。上海豫园东园"万花楼"东南角有一处回廊小天井处理得当，自两宜轩东行，有圆洞门作为框景猎取此景，自廊中返回路线的视线焦点也集中于此，因此位置和朝向处理得法，石景本身处理亦精练，一块湖石立峰，两丛南天竹作陪衬。

5）"尺幅窗"与"无心画"

园林景色为了使室内外相互渗透常用漏窗透石景。这种手法是清代李渔首创的，他把内墙上原来挂山水画的位置开成漏窗，然后在窗外布置竹石小品之类，使景入画，这样便以真景入画，较之画幅生动百倍，他称为"无心画"。以"尺幅窗"透取"无心画"是从暗处看明处，窗花有剪影的效果，加以石景以粉墙为背景，从早到晚，窗景因时而变。苏州留园东部"揖峰轩"北窗三叶均以竹石为画。微风拂来，竹叶翩洒。阳光投下，修篁弄影。些许小空间却有一分精美，深厚居室内而得室外风景之美。

6）云梯

即以山石掇成的室外楼梯。既可节约使用室内建筑面积，又可成自然山石景。如果只能在功能上作为楼梯而不能成景则不是上品。最容易犯的毛病是山石楼梯暴露无遗，和周围的景物缺乏联系和呼应。而做得好的云梯往往是组合丰富，变化自如。扬州寄啸山庄东院将壁山和山石楼梯结合一体。由庭上山，由山上楼，比较自然。其西南小院之山石楼梯一面贴墙，楼梯下面结合山石花台与地面相接。自楼下穿道南行，云梯一部分又成为穿道的对景。山石楼梯转折处置立石，古老的紫藤绕石登墙，颇具变化，不失为使用功能和造景功能相结合的佳例。

(2) 山石与植物相结合的布置——山石花台

山石花台在江南园林中运用极为普遍，究其原因有三：第一是这一带地下水位较高，土壤排水不畅。而中国民族传统的一些名花如牡丹、芍药之类却要求排水良好。为此用花台提高种植地面的高程，相对地降低了地下水位，为这些观赏植物的生长创造了合适的生态条件。同时又可以将花卉提高到合适的高度，以免下去欣赏。第二是花台之间的铺装地面即是自然形式的路面。这样，庭院中的游览路线就可以运用山石花台来组织。第三是山石花台的形体可随机应变，小可点角，大可成山。特别适合与壁山结合随心变化。

山石花台布置的要领和山石驳岸有共通的道理。所差只是花台是从外向内包，驳岸则多是从内向外包。如为水中岛屿的石驳岸则更接近花台的做法。

1) 花台的平面轮廓和组合

就花台的个体轮廓而言，应有曲有折、进出变化。更要注意使之兼有大弯和小弯的凹凸面，而且弯的深浅和间距都要自然多变。有大弯无小弯或变化的节奏单调都是要力求避免的，如图6-11所示。如果同一空间内不只一个花台，这就有花台的组合问题。花台的组合要求大小相间、主次分明、疏密多致、若断若续、层次深厚。在外围轮廓整齐的庭院中布置山石花台，就其布局的结构而言，和我国传统的书法、篆刻的手法，如"知白守黑"、"宽可走马，密不容针"等，都有可以相互借鉴之处。庭院的范围如同纸幅或印章的边缘，其中的山石花台如同篆刻的字体。花台有大小，组合起来园路就有了收放；花台有疏密，空间也就有相应的变化。

 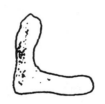 

图6-11 花台平面布置

有小弯无大弯　　有大弯无小弯　　兼有大小弯

2) 花台的立面轮廓要有起伏变化

花台上的山石与平面变化相结合还应有高低的变化。切忌把花台做成"一码平"。这种高低变化要有比较强烈的对比才有显著的效果。一般是结合立峰来处理，但又要避免用体量过大的立峰堵塞院内的中心位置。花台除了边缘以外，花台中也可少量地点缀一些山石。花台边缘外面亦可埋置一些山石，使之有更自然的变化。

3) 花台的断面和细部要有伸缩、虚实和藏露的变化花台的断面轮廓既有直立，又有坡降和上伸下收等变化。这些细部技法很难用平面或立面图说明。必须因势延展，就石应变。其中很重要的是明暗的变化、层次的变化和藏露的变化。做花台易犯的通病也在此。具体做法就是使花台的边缘或上伸下缩、或下继上连、或旁断中连，化单面体为多面体。模拟自然界由于地层下陷，崩落山石沿坡滚下成围、落石浅露等形成的自然种植池的景观，如图6-12所示。

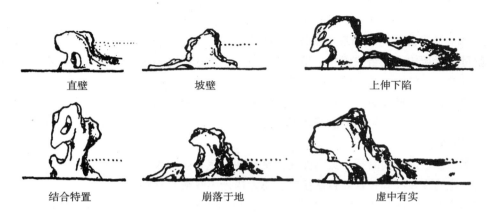

图6-12　花台立面

上海嘉定区秋霞圃内"丛桂轩"前的小院落，面积约60m^2，却利用花台分隔院落。花台的体量合适，组合得体。从布局上看，大部分花台占据了院落之东北部。西南部很舒朗地空出来作为建筑前回旋的余地。于空朗中又疏点了一个腰小的花台和一块仄立的山石，显得特别匀称。花台自然组成了曲折和收放自如的路面。由于在布局上采用"占边角"的手法，空白的地面还是很大。花台上错落地安置了三块峰石，一主、一次、一配，而且形态各异；一瘦、一透、一浑，相互衬托。院落中对植桂花二株。墙角种有朴树、蜡梅和白玉。咫尺院落却运用花台做出了这些变化。既不臃肿，又不失空旷，实为难得。可惜经过破坏后，原景已荡然无存了。

6.3.7　置石的施工方法

这里主要讲述置石在施工中特置的施工方法，其他几种可参考特置的施工程序来进行。特置的施工程序如下：

（1）施工放线

根据设计图纸的位置与形状，在地面上放出置石的外形轮廓。一般基础施工要比置石的外形要宽。

（2）挖槽

根据设计图纸上基槽的大小与深度来挖。

（3）基础施工

特置的基础在现代的施工工艺中一般都是浇灌混凝土，至于砂石与水泥的配比关系、混凝土的基础厚度、所用钢筋的直径等，则要根据特置的高度、体积及重量和土层的情况来确定。

（4）安装磐石

安装磐石时既要使磐石安装稳定，又要使磐石的三分之一保留在土壤中，这样就好像置石从土壤中生长出来一样。

（5）立峰

立峰时一定要把握好山石的重心稳定。

6.4 掇山

6.4.1 假山的布置手法

掇山较之置石就复杂得多了，需要考虑的因素也多一些，要求把科学性、技术性和艺术性统筹考虑。掇山之理虽历代都有一些记载，但却分散于不同时代的多种书籍中。除了《园冶》比较集中地论述了掇山以外，尚有明代文震亨著《长物志》、清代李渔著《闲情偶寄》等书可考。历代的假山师傅多由绘事而来，因此我国传统的山水画论也就成为指导掇山实践的艺术理论基础。因此有"画家以笔墨为壑，掇山以土石为皴擦。虚实虽殊，理致则一"之说。计成说"夫理假山，必欲求好，要人说好，片山块石，似有野致"。所谓野致，就是大自然的趣味，也就是说要像真山。所以他又说"有真为假，做假成真，稍动天机，全以人力"。即既要真实又要提炼，是真山艺术再现。

假山的最根本的布置手法是"因地制宜，有真为假，做假成真"。具体尚要注意以下四点：

（1）相地合宜，造山得体

自然山水景物是十分丰富多样的，在一个具体的园址上究竟要在什么位置上造山，造什么样的山，采用哪些山水地貌组合单元，都必须结合相地合宜地把主观要求和客观条件的可能性，把所有的园林组成因素作统筹的安排。《园冶》"相地"一节谓"如方如圆，似扁似曲。如长弯而环壁，似扁阔以铺云。高方欲就亭台，低凹可开池沼。卜筑贵从水面，立基先究源头。疏源之去由，察水之来历"。用这个理论去观察北京北海静心斋的布置，便可了解"相地"和山水布置间的关系。如果园之远近有自然山水相因，那就要灵活地加以利用，就是充分利用环境条件造山。位于无锡的寄畅园，借九龙山、惠山于园景，在真山前面造成假山，竟如一脉相贯，取得"真假难辨"的效果。杭州西泠印社和烟霞洞等处，均采取本山裸露的岩石为主，进行造山，把人工堆的山石与自然露岩相混布置，收到了很好的效果。只有因地制宜地确定山水结合才能达到"构园得体"和有若自然。

（2）先立主体，"三远"变化

先立主体即要主景突出，再考虑如何搭配以次要景物突出主体景物。宋代李成《山水诀》谓："先立宾主之位，次定远近之形，然后穿凿景物，摆布高低。"这段话里阐述了山水布局的思维逻辑。布局时应先从园之功能和意境出发并结合用地特征来确定宾主之位，假山必须根据其在总体布局中之地位和作用来安排。最忌不顾大局和喧宾夺主。

确定假山的布局地位以后，假山本身还有主从关系的处理。先定主峰的位置和体量，然后再辅以次峰和配峰。在一个园林中，只能有一个主山作骨干，其余的都是宾，它们的体积和高度决不能超过主山。一座山的本身只能有一个主峰，其他的峰也不能超过主峰。高低大小都不能一律，也不能对称。唐代王维《画学秘诀》谓："主峰最宜高耸，客山须是奔趋。"清笪重光《画筌》说："主山正者客山低，主山侧者客山远。众山拱伏，主山始尊。群峰互盘，祖峰乃厚。"

假山在处理主次关系的同时还须结合"三远"的理论来安排。学习山水画，首先注意三远，即高远、深远和平远，因为在一幅小小的纸上，要表现壮丽山河，所谓有咫尺千里之致，就非要懂得三远的画论不可。在园林中堆置假山，由于受到占地面积的限制，所以和绘画一样，在手法上也必须注意三远。高远：自山下而仰山巅；深远：自山前而窥山后；平远：自近山而望远山，如图6-13所示。这里所谓三远，是从一定的位置上去观察，不是面面俱到，所以在具体施工时，创作者还须根据实际情况，灵活运用。既可以用前后层次来表现深远；又可以用上下层次来表现高峻。群山要有层次，一山的本身也要有层次，体积和范围越大，层次越多，树立一块以上的峰石也是一样。宾主之间，峰峦的向背俯仰，必须互相照应，气脉相通。层次之间，必须互相让避，前不掩后，高不掩低。堂前屋后，池北池南，或大或小，此呼彼应，布置随宜。在一个园林中，不论是群山或是小景，都应该有疏有密，过于集中（如狮子林）或过于分散（如网师园）都不适当。掇山要有虚实：四面环山，中有余地，则四山为实，中地为虚。重山之间必有层次，层次之间必有距离，则山体为实，距离为虚。一山之中有岗峦洞壑，则岗峦为实，洞壑为虚。靠壁为山，以壁为纸，以石为绘，则有石处为实，无石处为虚。局境不论大小，必须虚实互用，方为得体。

假山在处理三远变化时，高远、平远比较易工而深远做起来却不容易。它要求在游览路线上能给人山体层层深厚的观感。这就需要统一考虑山体的组合和游览路线开辟两个方面。环秀山庄的湖石假山，整个山体可分为三部分，主山居中而偏东南，客山远居园之西北角，东北角又有平岗拱伏，这就有了布局的三远变化。就山而言又有主峰、次峰和配峰的安置，它们也是呈不规则三角形错落相安的。主峰比次峰高1m多，次峰又比配峰高，因此高远的变化也初具安排。而难能可贵的还在于有一条能最大限度发挥山景三远变化的游览路线贯穿山体。无论自平台北望水跨桥、过栈道、进山洞、跨谷、上山均可展示一幅幅的山水画面。既有"山形面面看"，又具"山形步步移"。假山不同于真山，多为中、近距离观赏，因此主要靠控制视距奏效。此园"以近求高"，把主要视距控制在1:3以内，实际尺度并不很大，而身历其境却有如置身深山幽谷之中，达到了"岩峦洞穴之莫穷，洞壑坡矶之俨是"的艺术境界，堪称湖石假山之极品。

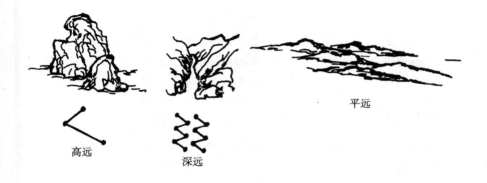

图 6-13 山的三远

（3）远观山势，近看山质

这里所说的"势"，是指山水的轮廓、组合和体现的姿态。山的组合，要有收有放，有起有伏；山渐开而势转，山欲动而势长；山外有山，虽断而不断。远观整体轮廓，求得合理的布局。"质"指的是石质、石性、石纹、石理。掇山所用的山石，石质、石性须一致；掇山对准纹路，要做到理通纹顺；正好比中国画里画山石一样，要讲究"皴法"，使掇成的假山，看不出它是假的。就一座山而言，其山体可分为山麓、山腰和山顶三部分。山势既有高低，山形就有起伏。一座山从山麓到山顶，决不是直线上升，而是波浪式地由低而高，由高而低，这是本身的小山起伏。山与山之间，有宾有主，有支有脉，这是全局的大起伏。起脚必须弯环曲折，有山回路转之势，以便处处可以从山麓就立峭壁。笪重光《画筌》说："山巍脚远"、"土石交覆以增其高，支勾连以成其阔"都是山势延伸的道理。

山的组合包括"一收复一放，山势渐开而势转。一起又一伏，山欲动而势长"、"山之陡面斜，莫为两翼"、"山外有山，虽断而不断"、"作山先求入路，出水预定来源。择水通桥，取境设路"等多方面的理论。这在假山实例中均得到印证。

合理的布局和结构还必须落实到假山的细部处理上。凡叠石，不论岗峦、岩洞、溪涧、池岸都必须有凹有凸，才能显出突兀之势，但要避免规则化，以至失去自然之趣。凹凸又等于画家的线条和皴法，不论是湖石的瘦皱漏透，还是黄石的苍劲古拙，在画家都要依靠线条皴法来表现，而叠石则全在于凹凸得宜。这就是"近看质"的内容，与石质和石性有关。例如湖石类属石灰岩，因溶蚀作用使石面产生凹面。由凹成"涡"、"纹"、"隙"、"沟"、"环"、"洞"。"洞"与"环"的断裂面便形成锐利的曲形锋面。这就形成湖石外观圆润柔曲、玲珑剔透、涡洞相套、皱纹疏密的特点。亦即山水画中荷叶皴、卷云皴、披麻皴、解索皴大多所宗之本。而黄石作为一种细砂岩是方解型节理，由于对成岩过程的影响和风化的破坏，它的崩落是沿节理而分解，形成大小不等、凹凸成层和不规则的多面体。石之各方向的石面平如刀削斧劈，面和面的交线又形成锋芒毕露的棱角或称锋面。于是外观方正刚直、浑厚沉实、层次丰富、轮廓分明。亦即山水画皴法中斧劈、折带皴等所宗。但是，石质和皴纹的关系是很复杂的。也有花岗岩的大山具有荷叶皴

(如黄山某些山峰），砂岩也有极少数具有湖石的外观（如苏州天平山某些山石）。只能说一般的规律是这样。如果说得更简单一些，至少要分出竖纹和斜纹几种变化。石的品类众多，色泽纹理各具特征，因此不同石质决不可混杂使用。古人也偶有两石同用之时，大体都是以黄石作基脚，然后用湖石叠山，绝无参杂互用之例。同一品种的石纹，有粗细横直、疏密隐显的不同，必须取相同或近似之石纹放在一起，使其互相协调，当顺则顺，当逆则逆，要与石性相一致，不可颠倒杂乱，以免降低艺术趣味，影响风格。避暑山庄外八庙有些假山、山庄内部山区的某些假山，颐和园的桃花沟和画中游等都是用本山裸露的岩石为材料，把人工堆的山石和自然露岩相混布置，也都收到了"做假成真"的成效。

(4) 寓情于石，情景交融

掇山往往运用象形、比拟和激发联想的手法，进行造景。所谓"片山有致，寸石生情"也是要求无论掇山和置石都讲究"弦外之音"。中国自然山水园的外观是力求自然的，但就其内在的意境而言又完全受人的意识支配。这包括长期相为因循的"一池三山"、"仙山琼阁"等寓为神仙境界的意境；"峰虚五老"、"狮子上楼台"、"金鸡叫天门"等地方性传统程式；"十二生肖"及其他各种象形手法；"濠濮间想"、"武陵春色"等寓意隐逸或典故性的追索；寓名山大川和名园的手法，如艮岳仿杭州凤凰山、苏州洽隐园水洞仿小林屋洞等；寓自然山水性情的手法和寓四时景色的手法等。这些寓意又可结合石刻题咏，使之具有综合性的艺术价值。

扬州个园的四季假山，即是寓四时景色于山林的。春山象征"雨后春笋"；夏山选用灰白色太湖石作积云式叠山，并结合荷池、山洞和树荫，用以体现夏景；秋山选用富于秋色的黄石，以象征"重九登高"的民情风俗；冬山是尾声，选用宣石堆叠，配植蜡梅。宣石洁白耀目，有如皑皑白雪；加以墙面风洞，寒风呼啸，冬意更浓。冬山与春山，仅一墙之隔，墙开透窗，可望春山，有"冬去春来"之意。由四季假山，可以体现出"寓情于石，情景交融"的道理。像这样既有内在含义又有自然外观的时景假山园林在众多的园林中是很富有特色的，也是罕有的实例。

6.4.2 假山选石要求

掇山造景，必须选择石料。所以在造景取石时，必须掌握以下几点选石要求：

(1) 应熟知石性

岩石由于地理、地质、气候等复杂条件，化学成分和结构不同，肌理和色彩形态上也有很大的差异。不同的掇山造型，选择适合于自然环境的石性是很重要的。选石包括石料的强度、吸水性、色泽、纹理等。李渔论选石曰："石纹石色，取其相同者，如粗纹与粗纹，当并一处；细纹与细纹，宜在一方，紫碧青红，各以类聚是也。然分别太甚，至其相悬，接壤处反觉异同，不若随取随得，变化从心之为便。至于石性，则不可不依，拂其性而用之，非止不耐观，且难持久。石性为何？斜正纵横之理路是也。"

（2）石纹与纹理走向与造型的关系

如果要表现山峰的挺拔、险峻，应择竖向石型。斜向石型有动势和倾斜平衡感觉，很适合于表现危岩与山体的高远效果。不规则曲线纹理石型最适于表现水景。**叠瀑**，具有一种动态美。横向石型具有稳定的静态美，适于围栏、庭院叠山造型。作为造园叠山造型表现技法很多又很综合，要交叉运用。

（3）石的色泽与掇山环境的关系

石的色相很多，置石的质和色对人的心理和生理的感觉是不可忽视的重要环节，自然环境的大色调与掇山造型的小色调之间，光源色、固有色、环境色之间的和谐关系是密切的。如：竹林树丛及花圃组合的掇山造型为偏白灰色调，既对比，又和谐。再如宾馆室内造景以开放式空间相结合的掇山造型，色相应对比强烈，色调偏暖，以暗黄调为主以满足人的兴奋、热烈健康的心理因素。当然，人们的文化修养不同，对于色彩在感觉上肯定会有差异。

（4）有些特殊的环境还可选其他石料

如豪华宾馆、重要场所的特置散石、点景小品的处理，可用名贵石料作为点缀，如汉白玉花岗石、玉石、树化石等自然石形，以补充空间，活跃环境气氛。置石的形、色、质与建筑实体、家具设施形成对比，以增强内部空间的自然美感。但配置散石方法要求符合形式美原则，散石之间与周围环境之间要有整体感。这些石料虽然有豪华高贵感，在某种意义上讲，装饰效果尚佳，但造价昂贵，缺乏自然质朴感，同时选型制作的难度较大，表现手段不当，可能会显得拙劣，与环境可能会产生相互干扰而不和谐。总之，无论对什么样的石种，只要认真研究组合规律，都会叠出比较好的艺术造型。掇山造型最忌破相、杂乱，所以可有可无的装饰要去掉。就掇山造型而言，又分基石、峰石，因而选石时应加以分类，区别对待，选择形态自然，脉络、纹理清晰，符合表现主题的石料作为掇山造型的主体材料，并将最精华的部分作主峰、结顶之用。对难以修整的石料选择角度，将较好的主视面朝外作为围基用。最后将淘汰的、形态不佳的废石作山体填充。废石也不应一概而论，在于用之合理，用得恰到好处。常言道，石不好要造好。简而言之，自然界丰富的山石种类，为园林艺术提供了取之不尽的物质基础。石料的种类、形态、属性也为造型设计提出了不同的要求。

6.4.3 假山结构

假山的外形虽然千变万化，但就其基本结构而言还是和造屋有共通之处，即分基础、中层和收顶三部分。

（1）立基——假山的基础

掇山必须先有成局在胸，才能确定假山基础的位置、外形和深浅。否则假山基础既超出地面之上，再想改变假山的总体轮廓，或要增加很多高度或挑出很远就困难了。因为假山的重心不可能超出基础之外。

（2）拉底

拉底就是在基础上铺置最底层的自然山石，术语称为拉底。古代匠师把"拉底"看作掇山之本，因为假山空间的变化都立足于这一层，如果底层未打破整形的格局，则中层掇山亦难于变化，因为这一层山石大部分在地面以下，只有小部分露出地面以上，并不需要形态特别好的山石。但它是受压最大的自然山石层，要求有足够的强度，因此宜选用顽劣的大石拉底。底石的材料要求大块、坚实、耐压。不允许用风化过度的山石拉底。

（3）中层

中层即底石以上，顶层以下的部分。这是占体量最大、触目最多的部分。用材广泛，单元组合和结构变化多端。

（4）收顶

收顶是假山最上层轮廓及峰石的布置。

6.4.4 山石的拼叠技法

假山虽有峰、峦、洞、壑等各种组合单元的变化，但就山石相互之间的结合而言却可以概括为十多种基本的形式。这就是在假山师傅中有所流传的"十字诀"，如北京的"山子张"张蔚庭老先生曾经总结过"十字诀"，即安、连、接、斗、挎、拼、悬、剑、卡、垂。此外，还有挑、飘、戗等。江南一带则流传九字诀，即叠、竖、垫、拼、挑、压、钩、挂、撑。两相比较，有些是共有的字，有些即使称呼不一样但实际上是一个内容。由此可见，我国南北的匠师同出一源，一脉相承，大致是从江南流传到北方，并且互相有交流。

（1）安

将一块山石平放在一块至几块山石之上的叠石方法就叫做"安"。这里的安字又有安稳的意思，即要求平放的山石要放稳，不能被摇动，石下不稳处要用小石片垫实刹紧，所安之石一般应选择宽形石或长形石。"安"的手法主要用在要求山脚空透或在石下需要做眼的地方。根据安石下面支撑石的多少，这种手法又分为三种形式：单安、双安、三安，如图6-14所示。

单安　　　　双安　　　　三安

图6-14　安

（2）连

平放的山石与山石在水平方向上衔接，就是"连"，相连的山石在其连接处的茬口形状和石面皱纹要尽量相互吻合，能做到严丝合缝最理想；但在多数情况下只能要求基本吻合，不太吻合的缝隙处应当用小石填平。吻合的目的不仅在于求得山石外观的整体性，更主要是为了在结构上浑然一体。要做到拍击衔接体一端时，在另一端也能传力受力。茬口中的水泥砂浆一定要填塞饱满，接缝表面应随着石形变化而变化，要抹成平缝，以便使山石安全连成整体，如图6-15所示。

图6-15　连（左）
图6-16　接（右）

（3）接

短石连接为长石称为"接"，山石之间竖向衔接也称为"接"，如图6-16所示。接口平整时可以接，接口虽不平整但二石的茬口凸凹相吻合者，也可相接。如平斜难扣合，则用打刹相接，上下茬口互咬是很重要的，这样可以保证接合牢固而没有滑移的可能。接口处在外观上要依皱连接，至少要分出横竖纹来。一般是同纹相接，在少有的情况下，横竖纹间亦可相接。

（4）斗

置石成向上拱状，两端架于二石之间，腾空而起。若自然岩石之环洞或下层崩落形成的孔洞。北京故宫乾隆花园第二进庭院东部偏北的石山上，可以明显地看到这种模拟自然的结体关系。一条山石磴道从架空的谷间穿过，为游览增添了不少险峻的气氛，如图6-17所示。

（5）挎

如山石某一侧面过于平滞，可以旁挎一石以全其美，称为"挎"。挎石可以利用茬口咬压或上层镇压来稳定。必要时加钢丝绕定。钢丝要藏在石的凹纹中或用其他方法加以掩饰，如图6-18所示。

（6）拼

假山全用小石叠成，则山体显得琐碎、凌乱；而全用大石叠山，在转运、吊装、叠山过程中又很不方便。因此，在叠石造山中就发展出了用小石组合成大石的技法，这就是"拼"的技法。有一些假山的山峰叠好后，发现峰体太细，缺乏雄壮气势，这时就要采用"拼"的手法来"拼峰"，将其他一些较小的

图 6-17 斗（左）
图 6-18 挎（右）

山石拼合到峰体上，使山峰雄厚起来。就假山施工中砌筑山石而言，竖向为叠（上下重叠），横向为拼。拼，主要用于直立或斜立的山石之间相互拼合，其次也可用于其他状态山石之间的拼合。如图 6-19 所示。

（7）悬

在下面是环孔中山洞的情况下，使某山石从洞顶悬吊下来，这种叠石方法即叫"悬"，如图 6-20 所示。在山洞中，随处做一些洞顶的悬石，就能够很好地增加洞顶的变化，使洞顶景观就像石灰岩溶洞中倒悬的钟乳石一样。实际上，"悬"的自然依据就正是钟乳石在山洞中经常可以看到的情况。设置悬石，一定要将其牢固嵌入在洞顶。若恐悬之不坚，也可在视线看不到的地方附加铁活稳固设施，如南京瞻园水洞之悬石就是这样。黄石和青石也可用作"悬"的结构成分，但其自然的特征大不相同。

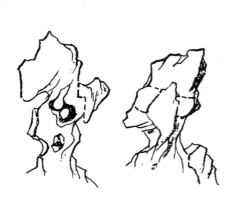

图 6-19 拼（左）
图 6-20 悬（右）

（8）剑

以竖长形象取胜的山石直立如剑的做法。峭拔挺立，有刺破青天之势。多用于石笋或其他竖长的山石。北京西郊所产的青云片亦可剑立。立"剑"可以造成雄伟昂然的景象，也可以做成小巧秀丽的景象。因境出景，因石制宜。作为特置的剑石，其地下部分必须有足够的长度以保证稳定。一般石笋或立剑都宜自成独立的画面，不宜混杂于他种山石之中，否则很不自然。就造型而言，立剑要避免"排如炉烛花瓶，列似刀山剑树"，假山师傅立剑最忌"山、川、小"，即石形像这几个字那样对称排列就不会有好效果，如图 6-21 所示。

（9）卡

下层由两块山石对峙形成上大下小的楔口，再于楔口中插入上大下小的山石，这样便正好卡于楔口中而自稳，如图 6-22 所示。

（10）垂

山石从一个大石的顶部侧位倒挂下来，形成下垂的结构状态。其与悬的区别在于：一为中悬，一为侧垂。与"挎"之区别在于以倒垂之势取胜。"垂"的手法往往能够造出一些险峻状态，因此多被用于立峰上部、悬崖顶上、假山洞口等处，如图 6-23 所示。

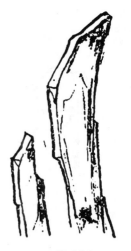

图 6-21 剑（上）
图 6-22 卡（左）
图 6-23 垂（右）

（11）挑

又称"出挑"，即上石借下石支撑而挑伸于下石之外侧，并用数倍重力镇压于石山内侧的做法。假山中之环、岫、洞、飞梁，特别是悬崖都基于这种结体的形式。挑有单挑、担挑和重挑之分。如果挑头轮廓线太单调，可以在上面接一块石头来弥补。这块石头称为"飘"，如图 6-24 所示。挑石每层约出挑相当于山石本身长度的 1/3。从现存园林作品中来看，出挑最多的约有 2m 多。"挑"的要点是求浑厚而忌单薄，要挑出一个面来才显得自然。因此要避免成直线地向一个方向挑。再就是巧安后坚的山石，使观者但见"前悬"而不一定观察到后坚用石。在平衡重量时应把前悬山石上面站人的荷重也估计进去，使之"其状可骇"而又"万无一失"。

（12）撑

或称戗。即用斜撑的力量来稳固山石的做法。要选取合适的支撑点，使加撑后在外观上形成脉络相连的整体。扬州个园的夏山洞中，作"撑"以加固洞柱并有余脉之势，不但统一地解决了透洞采光，而且很合乎自然之理，如图 6-25 所示。

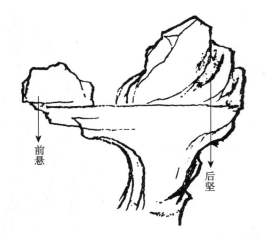

图 6-24 挑（左）
图 6-25 撑（右）

应当着重指出，以上这些结体的方式都是从自然山石景观中归纳出来的。例如苏州天平山"万笏朝天"的景观就是"剑"所宗之本，云南石林之"千钧一发"就是"卡"的自然景观，苏州大石山的"仙桥"就是"撑"的自然风貌。因此，不应把这些字诀当作僵死的教条或公式，否则便会给人矫揉造作的印象。

6.4.5 山石加固设施

必须在山石本身重心稳定的前提下使用铁活以加固。铁活常用熟铁或钢筋制成。铁活要求不露，因此不易发现。古典园林中常用的有以下几种：

（1）银锭扣

为熟铁铸成，其两端成燕尾状，因此也叫燕尾扣，如图 6-26 所示。银锭扣有大、中、小三种规格，主要用来连接较平直的硬山石，如要连接的山石接中处不平直，应先凿打平整。连接时，先将两块石头接口对着接口，再按银锭扣大小划线并凿槽，使槽形如银锭扣的形状。然后将铁扣打入槽中，就可将两块山石紧紧连接在一起。

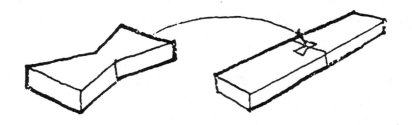

图 6-26 银锭扣

（2）铁爬钉

用熟铁制成，其形状有点像扁铁条做的两端成直角翘起的铁扁担，一般长 30~50cm，也可根据实际需要定做，如图 6-27 所示。铁爬钉的结构作用主要是用来连接和固定山石，水平向及竖向连接都可用。现在南方地区在采用水秀石类松质石材造山时，还常用铁爬钉作为连接山石的结构设施。对于硬质山石，一般要先在石面凿两个槽孔，然后再用铁爬钉加以连接。

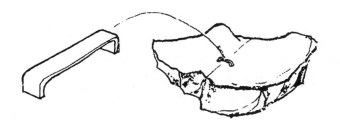

图 6-27　铁爬钉

（3）铁扁担

铁扁担可以用厚 200mm 以上的扁铁条、40mm×40mm 以上的角钢，或直径 30mm 的螺纹钢条来制作，其长度应根据实际需要确定，一般在 70～150cm 之间。这种铁件主要用在假山的悬挑部位和作为假山洞石梁，以加固洞顶的结构。如果采用扁铁条做铁扁担，则铁条两端应成直角上翘，翘头略高于所支承石梁的两端。在假山的崖壁边需要向外悬出山石时，也可以采用铁扁担。欲悬出的山石上如有洞穴，或是质地较软可凿洞，还可以直接将悬石挑于铁扁担的端头。

（4）马蹄形吊架和叉形吊架

见于江南一带，扬州清代宅园"寄啸山庄"的假山洞底，由于用花岗石作石梁只能解决结构问题，外观极不自然。用这种吊架从条石上挂下来，架上再安放山石便可裹在条石外面，便接近自然山石的外貌。

（5）模胚骨架

岭南园林多以英石为山，因为英石很少有大块料，所以假山常以铁条为骨架，称为模胚骨架。然后再用英石之石皮贴面，贴石皮时依皱纹、色泽而逐一拼接，石块贴上，待胶结凝固后才能继续掇合。

6.5　假山工程施工

6.5.1　假山施工程序

（1）施工放线

根据设计图纸的位置与形状在地面上放出假山的外形形状。一般基础施工比假山的外形要宽，放线时应根据设计适当放宽。在假山有较大幅度的外挑时，要根据假山的重心位置来确定基础的大小，需要放宽的幅度会更大。

（2）挖槽

根据基础的深度与大小挖槽。假山堆叠南北方各不相同，北方一般满拉底，基础范围覆盖整个假山；南方一般沿假山外形及山洞位置设计基础，山体内多为填石，对基础的承重能力要求相对较低。因此挖槽的范围与深度需要根据设计图纸的要求进行。

（3）基础施工

根据挖的基槽来进行假山的基础施工。假山的基础做法有如下几种：

1）桩基

古代多用直径 10~15cm，长 1~2m 的杉木桩或柏木桩作桩基，木桩下端为尖头状。现代假山的基础已基本不用木桩桩基，只在地基土质松软时偶尔采用混凝土桩基，先要设计并预制混凝土桩，其下端仍应为尖头状；直径可比木桩基大一些，长度可与木桩相似，打桩方式也可参照木桩基。

2）灰土基础

这种基础的材料主要是用石灰和素土按 3:7 的比例混合而成。灰土每铺一层厚度为 30cm，夯实到 15cm 厚时，则称为一步灰土。设计灰土基础时，要根据假山高度和体量大小来确定采用几步灰土。一般高度在 2m 以上的假山，其灰土基础设计为一步素土加两步灰土。2m 以下的假山，则可按一步素土加一步灰土。

3）混凝土基础

混凝土基础从下至上的构造层次及其材料做法是这样的：最底下是素土地基，应夯实；素土夯实层之上，可做一个砂石垫层，厚 30~70mm；垫层上面即为混凝土基础层。混凝土层的厚度和强度等级，在陆地上可设计 100~200mm，用 C15 混凝土，或按 1:2:4 至 1:2:6 的比例，用水泥、砂和卵石配成混凝土。在水下，混凝土层的厚度则应设计为 500mm 左右，强度等级应采用 C20。在施工中，如遇坚实的地基，则可挖素土槽浇筑混凝土基础。

4）浆砌块石基础

设计这种假山基础，可用 1:2.5 或 1:3 水泥砂浆砌一层块石，厚度为 300~500mm；水下砌筑所用水泥砂浆的比例则应为 1:2。块石基础层下可铺 30mm 厚粗砂作找平层，地基应作夯实处理。

（4）拉底

拉底是指地面上假山垫脚部分。拉底的要点有：

1）统筹向背

即根据立地的造景条件，特别是游览路线和风景透视线的关系，统筹确定假山的主次关系，根据主次关系安排假山组合的单元，从假山组合单元的要求来确定底石的位置和发展的体势。要精于处理主要视线方向的画面作为主要朝向。然后再照顾到次要的朝向，简化地处理那些视线不可及的一面。

2）曲折错落

假山底脚的轮廓线一定要破平直为曲折，变规则为错落。在平面上要形成具有不同间距、不同转折半径、不同宽度、不同角度和不同支脉的变化。或为斜八字形，或为各式曲尺形。为假山的虚实、明暗的变化创造条件。

3）继续相间

假山底石所构成的外观不是连绵不断的。要为中层做出"一脉既毕，余脉又起"的自然变化作准备。因此在选材和用材方面要灵活运用，或因需要选材，或因材施用。用石之大小和方向要求严格地按照皴纹的延展来决定。大小石材成不规则的相间关系安置，或小头向下渐向外挑，或相邻山石小头向上预留空档以便往上卡接，或从外观上做出"下断上连"、"此断彼连"等各种变化。

4）紧连互咬

外观上要有断续的变化而结构上却必须一块紧连一块，接口力求紧密，最好能互相咬住。要尽可能争取做到"严丝合缝"。因为假山的结构是"化零为整"，结构上的整体性最为重要。它是影响假山稳定性的又一重要因素。假山外观所有的变化都必须建立在结构上重心稳定、整体性强的基础上。实际上山石水平向之间是很难完全自然地紧密相连的。这就要借助于小块的石头打入石间的空隙部分，使其互相咬住，共同制约，最后连成整体。

5）垫平安稳

基石大多数都要求以大而水平的面向上，这样便于继续向上垒接。为了保持山石上面水平，常需要在石之底部用底石垫平以保持重心稳定。

北京假山师傅掇山多采用满拉底石的办法，在假山的基础上铺一层。而南方一带没有冻胀的破坏，常采用先拉底周边底石再填心的办法。

（5）中层

中层是假山造型的主要部分。其施工技术要点除了底石所要求平稳等方面以外，还须做到如下几点：

1）接石压茬

山石上下的衔接也要求严密。上下石相接时除了有意识地大块面闪进以外，避免在下层石上面闪露一些很破碎的石面。假山师傅称为"避茬"，认为"闪茬露尾"会失去自然气氛而流露出人工的痕迹。这也是皴纹不顺的一种反映。但这也不是绝对的，有时为了做出某种变化，故意预留石茬，待更上一层时再压茬。

2）偏侧错安

即力求破除对称的形体，避免成长方形、正方形或等边、等腰三角形。要因偏得致，错综成美。要掌握各个方向呈不规则的三角形变化，以便为各个方向的延展创造基本的形体条件。

3）仄立避"闸"

山石可立、可蹲、可卧，但不宜像闸门板一样仄立。仄立的山石很难和一般布置的山石相协调，而且往上接山石时接触面往往不够大，因此也影响稳定。但这也不是绝对的，自然界也有仄立如闸的山石，特别是作为余脉的卧石处理等，但要求用得很巧。有时为了节省石材而又能有一定高度，可以在视线不可及之处以仄立山石空架上层山石。

4）等分平衡

掇山到中层以后，平衡的问题就很突出了。《园冶》所谓"等分平衡法"

和"悬崖使其后坚"是此法的要领，崖必一层层地向外挑出，这样重心就前移了。因此必须用数倍于"前沉"的重力稳压内侧，把前移的重心再拉回到假山的重心线上。

（6）收顶

即处理假山最顶层的山石。从结构上讲，收顶的山石要求体量大，以便合凑收压。从外观上看，顶层的体量虽不如中层大，但有画龙点睛的作用。因此要选用轮廓和体态都富有特征的山石。收顶一般分为峰、峦和平顶三种类型。峰又可分为剑立式（上小下大，竖直而立，挺拔高差低）、斜劈式（势如倾斜山岩，斜插如削，有明显的动势）、悬垂式（用于某些洞顶，犹如钟乳倒悬，滋润欲滴，以奇制胜）。其他如莲花式、笔架式、剪刀式等。所有这些收顶的方式都在自然地貌中有本可寻。

收顶往往是在逐渐合凑的中层顶面加以重力的镇压，使重力均匀地分层传递下去。往往用一块收顶的山石同时镇压下面几块山石。如果收顶面积大而石材不够整时，就要采取"拼凑"的手法，并用小石镶缝使成一体。

（7）刹垫

刹垫可在全过程及最后进行，对堆叠不稳、不严处以较小石块楔垫，使其严实稳定。

（8）勾缝

为了使石山浑然一体，应进行必要的勾缝。

6.5.2 假山施工的技术要点

拼和叠是叠石造山操作的基本功。拼为一法，叠为一法，拼叠又合为一法。以下介绍假山施工的技术要点。

①压："靠压不靠拓"是掇山的基本常识。山石拼叠，无论大小，都是靠山石本身重量相互挤压而牢固的，水泥砂浆只是一种补强和填缝的作用。

②刹：为了安置底面不平的山石，在找平石之上面以后，于底下不平处垫以一至数块控制平稳和传递重力的垫片，北方假山师傅称为"刹"，江南假山师傅称为垫片或重力石。山石施工术语有"见缝打刹"之说，"刹"要选用坚实的山石，在施工前就打成不同大小的斧头形片以备随时选用。这块石头虽小，却承担了平衡和传递重力的要任，在结构上很重要，打"刹"也是衡量技艺水平的标志之一。打刹一定要找准位置，尽可能用数量少的刹片而求得稳定，打刹后用手推试一下是否稳定，至于两石之间不着力的空隙也要适当地用石块填充。假山外围每做好一层，最好即用块石和灰浆填充其中，称为"填肚"，凝固后便形成一个整体。

③对边：掇山需要掌握山石的重心，应根据底边山石的中心来找上面山石的重心位置，并保持上、下山石的平衡。

④搭角：石工操作有"石搭角"的术语，这是指石与石之间的相接，特别是用山石发券时，只要能搭上角，便不会发生脱落倒塌的危险。搭角时应使

两旁的山石稳定,以承受作发券的山石对两边的侧向推力。

⑤防断:对于较瘦长的石料注意山石的裂缝,如果石料间有夹砂层或过于透漏,则容易断裂,这种山石在吊装过程中容易发生危险,另外此类山石也不宜作为悬挑石用。

⑥忌磨:"怕磨不怕压"是指叠石数层以后,其上再行叠石时如果位置没有放准确,需要就地移动一下,则必须把整块石料悬空吊起,不可将石块在山体上磨转移动去调整位置,否则会因带动下面石料同时移动,从而造成山体倾斜倒塌。

⑦铁活加固设施:银锭扣、铁爬钉、铁扁担等。

⑧勾缝和胶结:

掇山之事虽在汉代已有明文记载,但宋代以前假山的胶结材料已难考证。不过,在没有发明石灰以前,只可能是干砌或用素泥浆砌。从宋代李诫撰《营造法式》中可以看到用灰浆泥假山,并用粗墨调色勾缝的记载,因为当时风行太湖石,宜用色泽相近的灰白色浆勾缝。从一些假山师傅拆迁明、清的假山来看,勾缝的做法尚有桐油石灰(或加纸筋)、石灰纸筋、明矾石灰、糯米浆拌石灰等多种,勾缝再加青煤,黄石勾缝后刷铁屑盐卤等,使之与石色相协调。

现代掇山,广泛使用1:1水泥砂浆,勾缝用"柳叶抹",有勾明缝和暗缝两种做法。一般是水平向缝都勾明缝,在需要时将竖缝勾成暗缝,即在结构上结成一体,而外观上若有自然山石缝隙。勾明缝务必不要过宽,最好不要超过2cm,如缝过宽,可用随形之石块填后再勾浆。

6.5.3 假山洞结构

在叠石造山中,洞为取阴部分,最能吸收游人视觉,引起游人遐想,激发游人寻幽探奇的心理。所谓"别有洞天"、"洞天福地"、"曲径通幽"、"无山不洞,无洞不奇"等,对于创造幽静和深远的境界是十分重要的。山洞是山体造型的主要形式。根据结构受力不同,假山洞的结构形式主要有以下3种:

①梁柱式:假山洞壁由柱和墙两部分组成,柱受力而墙承受荷载不大,因此洞墙部分可用作采光和通风。洞顶常采用花岗岩条石为梁,或间有"铁扁担"加固。这样虽然满足了结构的要求,但洞顶外观极不自然。扬州"寄啸山庄"假山用铁吊架从条石上挂下来,上架山石,可弥补单调、呆板之不足,显得自然生动。如能采用大块自然山石为梁,使洞顶和洞壁融为一体,景观更加自然。见图6-28。

②挑梁式:亦称叠涩式,石柱渐起向洞内层层挑伸,至洞顶用巨石压合,这是吸取桥梁中之"叠涩(悬臂桥)"的做法。

图6-28 梁柱式

③券拱式：其承重力是沿券拱传递，顶壁一气呵成，整体感强，不会出现梁柱式石梁压裂、压断的危险。此法为清代叠山名师戈裕良所创，现存苏州环秀山庄的太湖石假山出自戈氏之手，其中山洞无论大小均采用拱式结构。

6.6 园林塑山

园林塑山即是指在传统灰塑山石和假山的基础上采用混凝土、玻璃钢、有机树脂等现代材料和石灰、砖、水泥等非石材料经人工塑造的假山。塑山与塑石可节省采石运石工序，造型不受石材限制，体量可大可小。塑山具有施工期短和见效快的优点；缺点在于混凝土硬化后表面有细小的裂纹，表面皱纹的变化不如自然山石丰富以及不如石材使用期长等。塑山包括塑山和塑石两类。园林塑山在岭南园林中出现较早，如岭南四大名园（佛山梁园、顺德清晖园、番禺余荫山房、东莞可园）中都不乏灰塑假山的身影。近几年，经过不断的发展与创新，塑山已作为一种专门的假山工艺在园林中得到广泛使用。

6.6.1 塑山的特点

塑山在园林中得以广泛运用，与其"便"、"活"、"快"、"真"的特点是密不可分的。

方便——指塑山所用的砖、水泥等材料来源广泛，取用方便，可就地解决，无须采石、运石之烦。

灵活——指塑山在造型上不受石材大小和形态限制，可完全按照设计意图进行造型。

省时——指塑山的施工期短，见效快。

逼真——好的塑山无论是在色彩还是质感上都能取得逼真的石山效果。

当然，由于塑山所用的材料毕竟不是自然山石，因而在神韵上还是不及石质假山，同时使用期限较短，需要经常维护。

6.6.2 塑山的分类

园林塑山根据其骨架材料的不同，可分为以下两种：砖骨架塑山，即以砖作为塑山的骨架，适用于小型塑山及塑石；钢骨架塑山，即以钢材作为塑山的骨架，适用于大型假山。

6.6.3 塑山施工过程

（1）基础施工

对砖骨架塑山，塑山范围内基础满打灰土或碎石混凝土。基础的厚度按荷载大小据设计确定。对钢骨架塑山，柱基础多用混凝土现浇，应当保证钢柱（或预埋件）埋入的位置和深度。

（2）设置骨架

实践中骨架应用较为灵活，有时根据山形、荷载大小、骨架高度和环境条件的情况而采用混合骨架：钢骨架和混凝土骨架并用的形式。

骨架多以内接的几何形体为桁架，以作为整个山体的支撑体系，并在此基础上进行山体外形的塑造。施工中应在主骨架的基础上加密支撑体系的框架密度，使框架的外形尽可能接近设计的山体形状。

砖骨架常用机砖，M5水泥砂浆砌筑。钢骨架多用角钢、工字钢或槽钢，焊接或栓接，所有金属构件均应刷防锈漆两道。

（3）铺设钢丝网

钢丝网在塑山中主要起成形及挂泥的作用，主要用于钢骨架塑山，钢丝网要选择易于挂泥的材料。铺设之前先做分块钢架附在形体简单的钢骨架上并焊牢，变几何形体为凸凹的自然外形，其上再挂钢丝网。钢丝网根据设计造型用木锤及其他工具成型。

（4）打底与抹面

这是塑山造型成形的最后也是最重要的环节。骨架完成后，对于砖骨架，常用 M7.5 混合砂浆打底；对于钢骨架，则应先抹白水泥麻刀灰 2 遍，再堆抹 C20 豆石混凝土（坍落度为 0~2）打底。打底即是初步塑造，形成大的峰峦起伏的轮廓以及石纹、断层、洞穴、一线天、壁、台、岫等山石自然造型。然后于其上用 M15 水泥砂浆罩面，塑造山石的自然皱纹。山石表面纹理的塑造需多次尝试，边塑边改，最终应使各个局部都能够显示出自然山石的质感。

（5）上色

最后，根据石色要求刷或喷涂非水溶性颜色（也可在抹面砂浆中添加颜料及石粉调配出所需的石色）。

先循成型的山石皱纹抹 1:2.5 水泥砂浆找平层，然后用石色水泥浆进行面层抹灰，抹光修饰成型。

石色水泥浆的配制方法主要有以下两种：

①采用彩色水泥直接配制而成，如塑黄石假山时采用黄色水泥，塑红石假山则用红色水泥。此法简便易行，但色调过于呆板和生硬，且颜色种类有限。

②在白水泥中掺加色料。此法可配成各种石色，且色调较为自然逼真，但技术要求较高，操作亦较为烦琐。色浆配合比见表 6-1。

色浆配合比表（kg） 表 6-1

用量\材料仿色	白水泥	普通水泥	氧化铁黄	氧化铁红	硫酸钡	108胶	黑墨汁
黄石	100		5	0.5		适量	适量
红色山石	100		1	5		适量	适量
通用石色	70	30				适量	适量
白色山石	100				5	适量	—

注：以上两种配色方法，各地可因地制宜选用。

（6）塑山的施工工艺流程

1）砖骨架塑山

放样开线 → 挖土方 → 浇混凝土垫层 → 砖骨架 → 打底 → 造型 → 面层抹灰及上色修饰 → 成型

2）钢骨架塑山

放样开线 → 挖土方 → 浇混凝土垫层 → 焊接骨架 → 做分块钢架，铺设钢丝网 → 双面混凝土打底 → 造型 → 面层抹灰及上色修饰 → 成型

■ 本章小结

根据假山工程施工建设的需要，结合当前假山工程施工的具体实际，本章较为详细、全面地介绍了假山的概念分类、假山的功能作用；构筑假山的各项材料；置石的概念、表现手法及施工方法；掇山的布置手法、理论依据，假山的具体结构及山石的拼叠手法；假山工程等相关的施工流程和工艺。通过本章的理论学习，配以相关的试验实训，会使大家的理论水平和实践技能都有较大的提高。

复习思考题

1. 常用假山工程的材料有哪些？
2. 假山的布置手法有哪些？
3. 简述假山工程施工的要点和各工序的技术特点。
4. 传统假山施工的表现形式包括哪些方式？简述其特点。
5. 各类置石施工的技术要点有哪些？

实训 11　假山工程施工

一、实训目的

熟悉假山的结构、施工程序、施工的技术要点，掌握假山模型制作的方法。

二、实训要求

5~6人一组，按组进行。在规定的时间内完成，保证质量。

三、实训内容

1. 假山设计

（1）设计环境与要求：设计的环境可以是私家庭院、公园、大型建筑物天井等。要求假山与环境协调，结构设计合理。

（2）设计成果：假山平面图、立面图、结构图。

2. 假山模型制作

每组完成自己所设计的假山模型的制作，选用适当材料按 1:10~1:5 的比例制作模型。

园林工程（二）

第7章　栽植工程施工

栽植工程是园林绿化的基本工程。园林植物的种类多，施工条件不一样，为了保证其成活和生长，达到设计效果，栽植施工时要使苗木规格较大的根集中在所栽范围内，有利成活和恢复。因为树种在苗圃中需要间隔一至数年移植，所以必须要遵守一定的操作规程，保证工程质量。

7.1 乔灌木栽植

绿化种植前，要根据规划设计的各项技术参数和环境条件做好准备工作。包括了解和掌握施工现场的光照、温度、湿度、年降雨量、风向、风速、风力、霜冻期、冰冻期、土壤类型、上层厚度、土壤物理及化学性质、地下水位的高低、原有植被生长状况及其他条件，还要了解地下管线和排水管道的分布情况。

7.1.1 施工组织

施工组织是一项综合性工作。对于各个施工项目进度的确定、每道工序的衔接、物质材料的供应、施工人员及各项工作力量的调配以及总体规划和设计意图的实施等，都要科学设计，精心组织；从而确保绿化施工任务保质保量地如期完成。

（1）充分理解设计方案意图

施工单位在拿到设计方案、设计图纸、设计说明及相应的图表后，应仔细理解，吃透图纸的所有内容，充分听取设计人员的技术文底和甲方对地上物体的处理要求，掌握地下管线的分布状况以及对本项绿化工程的要求和预期效果。在此基础上，制定相应的施工措施，并以此作为定点放线的依据。

（2）认真了解工程的完工期限

了解工程投资及设计全部工程的进度期限，并制定各项单个工程的具体进度时间。绿化施工不同于其他工程施工，它要根据不同树种的生物学特性及物候期，安排栽植日程。辅助工程应围绕绿化主体工程安排日程。同时，要遵照主管部门批准的投资金额和设计概算数值，进行工程量的计划安排。

（3）妥善安排劳动力和物资供应

按工程任务总量和劳动定额，制订出每道工序所需的劳力，以确定具体的劳动组织形式和用工时间。根据工程进度的需要，确定苗木、工具、物资材料的供应计划。

（4）科学安排施工计划

根据总工程量及施工进度的需要，确定运输计划，安排所用的机械设备、车辆型号，制定出具体使用日期和台数、次数。

7.1.2 种植程序和内容

树木栽植施工程序一般分为现场准备、定点放线、起苗、苗木运输、苗木假植、挖穴、栽植和养护等。

(1) 准备施工现场

①现场调查：应调查施工现场的地上与地下情况，向有关部门了解地上物的处理要求及地下管线分布情况。

②清理障碍物：有碍施工的设施和废弃建筑物应进行拆除和迁移，并予以妥善处理。对不需要保留的树木连根除掉。对建筑工程遗留下的灰槽、灰渣、砂石、砖瓦及建筑垃圾等应全部清除，缺土的地方，应换肥沃的土壤，以利于植物生长。

③整理地形：对有地形要求的地段，应按设计图纸规定的范围和高度进行整理；其余地段应在清除杂草后进行整平，但要注意排水畅通。

(2) 定点放线

1) 规则式栽植放线

成行成列式栽植树木的方式称为规则式栽植。规则式栽植的特点是行位轴线明显、株距相等。

规则式放线比较简单，可以地面上某一固定设施为基点，直接用皮尺定出行位，再按株距定出株位。定位时，用白石灰标出单株的位置。

2) 自然式栽植放线

自然式栽植放线的特点是植株间株距不等，呈不规则栽植，如公园绿地的种植设计。自然式栽植放线比较复杂，一般有以下三种：

①交会法：以建筑物的两个固定位置为定点依据，根据设计图上与该两点的连线相交会，定出植株位置，以白灰点表示。适用于范围较小，现场内建筑物或其他标记与设计图相符的绿地。

②网格法：按比例在设计图上和现场分别划出等距离方格（5m、10m），在设计图中量出树木到方格纵横坐标的距离，再到现场相应的方格按比例量出坐标的距离，可定出植株位置，以白灰点表示。适于范围大而平坦的绿地。

③小平板定点：依据基点，将植株位置按设计依次定出，用白灰点表示。适于范围较大、测量基点准确的绿地。

定好点的同时，为保证施工质量，使栽植的树种、规格与设计一致，应在白灰点处钉上木桩，并且标明编号、树种、挖穴的规格。

(3) 起苗

起苗又称掘苗，其质量直接影响树木的成活和生长，在操作时须十分小心，按规定标准带足根系，不使其破损。

1) 准备工作

首先是选好苗。为提高苗木成活率，保证绿化效果，一定要严格地选择苗木。苗木的选择依据是满足设计对苗木规格、树形及其他方面的要求，同时要选择一些根系发达、生长健壮、无病虫害、无机械损伤、树形端正的苗。选好后，用绳子或挂牌的方法，做出标记，以免挖错。

其次是注意灌水。当土壤较干时，为保护根系和便于挖掘，在起苗前2～

3d 进行灌水湿润。

第三是拢冠。对于一些侧枝低矮和灌丛庞大的苗木,应先用草绳捆拢树冠,便于起苗。

2) 起苗

起苗可用两种方法:

裸根法:适用于处于休眠状态的落叶乔木、灌木和藤本。操作简单方便,节省人力物力。但根系易受损,水分散失,影响成活率。因此,起苗后要及时栽植,不能及时栽的应假植到地里。对于落叶乔木,起苗后要进行修剪,来减少水分蒸腾,促进分枝和便于运输。

带土球法:将苗木的根部带土削成球状,经包装后起出,称为"带土球法"。由于树的须根完好,水分不易散失,有利于提高苗木成活率和促进生长。但此种方法费工费料,适用于常绿树、名贵树和较大的灌木。一般来说,土球的直径为苗木地径的 10 倍,为灌木高度的 0.33 倍,土球高应为其直径的 0.68 倍。其形状一般为苹果形,表面光滑,包装严密,防止松散、漏土。

传统的包装方法,多以铜钱式或五角星式捆扎。为增强包装材料的韧性和拉力,打包之前可将草绳等用水浸湿。土球直径在 30~50cm 以上的,当土球取出后,应立即用草绳或其他包装材料进行捆扎。捆扎的方法和草绳的围捆密度,视土球大小和运输距离而定。土球大,运输距离远的,捆包时应扎牢固、细密一些。土球直径在 30~40cm 以下者,也可用蒲包或稻草捆扎。土球直径达 1m 以上者,还应以有韧性和拉力强的棕绳打外腰箍,以保证土球完好和树木的成活。

(4) 苗木运输

苗木装运时,先按所需树种、规格、质量、数量进行认真核对,发现问题及时解决。

裸根苗长距离运输(运输时间 1d 以上)时,应将苗木根向前,树梢向后,顺序码放整齐。在后车厢板处,垫上湿润草包或蒲包,以免磨伤树干。用绳索将树干捆牢,用蒲包或成把稻草垫在绳索和树干之间,以免伤树皮。可用聚乙烯袋将裸根苗木根部套住,防止苗根失水干枯,影响成活率和苗根再生能力。带土球苗,土球小的可直立码放;土球大的必须斜放,土球向前,树干朝后,同时土球要挤严、放稳。

裸根苗短距离运输时,只需在根与根之间加些填充物,如湿稻草、麦秸等,对树梢及树干相应加以保护即可。带土球苗,同长距离运输一样装车即可。

实践证明,随起、随运、随栽是保障成活率的有力措施。一般来说,应在最短的时间里运苗到场地,条件许可时,应在傍晚起苗,夜间运苗,早晨栽植。

1) 装车

裸根苗装车时,应树根朝前,树梢向后,根部用苫布包好,减少根部水分损失。带土球苗装车时，可根据高度立装、斜放或平放，土球朝前，树根稍后，挤严捆牢，不得晃动；土球上不准站人或放置重物。

2）运输

在运输中，要不时检查苫布是否掀起，防止根部风吹日晒。

3）卸车

卸车时，要爱护苗木，轻拿轻放，按顺序拿放，带土球苗要抱土球拿放，不准提拉树枝和树梢。

(5) 苗木假植

苗木运到施工现场后，未能及时栽植或未能栽完时，应采取"假植"措施。

将苗木的根系用潮湿的土壤进行暂时的埋植处理，称为"假植"。假植的目的，主要是对卸车后不能马上定植的苗木进行保护，防止苗木根系脱水，以保证苗木栽植后能成活。假植有临时假植和越冬假植，绿化用苗为临时假植。

假植场地要挑选交通便利的地方，在能避北风的疏松围地开挖假植沟。裸根苗的苗根向北，枝梢朝南，成45°角倾斜排列，每排单株相接。推土的厚度，一般应覆盖全部苗根，再培土2～3cm为宜。侧根坚硬的树苗或根盘扩张的大苗，可以直立假植。假植后应立即浇水，保持树根湿润。带土球苗木，应排列整齐，树冠靠紧，直立假植于沟中，覆土厚度以掩没土球为度，并在覆土后浇水。假植时，苗木按用苗先后顺序依次排列，便于起用。

苗木假植后，要标明树种、等级、数量，以便提取栽植苗木和统计数据。在风沙危害较重的地方，还应在迎风面设置防风障。

1）裸根苗的假植

如是短期假植，可用苫布或草袋盖严，并在其上洒水，用土将苗根埋严。如是需长时间假植时，可在不影响施工的地方，挖出深0.3～0.5m、宽1.5～2.0m、长度视具体情况而定的沟，将苗木分类放到沟里，树梢应向顺风方向，用细土覆盖根部，不得露根，应及时浇水保持湿润。

2）带土球苗的假植

带土球苗如一两天内栽不完时，应当尽量集中放好，四周培土，树冠用绳拢好。土球间隙视情况给予填土。假植时，对常绿苗木应时常进行叶面喷水。

(6) 挖穴

挖穴的大小应根据根系或土球直径大小、土质情况来确定，一般穴径应大于根系或土球直径0.3～0.5m。并根据树种根系类型确定穴的深度。穴口与穴底应口径一致，不得挖成上大下小，以免根系不能伸展或填土不实。

1）挖穴方法

人工挖穴：用锹和镐，以定点木桩为圆心，按确定的穴径垂直向下一直挖到规定的深度，然后将穴底挖松、拂平；挖好后，将原定点用木桩放好，以便种植时核对。

机械挖穴：当挖穴量较大或者是穴径较大时，可采用机械挖穴，这样可节省人力物力。操作时，注意定位要准确，穴形正确，同时适当辅以人工修整即可。

2）施肥与换土

土壤较贫瘠时，在穴底部施入有机肥作基肥，将基肥与土混合后置于穴底，上覆5cm厚的表土，然后栽树，应避免根部与肥料直接接触而引起烧根。土质不好的地方，穴内需要换土，一般可换入疏松肥沃的土壤。

(7) 栽植

栽植树木最好选择在无雨天，栽植前应先对苗木进行清理分类及栽前修剪，剪去枯枝、病虫枝、交叉枝以及伤根。对坚硬过长的侧根，也应进行回缩处理。

行道树和绿篱的栽植，须按苗木大小和高矮顺序配置，以保持苗木定植后整齐、大小趋于一致，特别是行道树，相邻苗木以高度相差不得大于50cm、干径相差不得大于1cm为宜。校正树种定点位置，做到对号入座，边配边栽，常绿树应选用树形最好的、树干外露的孤植树，最好按状态原生长固定栽植，避免日灼，以提高成活率。苗木配置完后，应按设计图纸进行核对，以免有误。

1）修剪

修剪主要是剪去在运输过程中受到损坏的根、枝、叶，以减少水分蒸腾，促进苗木的生长与发育，促进树形的培养。行道树一般在2.5m高处截干，剪去侧枝，促进分枝，使树冠丰满。灌木宜保留3~5个分枝，其他的剪去。树木栽好后，应清理现场，做到文明施工、整洁美观，并派专人管理，防止人为破坏。对栽植时的受伤枝条和栽前修剪过的枝条，应进行复剪。

2）散苗

将苗木按设计规定从假植场运到定植穴的工序称为散苗。一般来说要注意以下几点：

①爱护苗，轻拿轻放，不伤害苗木。

②散苗与栽苗的速度要适应，边散边栽，减少树根暴露时间，提高成活率。

③假植场所剩余的苗木，应随时用土埋严。

④散苗人员应对苗木规格作统筹安排，以便保证设计意图的实现。

3）栽苗

裸根苗的栽植，2人一组，1人扶树，1人填土。先将表土填入穴底，填至一半时，轻轻提苗，使苗根自然向下舒展，井口土踩实。穴填满后，再踩实1次，最后盖上1层松土，与根颈痕相平即可。带土球苗的栽植，先量好已挖树穴的深度、宽度，看是否与土球一致。一般树穴的直径应比土球的大30~40cm，深度应比土球的高度深20~30cm。穴的大小、上下要一致，切忌锅底形。若不符规格要求，对树穴应适当填挖调整定后再放苗入穴。放土球时，先在土球四周下部垫少量表土，将土球固定，使树体直立，然后剪开包装材料，并将其取出。接着填入表土,填至一半时,用粗木根将土球四周夯实,但不得破坏土球。填满后,再夯实,然后做好灌水堰。

(8) 养护

养护工作是继栽植后非常重要的一项工作,是保证成活的关键。一般由进行园林绿化施工的单位安排专人负责。

1) 立支柱

对大规格苗木,为防灌水后被风吹倒,应竖立支柱。支柱方式:单柱直立、单柱斜立、三角支架等。支柱可在种植苗木匝埋,也可栽后打入。树干和支柱接触部位应用革垫或其他护材隔开,以防磨伤树皮。单柱直立,支柱立于上风向;单柱斜立,支柱立于下风向。用较小的苗木作绿篱时,还应立栅栏加以保护。

多台风处,则应用水泥柱来固定高大的乔木。支柱一般采用木杆或竹竿,以支撑树高的一半为宜,支柱下端打入土中 20~30cm。立支柱的方式有单支式、双支式和三支式三种方式。支柱与树干间应用草绳隔开,并将两者捆紧。

2) 浇水

苗木定植后,应马上灌水,水一定要浇透,以利根系与土壤密接,确保成活。过两天后浇第二次水,并修整围堰。第三遍水浇过以后,可将围堰填成稍高于原地面的土堆,以利于扩根、防风、保墒。

开堰:苗木栽好后,应在穴缘处筑高 10~15cm 的土堰,拍实或踩牢,以防漏水。

浇水:栽好后,应立即灌水,灌水要灌透。隔两至三天后灌第二次水,隔七天后灌第三次水。以后,每半个月浇一次,直到成活。对于珍贵苗木或在炎热天气时,应增加灌水次数。

扶正封堰:栽完苗的第二日,应检查苗有无歪斜,若有,及时给予扶正。在浇完三遍水并待水分渗入后,可铲去土堰,用细土填于堰内,形成稍高于地面的土堆。

3) 栽植的方法

①裸根苗木的栽植

将苗置于穴中扶直,填入表土至一半时,将苗轻轻提起,使根颈部位与地表相平,保持根系伸展,踩实,填土直到穴口处,再踩实,筑土堰。

②带土球苗的栽植

栽植前应度量土穴与土球的规格是否相适应,一般穴径比土球直径大 0.3~0.5m,土球入穴后,填土固定,扶直树干,剪开包装材料并取出。填土至一半时,用木棍于土球四周夯实,再填土到穴口,夯实,筑土堰。

4) 栽植施工的要点

注意挖穴时挖出的土应先放于一边,且挖出的表土与底土应分别堆放,填土时将表土填入下部,底土填入上部和作围堰用。

绿篱等株距较小时,可挖成沟槽,以便种植。

裸根苗应比原根颈土痕深 5~10cm；灌木应与原土痕齐；带土球苗比土球顶部深 2~3cm。

栽植时，要注意树冠的朝向，大苗按原来的阴阳面栽植，并使树冠丰满的一面朝向主要观赏方向。

对于树干弯曲的苗木，其弯向朝当地主导风向。

行列式栽植时，应先在两端或四角栽上标准株，然后对准栽植中间各株，左右避免错位。

7.2 大树移植

7.2.1 大树移植前的准备工作

大树移植是一个复杂繁重的系统工程。为了提高施工质量、保证大树移植成活率，大树挖掘前必须做好充分的准备。

（1）树木选择

大树系指胸径（即干高的 1.3m 处）一般在 10~15cm 以上，高度在 4~6m 以上的高大乔木，或冠幅 2.5~3.0m 以上的树木。移植的大树，其绿化装饰的效果如何，栽植后的生长发育状况怎样，在很大程度上取决于移植树的选择是否恰当。应按照下列要求选择移植大树：

一是选择的树种要能适应栽植地点的环境条件，做到适地适树。二是要选择形态特征符合绿化要求的树种，做到树冠丰满、观赏价值高。三是应选幼、壮龄大树，一般而言，树高 4m 左右，或胸径 10~25cm 的树木最为合适。因为移植大树需要花费较多财力、人力，如果移植的大树在短期内就衰老，失去了观赏价值，那是很大的浪费。四是要选择生长健壮、无病虫害（特别要注意树干无病虫）和未受机械损伤的树木。不健壮的树木抵抗力弱，移植后不易恢复树势。具丛枝、伤枝的树，过多修剪伤枝、病枝，一方面影响树木生长，另一方面也影响树木美观。五是环境条件要适宜挖树、吊装和运输操作；土壤不松散，能成形；吊运机具和车辆经修路后，能够到达树旁；地面坡度不大，被挖掘树木的周围有一定的空隙，便于操作。

（2）单株标记

按照设计规定的树种、规格及特定要求（如树形、树姿、品种、花色）去选择单株树木。选中的大树，用油漆或绳子在树干胸径处做出明显的记号，以利于识别选定的单株和栽植朝向。同时，要建立登记卡，记录树种、高度、干径、分枝点高度、树冠形状及主要观赏面等，以便进行分类。然后，对所要挖掘大树的土质、周围环境、交通路线等进行勘察了解。最后对待移大树统一编号，以便栽植时按树木高矮、树形、分枝点和干径等调整栽植顺序，栽植后可形成较好的景观效果。

7.2.2 大树移植的程序

为了提高大树移植后的成活率，在移植前应保证在带走的根幅内有足够的吸收根，使栽植后很快达到水分平衡而成活。一般需采用切根法，使大树在移植前形成大量可带走的吸收根，同时，通过修剪加大根茎比，对树冠进行疏、截，减少枝叶，降低水分蒸腾，有利于大树移植成活。

(1) 选树

按设计要求的规格选生长良好的大树，并挂上标签，注明树高、胸径分枝点高度、树形及观赏面。编出栽植顺序，对大树周围环境进行了解并进行适当的处理。

(2) 断根

移植珍贵树种及规格较大的树木时，在移植前1~3年，按树干胸径3~4倍为半径划圆，沿圈挖宽20~30cm、深60cm左右的沟，挖沟时对粗根用手锯锯断，伤口要平。沟挖好后填入肥土，并夯实。断根应分年进行，如1年完成则树木损伤太大；分2年断根时，第一年将一半根系切断，经养护1年后，根部切口长出大量的须根后，第二年将另一半根系断根，再经1年养护发根后再移植，如图7-1所示。

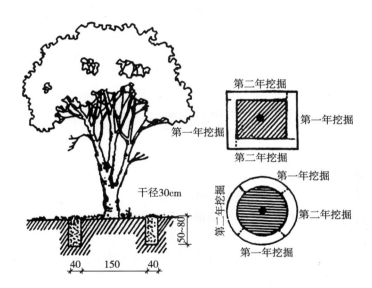

图7-1 断根

(3) 大树修剪

为了保证大树移植后冠形良好、减少养分消耗，移植前应进行适度修剪。

剪枝：大树修剪的主要内容是，剪去病枯枝、徒长枝、过密枝、干扰枝，使冠形匀称。

摘叶：为减少蒸腾，摘去部分叶片。

摘心：为促进侧枝生长、控制主枝生长，摘去顶芽。

摘花摘果：为减少养分消耗，移植前适当摘去一部分花、果。

(4) 大树运输

由于大树移植所带土球较大，人力装卸十分困难，一般应配备吊车。同时对需进行病虫害检疫的树种，应事先办理检疫证明；对运输路线应事先了解，做好准备工作。

7.2.3　大树移植的特点

　　大树移植比大苗栽植困难，要求技术复杂、细致，并且因体积大要动用吊车和汽车等大型机械。

　　大树年龄大，阶段发育老，细胞的再生能力弱，挖掘和栽植过程中损伤的根系恢复慢，需要的时间长，而且新根发生能力弱，给成活造成困难。

　　树木在成长过程中，根系扩展范围大，远超过主枝的伸展范围，而且伸入土中很深。使有效的吸收根处于深层和冠缘投影圈附近，但在挖掘大树时，带根的幅度远比此范围小，只能带为树木胸径 7~10 倍的根幅，而此范围内根较粗大，细小的吸收根少，且根多木栓化严重，根的吸收能力很差，极易造成树木移植后死亡。

　　大树的树体高大，根茎比小，枝条、叶面的蒸腾面积远远超过根的吸收面积，在形成有效的吸收面积前，树木常因脱水而死亡。

　　根系距树冠距离长，对水分的输送也带来一定的不利影响，难于很快地建立起地上、地下的水分平衡关系。

7.2.4　大树移植的方法

（1）软材包装移植法

　　是目前常用的方法。软材包装法适用于移植胸径 10~15cm、土球直径不超过 1.3m 的大树。

　　1）掘苗

　　①土球规格：土球大小依据树木的胸径来确定。

　　②支撑：为了保证树木和操作人员的安全，挖掘前应进行支撑。

　　③拢冠：遇有分枝点低的树木，为了操作方便，于挖掘前用草绳将树冠下部围拢，其松紧以不损伤树枝为度。

　　④划线：以树干为中心，按规定的土球直径划圆并撒石灰，作挖掘的界限。

　　⑤挖掘：沿灰线外沿挖沟，沟宽 60~80cm，沟深为土球高度。

　　⑥修坨：挖掘到规定深度后，用铁锹修整土球表面，使上大下小（留底直径为土球直径的 1/3），肩部圆滑，呈苹果形。如遇粗根，应以手锯锯断，不得用铁锹硬铲而造成散坨。

　　⑦缠腰绳：修好后的土球应及时用草绳（预先浸水湿润）将土球腰部系紧，称为"缠腰绳"，如图 7-2 所示。

　　⑧开底沟：缠好腰绳后，沿土球底部向内创挖一圈底沟，宽度为 5~6m，便于打包时兜底，防止松脱。

　　⑨打包：用蒲包、草袋片、塑料片、草绳等材料，将土球包装起来，称为"打包"，如图 7-2 所示。

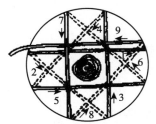
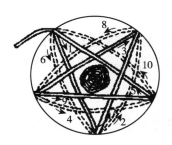

包扎顺序图（平面）一　　　　包扎顺序图（平面）二

包好后的土球（立面）一　　　包好后的土球（立面）二

实线表示土球面绳，　　　　　实线表示土球面绳，
虚线表示土球底绳　　　　　　虚线表示土球底绳

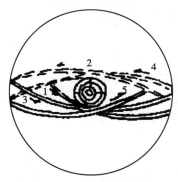

包扎顺序图（平面）三　　　　包好后的土球（立面）三

⑩封底：打完包之后，轻轻将树推倒，用蒲包将底部堵严，用草绳捆牢。我国地域辽阔，自然条件差别很大，土球的大小及包装方法应因地制宜。

图 7-2　缠腰绳、打包

2）吊装运输

①准备工作：备好吊车、货运汽车。

②吊装前，用粗绳捆在土球腰下部（约 2/5 处）并垫以木板，再拴以脖绳控制树干。

③装车时应土球朝前，树梢向后，顺卧在车厢内，将土球垫稳，并用粗绳将土球与车身捆牢，防止土球晃动。

④树冠较大时，可用细绳拢冠，绳下塞垫蒲包、草袋等物，防止磨伤枝叶。

⑤装运过程中，应有专人负责，特别注意保护主干式树木的顶枝不遭受损伤。

3）卸车

①卸车也应使用吊车，有利于安全和质量的保证。

②卸车后，如不能立即栽植，应将苗木立直、支稳，严禁苗木斜放和倒地。

4）栽植

①挖穴：树坑的规格应大于土球的规格，一般坑径大于土球直径40cm，坑深大于土球高度20cm。

②施底肥：需要施用底肥时，将腐熟的有机肥与土拌匀，施入坑底和土球周围（随栽随施）。

③入穴：入穴时，应按原生长时的南北向就位（可能时取姿态最佳的一面作为主要观赏面）。

④支撑：树木直立平稳后，立即进行支撑。

⑤拆包：将包装草绳剪断，尽量取出包装物，实在不好取时可将包装材料压入坑底。

⑥填土：应分层填土、分层夯实（每层厚20cm），操作时不得损伤土球。

⑦筑土堰：在坑外缘取细土筑一圈高30cm灌水堰，用锹拍实，以备灌水。

⑧灌水：大树栽后应及时灌水，第一次灌水量不宜过大，主要起沉实土壤的作用，第二次水量要足，第三次灌水后即可封堰。

(2) 木箱包装移植法

木箱包装法适用于胸径15～30cm的大树，可以保证吊装运输的安全而不散坨。

1）移植时间

由于利用木箱包装，相对保留了较多根系，并且土壤与根系接触紧密，水分供应较为正常，除新梢生长旺盛期外，一年四季均可进行移植。

2）机具准备

掘苗前应准备好需用的全部工具、材料、机械和运输车辆，并由专人管理。

3）掘苗

①土台（块）规格：土台越大，固然有利于成活，但给起、运带来很大困难。因此应在确保成活的前提下，尽量减小土台的大小。

②挖土台：

A. 划线：以树干为中心，以边长尺寸加大5cm划正方形，作为土台的范围。

B. 挖沟：正方形外缘挖沟，沟宽应满足操作要求，一般为0.6～0.8m，一直挖到规定的土台厚度。

C. 去表土：为了减轻重量，可将根系很少的表层土挖去，以出现较多树根处开始计算土台厚度，可使土台内含有较多的根系。

D. 修平：挖掘到规定深度后，用锹修平土台四壁，并使四面中间部位略为凸出。如遇粗根可用手锯锯断，并使锯口稍陷入土台表面，不可外凸。修平后的土台尺寸应稍大于边板规格，以便绞紧后使箱板与土台靠紧。土台应呈上宽下窄的倒梯形，与边板形状（图7-3）一致。

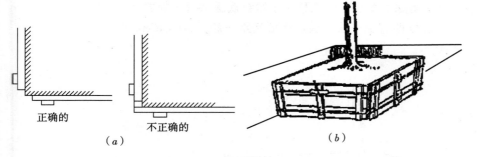

图7-3 土台的形状与箱板的端头构造
(a) 箱板的端头沿土台四角略为退回；
(b) 土台呈上宽下窄的倒梯形及上紧线器

③上边板：

A. 立边板：土台修好后，应立即上箱板，以免土台坍塌。先将边板沿土台放好，使每块箱板中心对准树干中心，并使箱板上边低于土台顶面1～2cm，作为吊装时土台下沉的余量。

两块箱板的端头应沿土台四角略为退回，如图7-3所示。随即用蒲包片将土台四角包严，两头压在箱板下。然后在木箱边板距上、下口15～20cm处各绕钢丝绳一道。

B. 上紧线器：上下两道钢丝绳各自接头处装上紧线器并使其处于相对方向（东西或南北）中间板带处（图7-3），同时紧线器从上向下转动。先松开紧线器，收紧钢丝绳，使紧线器处于有效工作状态。紧线器在收紧时，必须两个同时进行，收紧速度下绳应稍快于上绳。收紧到一定程度时，可用木棍锤打钢丝绳，如发出嘣嘣的弦音表示已经收紧，即可停止。

C. 钉箱：箱板被收紧后，即可在四角钉上铁皮（铁腰子）8～10道。每条铁皮上至少要有两对钢钉钉在带板上。钉子稍向外侧倾斜，以增加拉力，如图7-4所示。四角铁皮钉完后用小锤敲击铁皮，发出当当的弦音时已示铁皮紧固，即可松开紧线器，取下钢丝绳。

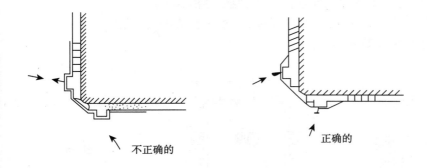

图7-4 钉箱

D. 加深边沟：沿木箱四周继续将边沟下挖30～40cm，以便掏底。
E. 支树干：用3根木杆（竹竿）支撑树干并绑牢，保证树木直立。

④掏底与上底板：用小板镐和小平铲将箱底土台大部掏挖空，称为"掏底"，以便于钉封底板。

掏底应分次进行，每次掏底宽度应等于或稍大于欲钉底板每块木板的宽度。掏够一块木板宽度，应立即钉上一块底板。底板间距一般为 10～15cm，应排列均匀，如图 7-5 所示。

图 7-5　掏底与上底板

A. 上底板之前，应按量取所需底板长度（与所对应木箱底口的外沿平齐）下料（锯取底板），并在每块底板两头钉好铁皮。

上底板时，先将一端贴紧边板，将铁皮钉在木箱带板上，底面用圆木墩顶牢（圆木墩下可垫以垫木），另一头用油压千斤顶顶起与边板贴紧，用铁皮钉牢，撤下千斤顶，支牢木墩。两边底板上完后，再继续向内掏挖。

B. 支撑木箱时在掏挖箱底中心部位前，为了防止箱体移动，保证操作人员安全，将箱板的上部分别用横木支撑，使其固定。支撑时，先于坑边挖穴，穴内置入垫板，将横木一端支垫，另一端顶住木帮中间带板并用钉子钉牢。

C. 掏中心底时要特别注意安全，操作人员身体严禁伸入箱底，并派人在旁监视，防止事故发生。风力达到四级以上时，应停止操作。

底部中心也应略凸成弧形，以利底板靠紧。粗根应锯断并稍陷入土内。

掏底过程中，如发现土质松散，应及时用窄板封底；如有土脱落时，马上用草袋、蒲包填塞，再上底板（图 7-6）。

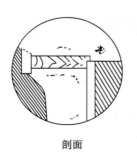
剖面

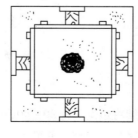
平面

图 7-6

⑤上盖板：于木箱上口钉木板拉结，称为"上盖板"。上盖板前，将土台上表面修成中间稍高于四周，并于土台表面铺一层蒲包片。树干两侧应各钉两块木板，其间距15~20cm。木箱包装法如图7-7所示。

图7-7 木箱包装法

4）吊装运输

木箱包装移植大树，因其重量较大（单株重量在2t以上），必须使用起重机械吊装。生产中常用汽车吊装，其优点是机动灵活、行驶速度快、操作简捷。

①装车：运输车辆一般为大型货车，树木过大时，可用大型拖车。吊装前，用草绳捆拢树冠，以减少损伤。

A. 先用一根长度适当的钢丝绳，在木箱下部1/3处将木箱拦腰围住，将两头绳套扣在吊车的吊钩上，轻轻起吊，待木箱离地前停车。用蒲包片或草袋片将树干包裹起来，并于树干上系一根粗绳，另一端扣在吊钩上，防止树冠倒地，如图7-8所示。

图7-8 起吊

拉起树身的绳子

继续起吊，当树身躺倒时，在分枝处拴 1~2 根绳子，以便用人力来控制树木的位置，避免损伤树冠，便于吊装作业。

B. 装车时木箱在前，树冠在后，且木箱上口与后轴相齐，木箱下面用方木垫稳。为使树冠不拖地，在车厢尾部用两根木棍绑成支架将树干支起，并在支架与树干间塞垫蒲包或草袋防止树皮被擦伤，用绳子捆牢。捆木箱的钢丝绳应用紧线器绞紧。

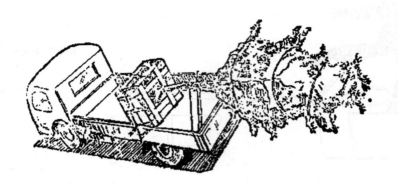

图 7-9 装车

②运输：大树运输，必须有专人在车厢上押运，保护树木不受损伤。

A. 开车前，押运人员必须仔细检查装车情况，如绳索是否牢固、树冠是否拖地、与树干接触的部位是否都用蒲包或草袋隔垫等。如发现问题，应及时采取措施解决。

B. 对超长、超宽、超高的情况，事先应有处理措施，必要时，事先办理行车手续。对需要进行病虫害检疫的树木，应事先办理检疫证明。

C. 押运人员应随车携带绝缘竹竿，以备途中支举架空电线。

D. 押运人员应站在车厢内，便于随时监视树木状态，出现问题及时通知驾驶员停车处理。

③卸车：

A. 卸车前，先解开捆拢树冠的小绳，再解开大绳，将车停在预定位置，准备卸车。

B. 起吊用的钢丝绳和粗绳与装车时相同。木箱吊起后，立即将车开走。

C. 木箱应呈倾斜状，落地前在地面上横放一根 40cm×40cm 的大方木，在木箱落地时作为枕木。木箱落地时要轻缓，以免振松土台。

D. 用两根方木（10cm×10cm，长 2m）垫在木箱下，间距 0.8~1.0m，以便在吊时穿绳操作。如图 7-10 所示。松缓吊绳，轻摆吊臂，使树木慢慢立直。

④栽植：

A. 用木箱移植大树，坑（穴）亦应挖成方形，且每边应比木箱宽出 0.5m，深度大于木箱 0.15~0.20m。土质不好，还应加大坑穴规格。需要客土或施底肥时，应事先备好客土和有机肥。

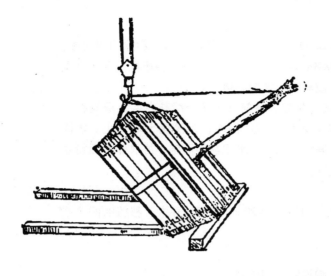

图7-10 在木箱下垫木以便穿绳

树木起吊前,检查树干上原包装物是否严密,以防擦伤树皮。用两根钢丝绳兜底起吊,注意吊钩不要擦伤树木枝、干,如图7-11所示。

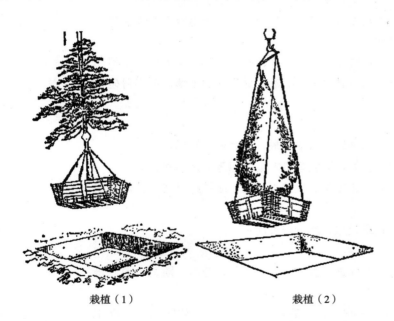

栽植(1)　　　　栽植(2)

图7-11 用钢丝绳兜底起吊

B. 树木就位前,按原标记的南北方向找正,满足树木的生长需求。同时,在坑底中央堆起高0.15~0.2m、宽0.7~0.8m的长方形土台,且使其纵向上与木箱底板方向一致,便于两侧底板的拆除。

C. 拆除中心底板,如遇土质已松散时,可不必拆除。

D. 严格掌握栽植深度,应使树干地痕与地面平齐,不可过深过浅。木箱入坑后,经检查即可拆除两侧底板。

E. 树木落稳后,抽出钢丝绳,用3根木杆或竹竿支撑树干分枝点以上部位,绑牢。为防止磨伤树皮,木杆与树干之间应以蒲包或草绳隔垫。

⑤树木起吊运到位：

A. 拆除木箱的上板及覆盖物。填土至坑深的1/3时，方可拆除四周边板，以防塌坨。以后每层填土0.2~0.3m厚即夯实一遍，确保栽植牢固，并注意保护土台不受破坏。需要施肥时，应与填土拌匀后填入。

B. 大树栽植应筑双层灌水堰（外层土堰筑在树坑外缘，内层土堰筑在土台四周），土堰高为0.2m，拍实。内外堰同时灌水，以灌满土堰为止。水渗后，将堰内填平，紧接着灌第二遍水。以后灌水视需要而定，每次灌水后待表土稍干，均应进行松土，以利保墒。

（3）裸根移植法

裸根移植法适用于容易成活、胸径10~20cm的落叶乔木，移植时间应在落叶后至萌芽前的休眠期内。

1）掘苗

①落叶乔木根系直径要求为胸径的8~10倍。

②重剪树冠。对一些容易萌芽的树种，如悬铃木、槐、柳、元宝枫等，可在定出一定的留干高度和一定的主枝后，将其上部全部剪去，称"抹头"。

③按根幅外缘挖沟，沟宽0.6~0.8m，沟深按规定。挖掘时，遇粗根用手锯锯断，不可造成劈裂等损伤。

④全部侧根切断后，于一侧继续深挖，轻摇树干，探明深层大根、主根部位，并切断，再将树身推倒，切断其余树根。然后敲落根部土壤，但不得碰伤根皮和须根。

2）运输

①装车时，树根朝前，树梢朝后，轻拿轻放，避免擦伤树木。

②树木与车厢、绳索等接触处，应铺垫草袋或蒲包等物加以保护。

③为了防止风吹日晒，应用苫布将树根盖严拢住，必要时可浇水，保持根部潮湿。

④卸车时按摆放顺序，轻拿轻放，严禁一推而下。

3）栽植

裸根大树运到现场后，应立即进行栽植。实践证明，随起、随运、随栽是提高树木成活率最有效的措施。

①树坑（穴）规格应略大于树根，坑底应挖松、整平，如需换土、施肥应一并做好准备。

②栽前应剪除劈裂受损之根，并复剪一次树冠，较大剪口处应涂抹防腐剂。

③栽植深度，一般较原土痕深5cm，分层填实，筑好灌水土堰。

④树木支撑，一般采用3支柱，树干与支柱间需用蒲包或草绳隔垫，相互间用草绳绑牢固，不得松动。

⑤栽后应连续灌水3次，以后灌水视需要而定，并适时进行中耕松土，有利保墒。

（4）冻土球移植法

冻土球移植法，适用于耐严寒的乡土树种。在土壤封冻前灌水湿润，待气温降至 −15 ~ −12℃，冻土深达 20cm 时，开始挖掘。对于下部的没冻部分，需停放 2~3d，待其冻结，再行挖掘，也可泼水，促其冻结。树木挖好后，如不能及时移栽，可填入枯草落叶覆盖，以免寒风侵袭冻坏根系。一般冻土球移植重量较大，运输时也需使用吊车装卸。由于冬季枝条较脆，吊装运输过程中要格外注意保护树木不受损伤。树坑最好于结冻前挖好，可省工省力。栽植时应填入化土，夯实，灌水支撑。为了保墒和防冻，应于树干基部堆土成台。春季解冻后，将填土部位重新夯实、灌水、养护。

（5）机械移植法

随着机械化程度的提高，目前在国内外已出现树木移植机，并用于生产。树木移植机是一种在汽车或拖拉机上装有操纵尾部四扇能张合的匙状大铲的移树机械。目前，我国使用的有大、中、小 3 种机型，大型机可挖土球直径 160cm，用于移植径级 16~20cm 以下的大树；中型机可挖土球直径 100cm，用于移植径级 10~12cm 以下的树木；小型机可挖土球直径 60cm，用于移植直径 6cm 以下的大苗。

7.3 花坛栽植

花坛植物种植的目的，主要是体现花坛各面的图案纹样。花卉开花时的华丽构图，可以形成巧夺天工的技巧与自然美融为一体的立体画。花坛按表现主体可分为花丛式花坛、模纹式花坛、标题式花坛、草坪花坛等。按规划方式不同，可分为独立花坛、花坛群、花坛群组、带状花坛、连续花坛群等。

7.3.1 花坛植物的种植类型

（1）花丛式花坛

花丛式花坛以体现草本花卉植物的华丽色彩为主题。营建花丛花坛，必须选择开花繁茂、花大色艳、枝叶较少、花期一致的草本花卉，以观花不现叶为最佳，充分体现色彩美。花丛花坛的图面体现，可以是平面的，也可以是半球面形的，或者是中间高四周低的锥状体。

（2）模纹式花坛

模纹式花坛又称图案式花坛，以其华丽整齐、图案复杂的纹样主题，给人以动态美感。模纹式花坛适宜种植色泽各异的耐修剪观叶植物和花期长、花朵小而密的低矮观花植物，通过不同花卉花色、叶色等色彩的对比，组成精美的图纹装饰。模纹式花坛在选用植物时，应选植株高矮一致、花期一致且着花期长的植物。花坛的表面应修剪得非常平整，使其成为一个美丽细致的平面或平缓的曲面，还可修剪成龟背式、立体花篮式和花瓶式等。

(3) 标题式花坛

标题式花坛在形式上与模纹式花坛一样，只不过是表现的形式、主题不同。模纹式花坛以装饰性为目的，没有明确的主题思想；而标题式花坛则是通过不同色彩的植物组成一定的艺术形象，表达其思想性，如文字花坛、肖像花坛、象征图案花坛等。选用植物与模纹式花坛一样。标题式花坛，通常设置在坡地的斜面上。

(4) 草坪花坛

草坪花坛是以草地为底色，配置1年生或2年生花卉或宿根花卉、观叶植物等。草坪花坛，既可是花丛式，也可是模纹式。在园林布置中，草坪花坛既点缀了草地，又起着花坛的作用。

7.3.2 平面式花坛植物种植施工

(1) 整地

花坛施工，整地是关键之一。翻整土地深度45cm。整地时，要拣出石头、杂物、草根。若土壤过于贫瘠，则应换土，施足基肥。花坛地面应疏松平整，中间地面应高于四周地面，以避免渍水。根据花坛的设计要求整出花坛所在位置的地表形状，如半球面形、平面形、锥体形、一面坡式、龟背式等。

(2) 放样

按设计要求整好地后，根据施工图纸上的花坛图案原点、曲线半径等，直接在上面定点放样。放样尺寸应准确，用灰线标明。对中、小型花坛，可用麻绳或钢丝按设计摆好图案模纹，划上印痕撒灰线。对图纹复杂、连续和重复图案模纹的花坛，可按设计图用厚纸板剪放大样模型，按模型连续标好灰线。

(3) 栽植

裸根苗起苗前，应先给苗圃地浇1次水，让土壤有一定的湿度，以免起苗时伤根。起苗时，应尽量保持根系完整，并根据花坛设计要求的植株高矮和花色品种进行掘取。随起随栽，栽植时，应按先中心后四周、先上后下的顺序栽植，尽量做到栽植高矮一致、无明显间断。模纹式花坛，则应先栽图案模纹，然后填栽空隙。植株的栽植，过稀过密都达不到丰满茂盛的艺术效果。栽植过稀，植株缓路后黄土裸露而无观赏效果。栽植过密，植株没有继续生长的空间，以至互相拥挤，通风透光条件差，出现脚叶枯黄甚至霉烂。栽植密度应根据栽植方式、植物种类、分布习性等差异，合理确定其株行距。一般春季用花，如金盏菊、红叶甜菜、三色堇、雏菊、羽衣甘蓝、福禄考、瓜叶菊、大叶石竹、金鱼草、虞美人、小叶省什、郁金香、风信子等，株高为15~20cm，株行距为10~15cm。夏、秋季用花，如凤仙、孔雀草、万寿菊、百日草、矮雪轮、矮牵牛、美人蕉、晚香上、唐芭而、大丽花、菊花、西洋行竹、月见草、鸡冠花、千日红等，株高为30~40cm，株行距为15~25cm。五色草的株行距一般为2.5~5.0cm。

带土球苗，起掘时要注意土球完整，根系丰满。若土壤过分干燥，可先浇水，再掘取。若用盆花，应先将盆托出，也可连盆埋入土中，盆沿应埋入土。一般花坛，有的也将种子直接嵌入花坛苗床内。苗木栽植好后，要浇足定根水，使花苗根系与土壤紧密结合，保证成活率。平时还应除草，剪除残花枯枝，保持花坛整洁美观。要及时杀灭病虫害，补栽缺株。对模纹式花坛，还应经常整形修剪，保持图案清晰、美观。活动式花坛植物栽植与平面式花坛基本相同，不同的是活动式花坛的植物栽植，在一定造型的可移动的容器内可随时搬动，组成不同的花坛图案。

7.3.3 立体花坛植物种植施工

（1）花坛的制作

立体花坛一般由木料、砖、钢筋等材料，按设计要求、承载能力和形态效果，做成各种艺术形象的骨架模。骨架扎制技术，直接影响花坛的艺术效果。因此，骨架的制作，必须严格按设计技术要求，精心扎制。

（2）栽培土的固定

花坛骨架扎制好后，按造型要求，用细钢丝网或钢纱网或尼龙线网将骨架覆裹固定。填土部位留1个或几个填土口，用土将骨架填满，然后将填土封好。

（3）栽植

立体花坛的植物材料，通常选用五色草。栽植时，用1根钢筋或竹竿制作成的锥子，在钢丝网按定植距离，锥成小孔，将小苗栽进去。由上而下，由内而外顺序栽植完后，按设计图案要求进行修剪，使植株高度一致。每天喷水1~2次，保持土壤湿润。

■本章小结

园林植物栽植工程是园林绿化的基本工程。本章重点讲述栽植工程施工组织，乔灌木栽植程序、栽植施工的技术要点，大树移植的特点、要求、移植方法，花坛植物的种植类型、花坛植物的种植施工技术。

复习思考题

1. 乔灌木栽植有哪些程序？
2. 大树移植有什么特点？
3. 大树移植时有哪些包扎方法？
4. 花坛植物的种植类型有哪些？
5. 平面式花坛植物种植施工的方法是怎样的？
6. 立体花坛植物种植施工的程序是怎样的？

实训12　乔灌木栽植工程施工

一、目的意义
（1）掌握乔灌木栽植的一般步骤和方法。
（2）掌握现代科学技术在大树移植中的应用。
二、场地要求（场地、材料、工具、人员）
（1）材料要求、工具：铁锹、修枝剪、木支架、包扎草绳、乔灌苗木等。
（2）场地要求：乔灌木栽植绿地。
（3）人员要求：3~5名同学为一组合作。
三、操作步骤及技术要点
（1）树移植成活原理。
（2）选树与处理，主要采用现场观摩的形式，进行实地树木选择。
（3）苗木起掘的准备工作。
（4）起树包装：3~5名同学为一组，对树木的土球进行包装。树身包扎、苗木土球及泥团包装。
（5）吊装运输。
（6）定点放线。
（7）挖定植坑。
（8）土壤堆放。
（9）定植栽苗。
（10）立支柱。
（11）浇水。
（12）现代养护科学技术的应用：栽培介质和其他添加物，改良土壤；根部表面施用生长激素，促进根系的旺盛发育；喷施抗蒸腾剂；使用羊毛脂等伤口愈合剂；环穴周围埋设3~5条通气管。以3~5名同学为一组，进行定植栽培、培土灌水、卷干覆盖、架立、支柱绑扎等实训工作。
四、考核项目
记录树木移植的过程及主要技术环节的能力，并整理成实习报告。
五、评分标准
按实习报告评分。

实训13　花坛栽植工程施工

一、目的意义
（1）掌握花坛栽植工程施工的一般步骤和方法。
（2）掌握花坛植物移植的方法应用。
二、场地要求（场地、材料、工具、人员）

(1) 材料要求、工具：铁锹、修枝剪、草花苗木等。
(2) 场地要求：基础完工的待栽植花坛。
(3) 人员要求：3~5 名同学为一组合作。

三、操作步骤及技术要点
(1) 整地。
(2) 施肥。
(3) 放样。
(4) 移苗栽苗。
(5) 浇水。

四、考核项目
花坛栽植工程施工的一般步骤和方法能力考核，并整理成实习报告。

五、评分标准
花坛栽植工程施工的主要技术环节能力，实习报告。

参考文献

[1] 金涛,杨永胜. 现代城市水景设计与营建. 北京:中国城市出版社,2003.
[2] 余树勋. 水景园. 天津:天津大学出版社,2007.
[3] 朱钧珍. 园林理水艺术. 北京:中国林业出版社,1998.
[4] 毛培琳,李雷. 水景设计. 北京:中国林业出版社,1993.
[5] 董三孝. 园林工程施工与管理. 北京:中国林业出版社,2004.
[6] 刘文海. 浅议室内水景设计. 家具与室内装饰,2004,(11):50-52.
[7] 《园林工程编写组》编. 园林工程. 北京:中国林业出版社,1999.
[8] 张舟主编. 仿古建筑工程及园林工程定额预算. 北京:中国建筑工业出版社,2000.
[9] 吴为廉. 景园建筑工程规划与设计(上、下). 上海:同济大学出版社,1996.
[10] 杨博主编. 建筑工程预算. 合肥:安徽科技出版社,1994.
[11] 南京林业学校主编. 园林植物栽培学. 北京:中国林业出版社,1998.
[12] 毛培琳. 园林铺地. 北京:中国林业出版社,1992.
[13] 赵力正译. 园林绿化施工与管理. 北京:中国科技出版社,1991.